Beck-Wirtschaftsberater

Das Controllingkonzept

dtv

Beck-Wirtschaftsberater

Das
Controllingkonzept

Die Gestaltung eines wirkungsvollen Controllingsystems

Horváth & Partners

8., überarbeitete Auflage

www.dtv.de
www.beck.de

Originalausgabe

dtv Verlagsgesellschaft mbH & Co. KG,
Tumblingerstraße 21, 80337 München
© 2016. Redaktionelle Verantwortung: Verlag C.H. Beck oHG
Druck und Bindung: Druckerei C.H. Beck, Nördlingen
(Adresse der Druckerei: Wilhelmstraße 9, 80801 München)
Satz: ottomedien, Darmstadt
Umschlaggestaltung: Agentur 42, Bodenheim
unter Verwendung eines Fotos von Fotolia
ISBN 978-3-423-50949-7 (dtv)
ISBN 978-3-406-69192-8 (C. H. Beck)

9 783406 691928

Vorwort zur 8. Auflage

Controlling wird in den meisten Unternehmen mittlerweile auf einem hohen Niveau betrieben. Nicht mehr der Weg zu einem wirkungsvollen Controllingsystem, so der Untertitel der vorigen Auflagen, steht daher im Mittelpunkt dieses Buches, sondern wesentliche Fragen zur Gestaltung eines Controllingsystems, welches auch in Zukunft höchsten Ansprüchen genügt. Orientierung bietet dabei das von Horváth & Partners entwickelte „House of Controlling", welches gleichermaßen die Controlling-Teildisziplinen abdeckt und das Controlling im Gesamtunternehmen verortet. Deswegen wurde die achte Auflage vollständig überarbeitet und umfassend ergänzt:

In allen Kapiteln wurden Begriffe, Abbildungen, Quellen- und Literaturangaben aktualisiert. Jedes Kapitel wurde durch ein umfangreiches Praxisbeispiel sowie um Kontrollfragen und eine Checkliste am Kapitelende erweitert.

In Abschnitt 2 wurden Ausführungen zum Target Costing ergänzt.

Die Ausführungen zur Mehrjahresplanung wurden in den Abschnitt 3 integriert, um so den Übergang zwischen strategischer und operativer Planung unmittelbarer darzustellen.

Neu hinzugekommen sind die Abschnitte 5 zu Finanzplanung und -steuerung sowie Abschnitt 9 zu Corporate Governance.

Die Gestaltung eines wirkungsvollen Management Reportings und einer wirkungsvollen IT-Unterstützung des Controllings wurden zu den separaten Abschnitten 6 und 7 ausgebaut.

Abschnitt 8 wurde vollständig überarbeitet und um das Controlling-Prozessmodell der International Group of Controlling sowie um Formen des spezialisierten Controllings erweitert.

Abschnitt 10 wurde durch die Darstellung der Auswirkungen der Digitalisierung auf das Controlling vollständig überarbeitet.

Das Buch richtet sich an Controller und kaufmännische Leiter größerer Unternehmen, die ein Controllingsystem gestalten wollen, welches dem State-of-the-Art entspricht. Unser Dank gilt zunächst

Prof. Dr. Dr. h. c. mult. Péter Horváth, der das „Controlling-konzept" zusammen mit Partnern von Horváth & Partners 1990 ins Leben gerufen und über die Jahre weiterentwickelt hat. Diese achte Auflage hat er organisatorisch begleitet und inhaltlich wesentlich mit-gestaltet. Bedanken möchten wir uns auch bei den Kollegen von Hor-váth & Partners, die an der aktuellen Auflage mitgewirkt haben und alle im Autorenverzeichnis genannt werden. Ebenso bedanken wir uns bei Herrn Dr. Sebastian Berlin, Frau Juliane Leuschner, B. Sc., Herrn Marcel Gebhardt, M. Sc., und Herrn Jan Urbanec, M. Sc. mult., die die redaktionelle Koordination verantwortet haben. Nicht zuletzt möchten wir uns bei Herrn Dipl.-Vw. Hermann Schenk vom Verlag C.H. Beck für die bewährte gute Kooperation bei der Neuauflage und die zügige Drucklegung bedanken.

Stuttgart, September 2016   *Dr. Uwe Michel*
Mitglied des Vorstands
Horváth & Partners Management Consultants

Inhaltsübersicht

Inhaltsverzeichnis

Autorenverzeichnis

Goedecke, Axel, Senior Project Manager, Business Unit Accounting, Treasury and Risk Management

Grönke, Kai, Partner, Business Unit CFO Strategy and Organization

Jäck, Klaus Martin, Principal, Business Unit Accounting, Treasury and Risk Management

Kappes, Michael, Principal, Business Unit Planning, Reporting and Consolidation

Kirchberg, Andreas, Principal, Business Unit CFO Strategy and Organization

Kreuzer, Achim, Managing Consultant, Business Unit Accounting, Treasury and Risk Management

Linsner, René, Partner, Business Unit Cost and Profit Accounting

Palmer, Daniel, Consultant, Business Unit Planning, Reporting and Consolidation

Ritzmann, Michael, Managing Consultant, Business Unit Cost and Profit Accounting

Tobias, Stefan, Partner, Business Unit Planning, Reporting and Consolidation

Vocelka, Alexander, Partner, Business Unit Accounting, Treasury and Risk Management

Wenning, Achim, Principal, Business Unit CFO Strategy and Organization

Abkürzungsverzeichnis

AfA .... Absetzung für Abnutzung
BAB .... Betriebsabrechnungsbogen
BBK .... Buchführung, Bilanzierung und Kostenrech-
nung
BI .... Business Intelligence
BDI.................... Bundesverband der Deutschen Industrie
BEP.................... Break-Even-Punkt
BSC .... Balanced Scorecard
BW .... Businesswarehouse
CAM-I .... Consortium for Advanced Manufacturing In-
ternational
CAPM................. Capital Asset Pricing Model
CPM .... Corporate Performance Management
DB...................... Deckungsbeitrag
DCF.................... Discounted-Cash-Flow-Methode
DIN .... Deutsche Industrie-Norm
DRG .... Diagnosis Related Groups
DSWR................. Datenverarbeitung Steuern Wirtschaft Recht
DV...................... Datenverarbeitung
EB...................... Endbestand
Einr.................... Einrichtung
ELS .... Externes Logistik-System
ERP .... Enterprise-Resource-Planning
EVA®.................. Economic Value Added
Exp. .... Export
FA...................... Fertigungsauftrag
FASB .... Financial Accounting Standards Board
FCF.................... free cash flow
FiBu .... Finanzbuchhaltung
FK .... Fremdkapital
F&E .... Forschung und Entwicklung
GB .... Geschäftsbereich
GK..................... Gemeinkosten

GKV .... Gesamtkostenverfahren
GoB .... Grundsätze ordnungsmäßiger Buchführung
GuV .... Gewinn- und Verlustrechnung
GWA .... Gemeinkostenwertanalyse
HGB .... Handelsgesetzbuch
IAS .... International Accounting Standards
IASB .... International Accounting Standards Board
IFRS .... International Financial Reporting Standards
IGC .... International Group of Controlling
ILS .... Internes Logistik-System
Inl. .... Inland
ISM .... Integriertes Servicemangement
IT .... Informationstechnik
IV .... Informationsversorgung
J .... Jahr
kalk. .... kalkulatorisch
KGSt .... Kommunale Verwaltungsstelle für Verwaltungsvereinfachung
KHBV .... Krankenhaus-Buchführungsverordnung
KLR .... Kosten- und Leistungsrechnung
KonTraG .... Gesetz zur Kontrolle und Transparenz im Unternehmensbereich
KPI .... Key Performance Indicators
lmi .... leistungsmengeninduziert
lmn .... leistungsmengenneutral
L+L .... Lieferungen und Leistungen
Mafo .... Marktforschung
Masch. .... Maschine
ME .... Mengeneinheiten
MJ .... Mannjahr
NOA .... Net Operating Assets
NOPAT .... Net Operating Profits After Taxes
NPO .... Non-Profit-Organisation
NSM .... Neues Steuerungsmodell
OECD .... Organisation for Economic Co-operation and Development

Zielsetzung und Aufbau des Buches

Wie lässt sich ein Unternehmen auf seine Zielsetzungen hin ausrichten und der Erfolg auf Dauer sichern? Vor diesen Herausforderungen stehen alle Unternehmen seit jeher. Die Herausforderungen sind dabei angesichts der starken Zunahme der weltweiten Unsicherheiten in den letzten Jahren immer größer geworden. Für die Unternehmensführung besteht die Aufgabe darin, durch geeignete Unternehmensstrukturen und -prozesse sich an das verändernde Unternehmensumfeld anzupassen. Das Controlling unterstützt dabei das Management vor allem durch die Bereitstellung geeigneter Steuerungsinformationen und -prozesse.

Wie ist jedoch ein wirkungsvolles Controllingsystem zu gestalten?

Auf Basis vielfältiger und erfolgreicher Beratungsprojekte zum Aufbau und der Verbesserung von Controllingsystemen entwickelte Horváth & Partners das „House of Controlling" (vgl. **Abb. 1**). Dieses umfasst die zentralen Bausteine eines wirkungsvollen Controllingsystems und hat sich in der Praxis vielfach bewährt.

Das vorliegende Buch beschreibt die Bausteine des „House of Controlling" ausführlich und stellt die zentralen Erkenntnisse für den Leser nachvollziehbar dar. Konkrete Gestaltungsgrundsätze für Manager und Controller sowie Praxisbeispiele machen zudem die Umsetzung auch in kleinen und mittleren Unternehmen möglich und tragen zur Verbreitung wirksamer Controllingsysteme in allen Branchen und durch alle Unternehmensgrößen hinweg bei.

Das Buch ist speziell für Praktiker konzipiert, die zwar im Umgang mit betriebswirtschaftlichen Problemen Erfahrung besitzen, jedoch Gestaltungs-Know-how für ein modernes Controlling benötigen.

Das Buch verfolgt daher die folgenden Ziele:

- Die Leser sollen die zentralen Bausteine und Gestaltungsmerkmale eines wirkungsvollen Controllingsystems („House of Controlling") kennenlernen und verstehen.

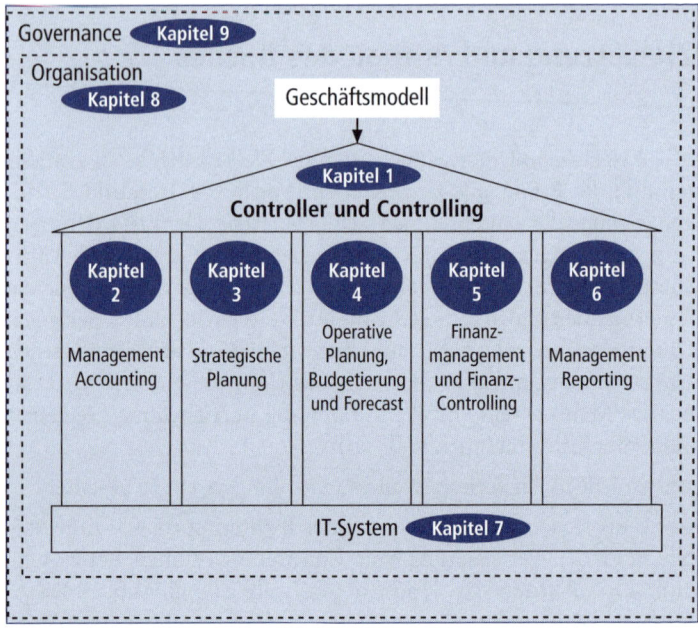

Abb. 1: Aufbau des Buches anhand des „House of Controlling" von *Horváth & Partners*

- Die Leser sollen mit den Begriffen, Aufgaben und Instrumenten des Controllings umgehen lernen.

- Die Leser sollen nach der Lektüre wissen, wie ein wirkungsvolles Controllingsystem ausgestaltet wird und auf welche Gestaltungsmerkmale besonders geachtet werden muss. Sie sollen dabei in der Lage sein, das erarbeitete Wissen auf die Besonderheiten eines Unternehmens anzupassen.

Insgesamt wird der aktuelle Stand praktischer und wissenschaftlicher Erkenntnisse zum Controlling wiedergegeben und anhand zahlreicher Beispiele aus der Unternehmenspraxis illustriert. Dabei steht stets das praxisorientierte Gesamtsystem Controlling im Vordergrund. Auf eine detaillierte wissenschaftliche Behandlung von Einzelproblemen des Controllings wird verzichtet.

Der Aufbau des Buches orientiert sich an den Bausteinen des „House of Controlling" von Horváth & Partners:

Zunächst werden in Kapitel 1 der Begriff des Controllings, die allgemeinen Controllingaufgaben sowie das Rollenverständnis und die Kompetenzen des Controllers geklärt. Dies stellt die Basis für die Darstellung der Bausteine und Gestaltungsmerkmale eines wirkungsvollen Controllingsystems in den folgenden Kapiteln dar.

Die Kapitel 2 bis 7 beschreiben die einzelnen Bausteine eines wirkungsvollen Controllingsystems ausführlich. Alle Kapitel sind dabei identisch aufgebaut. Im ersten Abschnitt werden die Ziele des Kapitels aufgezeigt. Der zweite Abschnitt jeden Kapitels stellt die Notwendigkeit der Berücksichtigung des Bausteins im Rahmen eines wirkungsvollen Controllingsystems dar. Der dritte Abschnitt beschreibt die zentralen Gestaltungsmerkmale und die Besonderheiten, auf die zu achten ist. Im vierten Abschnitt werden die erarbeiteten Wissensbausteine durch ein Praxisbeispiel illustriert und ergänzt. Den Abschluss eines jeden Kapitels bildet eine Zusammenfassung der wichtigsten Erkenntnisse in Form von Gestaltungschecklisten für Manager und Controller. Diese basieren auf vielfältiger Beratungserfahrung beim Aufbau und der Verbesserung von Controllingsystemen in der Praxis.

Kapitel 8 und 9 beschreiben den rechtlichen, informatorischen und organisatorischen Rahmen eines Controllingsystems.

Kapitel 10 gibt abschließend einen Ausblick auf aktuelle und zukünftige Entwicklungen für das Controlling und den Controller.

Insgesamt will die Neuauflage dieses bewährten Leitfadens den „State of the Art" des Controllings darstellen.

1. Kapitel

Selbstverständnis und Struktur des Controllings

1.1 Ziele des Kapitels

Abb. 1.1: Ziele des Kapitels

In diesem einführenden Kapitel wird zunächst ein einheitliches Verständnis des Controlling-Begriffs, der allgemeinen Controlling-Aufgaben sowie des Rollenverständnisses und der Kompetenzen des Controllers erarbeitet. Zentrales Ziel des Kapitels ist es, dem Leser einen ersten Überblick über die wesentlichen Bausteine eines wirkungsvollen Controlling-Systems zu vermitteln.

1.2 Einführung

Das Controlling in der Unternehmenspraxis hat sich in den vergangenen Jahren stetig weiterentwickelt und ist zu einer Führungsunterstützungsfunktion geworden, die aus keinem modernen Unternehmen mehr wegzudenken ist. Dennoch bestehen nach wie vor

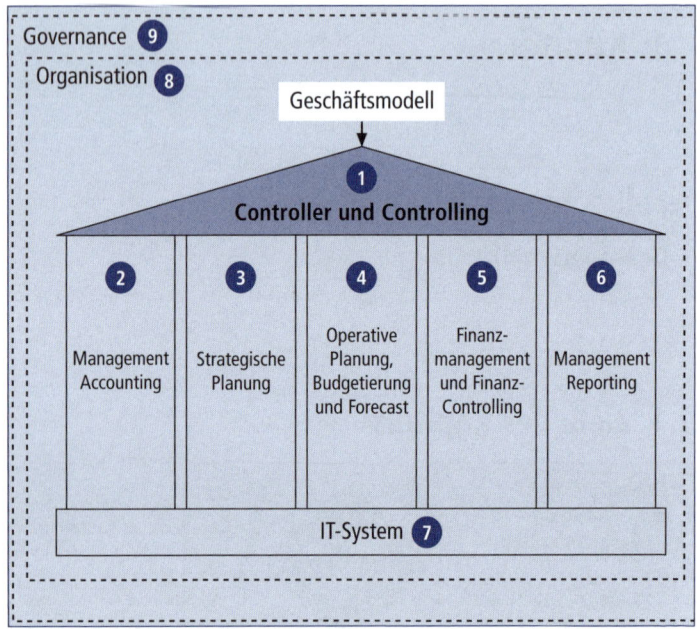

Abb. 1.2: Einordnung des Kapitels in das „House of Controlling"

erhebliche Meinungsverschiedenheiten über den Begriff des Controllings. Fälschlicherweise wird Controlling vielfach noch mit Kontrolle gleichgesetzt. Controlling ist aber weit mehr, nämlich ein funktionsübergreifendes Steuerungskonzept mit der Aufgabe der ergebniszielorientierten Koordination von Planung, Kontrolle und Informationsversorgung. Der Controller ist damit das „wirtschaftliche Gewissen" des Unternehmens.

In den letzten Jahrzehnten hat sich das Controlling in nahezu allen Branchen etablieren können; Controlling-Abteilungen finden sich nicht mehr nur in klassischen Industrieunternehmen, sondern ebenso selbstverständlich im Handel, bei Finanzdienstleistern oder in der öffentlichen Verwaltung. Dabei sind es neben der universellen Notwendigkeit der Koordination von Planung, Informationsversorgung und Kontrolle oft weitere spezifische Gründe, die zum Entstehen einer Controlling-Funktion in den jeweiligen Feldern führten.

Diese Gründe erklären auch, warum das Controlling teils starke Branchenspezifika aufweist.

1.3 Aufgaben des Controllings und die Rolle des Controllers

Grundsätzlich muss zwischen dem Controlling als Funktion („Controller-Dienst", „Controllership") und dem Controller als Funktionsträger unterschieden werden. Tatsächlich ist Controlling im Sinne von Steuerung eine zentrale Aufgabe des Managements. Jeder Manager nimmt im Rahmen seiner Aufgabe auch Controlling Funktionen wahr. Das Controlling als Prozess und Denkweise entsteht somit durch Manager und Controller im Team und bildet eine Art „Schnittmenge". Der Controller ist dabei am Management-Prozess der Zielfindung, Planung und Steuerung beteiligt, indem er Entscheidungen durch die Bereitstellung notwendiger Informationen und Schaffung von Transparenz unterstützt sowie als Planungsmoderator agiert. Der Controller trägt damit eine Mitverantwortung, dass der Manager zeitgerecht und zielorientiert entscheiden kann.

Manager und Controller sind gemeinsam für den Controlling-Prozess verantwortlich (siehe zum Controlling-Prozess Kapitel 8). Den Zusammenhang zwischen der Führungsaufgabe des Managers, des Controllings und den Aufgaben des Controllers verdeutlicht die **Abb. 1.3**.

Controlling bezeichnet primär keine Stelle oder Person, sondern ein Aufgabenfeld, das von verschiedenen Personen oder auch der Geschäftsleitung selbst wahrgenommen wird, ohne dass eine bestimmte Person zwangsläufig die Funktionsbezeichnung „Controller" trägt. Vor allem in kleinen Unternehmen wird die Controlling-Funktion häufig von der Unternehmensleitung selbst oder von der Leitung des Rechnungswesens wahrgenommen.

 Gibt es ein Controller-Leitbild in Ihrem Unternehmen?

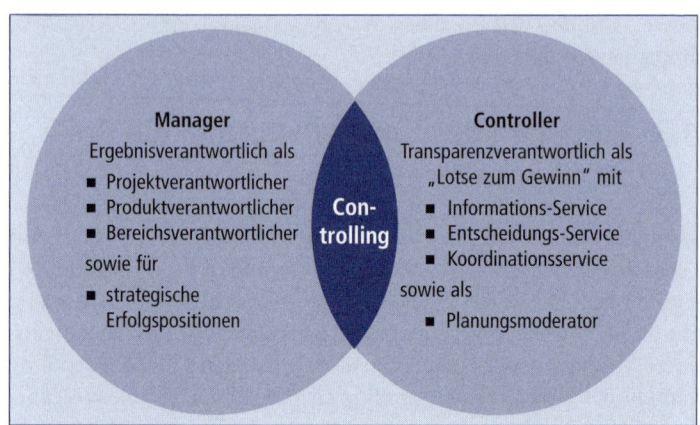

Abb. 1.3: Controlling als Schnittmenge zwischen Manager und Controller (*Internationaler Controller Verein e. V.* o.J., S. 3)

Die Aufgaben, das Selbstverständnis und die Verantwortung des Controllers werden in dem Controller-Leitbild der International Group of Controlling (IGC) sehr prägnant festgehalten (vgl. **Abb. 1.4**). In der aktuellen Fassung des Leitbildes wird ausdrücklich die Mitverantwortung des Controllers für die Zielerreichung hervorgehoben. Diese Mitverantwortung resultiert zum einen daraus, dass der Controller für die Richtigkeit der von ihm zusammengestellten und aufbereiteten Informationen verantwortlich ist; zum anderen leitet sie sich aus der Tatsache ab, dass der Controller mit der Gestaltung und Begleitung des Management-Prozesses der Zielfindung, Planung und Steuerung wesentlich dazu beiträgt, dass die Führung zeitgerecht und zielorientiert entscheiden kann. Die Verantwortung für die getroffenen Entscheide, die ihren Ausdruck in der Verabschiedung von Plänen finden, verbleibt allerdings nach wie vor beim Management.

Allgemein trägt die Koordinationsaufgabe des Controllings zur Lösung der Probleme bei, die durch die folgenden Umwelteinflüsse verstärkt auf die Unternehmen einwirken:

- die Dynamik und Volatilität nehmen zu
- die Globalisierung schreitet voran
- neue Technologien verändern die Wertschöpfung

- die Produktlebenszyklen werden zunehmend kürzer
- die Digitalisierung erfasst alle Organisationen

Controller-Leitbild

Controller gestalten und begleiten den Management-Prozess der Zielfindung, Planung und Steuerung und tragen damit Mitverantwortung für die Zielerreichung

Das heißt:
- Controller sorgen für Strategie-, Ergebnis-, Finanz-, Prozesstransparenz und tragen somit zu höherer Wirtschaftlichkeit bei.
- Controller koordinieren Teilziele und Teilpläne ganzheitlich und organisieren unternehmensübergreifend das zukunftsorientierte Berichtswesen.
- Controller moderieren und gestalten den Management-Prozess der Zielfindung, der Planung und der Steuerung so, dass jeder Entscheidungsträger zielorientiert handeln kann.
- Controller leisten den dazu erforderlichen Service der betriebswirtschaftlichen Daten- und Informationsversorgung.
- Controller gestalten und pflegen die Controllingsysteme.

Abb. 1.4: Das Controller-Leitbild der International Group of Controlling (*IGC* 2013)

Controlling versetzt die Unternehmensleitung in die Lage, diesen Herausforderungen mit innovativen Lösungen zu begegnen, anstatt auf alte, überholte Rezepte zu vertrauen.

 Vor welchen konkreten strategischen und operativen Herausforderungen steht Ihr Unternehmen?

Controlling ist allerdings nicht nur ein Service für das Management, der diesem mittels der gelieferten Informationen „den Rücken freihält". Es ist gleichermaßen eine Idee, die allen Mitarbeitern im Unternehmen nahe gebracht werden muss. Diese Idee beinhaltet sowohl das am Unternehmenserfolg ausgerichtete und planorientierte Handeln mit einer personifizierten Verantwortung, als auch das Denken über den eigenen Bereich hinaus im Sinne eines Schnittstellenmanagements. Controlling findet damit heute nicht nur durch den Controller statt, sondern am besten vor Ort, durch den betroffenen Mitarbeiter selbst. Controlling wird somit immer mehr Selbstcontrolling; der Controller übt stärker denn je eine Moderationstätigkeit zur Verbreitung der Controlling-Idee aus.

1.4 Rolle und Stellenbeschreibung des Controllers

Nachdem wir bisher die Aufgaben des Controllings diskutiert haben, wollen wir uns nun der Person des Controllers und seiner Stellung in der Organisation zuwenden. Wie bereits ausgeführt, unterstützt der Controller erstens die Führung, zweitens ist er aber auch dezentral tätig im Sinne der Übermittlung der Controlling-Idee vor Ort beim Mitarbeiter. Durch seine Mitwirkung am Planungsprozess und der dazu notwendigen Informationsversorgung unterstützt er unmittelbar die Unternehmensführung. Seine Tätigkeit übt er jedoch auf allen Hierarchieebenen und in allen Unternehmensbereichen aus. Entsprechend etabliert sich bei größeren Unternehmen eine differenzierte Controlling-Organisation, die sowohl zentral als auch dezentral angesiedelte Controller umfasst.

An dieser Stelle sollen aber keine organisatorischen Details diskutiert werden – darauf wird in Kapitel 8 eingegangen –, vielmehr genügt es zunächst festzuhalten, dass Aufgaben und Stellung des Controllers neben dem Steuerungsmodell und dem Führungsanspruch des Managements maßgeblich von der Unternehmensgröße abhängen. So ist für kleine und mittlere Unternehmen typisch, dass der Controller als „Mädchen für alles" fungiert und sich nicht nur mit reinen Controllertätigkeiten befasst, während Großunternehmen oftmals auf Teilgebiete des Controllings spezialisierte Mitarbeiter in ihren Finanz- und Geschäftsbereichen beschäftigen.

 Gibt es eine Stellenbeschreibung für Ihre Controller im Unternehmen?

Ein Hilfsmittel zur weiteren Bestimmung der Aufgaben des Controllers und seiner Stellung in der Führung ist deshalb die Stellenbeschreibung.

Abb. 1.5 zeigt dazu die Stellenbeschreibung eines Controlling-Leiters in einem mittelständischen Unternehmen.

Die Stellenbeschreibung gibt Auskunft über Rang und Unterstellungsverhältnisse des Controllers sowie über dessen genaue Aufgabenbereiche und Befugnisse. Sie ist somit bestens geeignet, den Rahmen der Controller-Tätigkeit zu umreißen und die Stellung des Controllers sichtbar zu dokumentieren.

Stellenbeschreibung	Mittelstand GmbH
1.0 Stellenbezeichnung Leiter Controlling	**2.0 Rangstufe** Bereichsleiter

3.0 Zielsetzung
– Entwicklung und Anwendungen von Verfahren, die darauf hinwirken, dass das Unternehmen ausreichend Gewinn erzielt. – Die Führungskräfte des Unternehmens als Analysator, Ratgeber und ökonomischer Begleiter so unterstützen, dass jeder sich selber kontrollieren kann

4.0 Stellenbezeichnung des unmittelbar Vorgesetzten: Geschäftsführer
4.1 Stelleninhaber nimmt außerdem fachliche Weisungen entgegen von –

5.0 Stelleninhaber gibt fachliche Weisungen an – Leiter Kostenrechnung – Leiter Planung und Berichtswesen – Mitarbeiter im Bereich Controlling

6.0 Der Stelleninhaber wird vertreten von – Geschäftsführer in finanz-, verwaltungs- und betriebswirtschaftlichen Fragen – Bereichsleiter Verwaltung

7.0 Der Stelleninhaber vertritt Bereichsleiter Verwaltung

8.0 Spezielle Befugnisse (Hier sind spezielle Vollmachten und Berechtigungen aufzuführen, die nicht an die Rangstufe gebunden sind und damit über die allgemeine Vollmachtenregelung hinausgehen) – Gesamtprokura – Bankvollmacht – Beauftragter BVW (kaufm. Bereich)

9.0 Beschreibung der fachlichen Tätigkeiten, die der Stelleninhaber insbesondere (selbstständig) auszuführen hat
– Beratung der Geschäftsführung
– Verantwortung für Berichtswesen und Management-Informationssystems
– Erstellen von Budgets und monatlichen Ergebnissen
– Abweichungs- und Benchmarkanalysen
– Durchführung, Interpretation und Kommentierung von Soll-Ist-Vergleichen
– Erstellen von Forecasts (mit ForecastPRO)
– Sicherstellung von Produktkalkulation und Zielpreisfestlegung
– Betreuung von internem und externem Reporting
– Durchführung von Wirtschaftlichkeits- und Investitionsrechnungen
– Finanzplanung (mit Microsoft FRx)
– Unterstützung/Durchführung der Strategieplanung
– Analyse von Prozessen und Entwicklung von Gegensteuerungsmaßnahmen
– Vereinheitlichung und Weiterentwicklung von Controllinginstrumenten
– Projektmanagement

Hinweis für den Stelleninhaber:Durch die Stellenbeschreibung sind Ihre Aufgaben und Kompetenzen verbindlich festgelegt. Sie sind verpflichtet, danach zu handeln und zu entscheiden. Sie müssen Ihren unmittelbaren Vorgesetzten umgehend informieren, wenn sich wesentliche Abweichungen davon ergeben.

			Die Stellenbe-schreibung wurde mir aus-gehändigt
Datum:	Datum:	Datum:	Datum:
unmittelbarer		Personal-	Unterschrift des
Vorgesetzter:	Bereichsleiter:	abteilung:	Stelleninhabers:

Abb. 1.5: Aufgabenportfolio eines Controllers

Bei den weiteren Ausführungen soll ständig das Bild des Controllings im Führungssystem der Unternehmung im Gedächtnis bleiben. Von der Aufgabe des Controllers als Koordinator von Planung, Kontrolle und Informationsversorgung lassen sich sämtliche seiner Tätigkeitsbereiche ableiten und in einen sinnvollen Gesamtzusammenhang rücken.

1.5 Das „House of Controlling" – Bausteine eines wirkungsvollen Controlling-Systems

In der vorstehenden Controlling-Definition wurden dem Controller Aufgaben im Rahmen der Planung, Kontrolle und Informationsversorgung zugeordnet. Dieses Gedankengerüst soll im Folgenden in die Ableitung der notwendigen Bausteine eines umfassenden und wirkungsvollen Controlling-Systems Eingang finden.

Zur Verdeutlichung der Grundidee und der Notwendigkeit des Controllings sollen einleitend die folgenden klassischen Fragen dienen (vgl. **Abb. 1.6**). Wenn Sie alle diese Fragen mit einem eindeutigen „Ja" beantworten können, dann können Sie dieses Buch beruhigt wieder zuklappen: Ihr Controlling ist in Ordnung. Wenn nicht, dann sollten Sie weiterlesen.

Wissen Sie exakt, bei welchen Produkten Geld verdient wird und wo Verluste anfallen?

Wissen Sie, wie sich bestimmte Maßnahmen auf das Ergebnis auswirken?

Wissen Sie, wie Ihr Ergebnis nach betriebswirtschaftlichen Grundsätzen, d. h. ohne steuerliche oder bilanzielle Verzerrungen, aussieht?

Werden in Ihrer Planung ambitionierte Ziele vorgegeben und Ressourcen entsprechend zugeordnet?

Erfahren Sie zeitnah, ob Sie noch im Plan liegen oder ob etwas aus dem Ruder läuft?

Werden Entscheidungsbedarfe rechtzeitig eskaliert und notwendige Handlungen initialisiert?

Können Sie Ihre Unternehmensstrategie in konkrete Ergebnis- und Maßnahmenpläne umsetzen?

Kennen Sie die Faktoren, welche die Gemeinkosten in die Höhe treiben?

Abb. 1.6: Acht beispielhafte Fragen zur Notwendigkeit und Grundidee des Controllings

Jedes Unternehmen verfolgt eine bestimmte Strategie, deren Erreichung durch die zweckmäßige Gestaltung der betrieblichen Prozesse und die Schaffung einer geeigneten Organisationsstruktur gewährleistet wird. Das Controlling-System ist in diese Organisation eingebettet. Controlling muss im Hinblick auf die Aufgaben, die Organisation und die Instrumente ein Ganzes, sprich ein System, ergeben. Ein Controlling-System umfasst damit alle notwendigen Bestandteile zur Wahrnehmung der Controlling-Funktion.

Insgesamt dient das Controlling-System mit seinen Bestandteilen dem Management, indem dieses das Planungssystem durch die Erstellung konkreter Pläne nutzt und dazu die vom Controller bereitgestellten Informationen aus dem Informationsversorgungssystem zur Realisierung von Entscheidungen verarbeitet.

Ein wirkungsvolles Controlling-System muss deshalb alle notwendigen Bausteine umfassen, um eine zielorientierte Informationsversorgung sicherstellen zu können. Dies dient der Unterstützung der Entscheidungen des Managements, die die Verantwortung tragen die gesamte Wertschöpfung an die sich verändernde Umwelt adäquat anzupassen.

Wie ist das „House of Controlling" in Ihrem Unternehmen aufgebaut?

Ein wirkungsvolles Controlling-System muss damit die folgenden Bausteine umfassen, um die Aufgabe eines Planungs- und Kontrollsystems und eines Informationsversorgungssystems erfüllen zu können (vgl. **Abb. 1.7**):

Baustein Management Accounting (vgl. Kapitel 2): Es ist zunächst von zentraler Bedeutung, dass die Unternehmensführung mit den für die objektive Fundierung und das Treffen der richtigen Entscheidungen notwendigen Informationen versorgt wird. Hierbei ist zunächst die Ermittlung des erforderlichen Informationsbedarfs, die Informationsbeschaffung und -aufbereitung wichtig. Die wichtigste Informationsquelle innerhalb des Informationsversorgungssystems ist das (interne) führungsorientierte Rechnungswesen bzw. Management Accounting. Durch das Management Accounting werden regelmäßig Ist-Zahlen ermittelt und mit Soll-Werten verglichen und so über die tatsächlich erfolgte Realisierung betrieblicher Zielvorgaben informiert. Die Gegenüberstellung der Ist-Werte mit den Vorgabewerten (Soll-Ist-Vergleich) und die Analyse der aufgetretenen Abweichungen stellt die Grundlage für weitere Steuerungsmaßnahmen der Unternehmensführung dar. Ein wirkungsvolles Management Accounting umfasst die Bestandteile führungsorientierte Kosten- und Leistungsrechnung, Investitionsrechnung und Finanzrechnung.

Baustein Strategische Planung (vgl. Kapitel 3): Häufig werden Controlling-Systeme ausschließlich unter dem Blickwinkel einer Effizienzverbesserung für das operative Geschäft aufgebaut. Diese Sichtweise setzt voraus, dass bereits Klarheit über die Strategie des Gesamtunternehmens und seiner Geschäftsbereiche herrscht. Da die Rahmenbedingungen für die strategische Führung von Unternehmen durch wachsende Dynamik, Internationalisierung und Komplexität gekennzeichnet sind, rücken Aspekte des strategischen Managements und der strategischen Planung immer stärker in den Vordergrund. Die wichtigsten Unterstützungsaufgaben zum strategischen Management und zur strategischen Planung liegen in der Koordination und Kontrolle des Strategieprozesses und der Versorgung mit entscheidungsrelevanten Informationen. Im Mittelpunkt stehen dabei vorgedachte Entwicklungen, die durch Chancen und Risiken „Erfolgspotenziale" für das Unternehmen darstellen. Die strategische Planung dient der langfristigen Sicherstellung der Ertragskraft und Wettbewerbsfähigkeit eines Unternehmens.

Baustein Operative Planung, Budgetierung und Forecast (vgl. Kapitel 4): Im Gegensatz zur strategischen Planung befasst der Controller sich im Rahmen der operativen Planung mit Entwicklungen, die sich bereits in der Gegenwart durch Kosten und Leistungen manifestieren. Durch die Budgetierung werden die operativen Pläne dann in Wertgrößen transformiert. Zur laufenden unterjährigen Kontrolle und Überwachung der Erreichung der quantifizierten operativen Pläne werden turnusmäßig Forecasts erstellt. Als Forecast wird die unterjährige Hochrechnung der geplanten Größen (z. B. voraussichtliches Jahresergebnis) verstanden. Die Hochrechnung bildet Basis für Abweichungsanalysen und ermöglicht die frühzeitige Einleitung von Reaktionsmaßnahmen.

Baustein Finanzplanung und -steuerung (vgl. Kapitel 5): Neben der Sicherstellung der Ertragskraft und der wirtschaftlichen Leistungserstellung eines Unternehmens, kommt der dauerhaften Sicherstellung der Finanzkraft, d. h. der Liquidität, die zweite wesentliche Bedeutung für den Erhalt der Existenzfähigkeit eines Unternehmens zu. Dabei widmet sich die Finanzplanung und -steuerung der täglichen Sicherstellung der Zahlungsfähigkeit, der kurz- und mittelfristigen Finanzierung und der langfristigen Liquiditätssicherung.

Baustein Management Reporting (vgl. Kapitel 6): Informationsbeschaffung (z. B. im Management Accounting) und Informationsverwendung fallen in vielen Unternehmen organisatorisch auseinander. Zwischen den Stellen der Informationsentstehung und der -verwendung muss deshalb eine Informationsübermittlung auf Basis eines geeigneten Reportings stattfinden. Dabei sind jene Informationen zu übermitteln, die als geeignete Kennzahlen (Key Performance Indicators, KPI's) die Arbeit der Unternehmensführung bei der Planung und Kontrolle stützen. Dies bedeutet, dass die wesentlichen Informationen zunächst ausgewählt, dann zu geeigneten Kennzahlen verdichtet und schließlich in geeigneter, empfängerorientierter Form aufbereitet und dargestellt werden müssen.

Baustein IT-System (vgl. Kapitel 7): Instrumente der Datenverarbeitung und moderne IT stellen dabei in allen Bausteinen einen heute nicht mehr wegzudenkenden Bestandteil dar. Durch den Einsatz moderner IT wird sowohl die Qualität der Informationsversorgung sowie der Planung und Kontrolle verbessert als auch deren Ablauf wesentlich erleichtert (z. B. durch automatisierte Datenaufbereitung, IT-gestützte Planungsmodelle oder automatisierte Berichtssysteme). Die Digitalisierung stellt hier die größte Herausforderung dar.

Baustein Organisation (vgl. Kapitel 8): Unter Controlling-Organisation fasst man üblicherweise die Aufbau- und Ablauforganisation des Controllings zusammen. Bei der Schaffung der Aufbau- und Ablauforganisation stellen sich in der Praxis vor allem die folgenden Fragen: Welche Aufgabenbereiche sollen einer Controlling-Abteilung zugeordnet werden? An welcher Stelle in der Unternehmensorganisation sollen die Controlling-Aufgaben wahrgenommen werden? In welcher Reihenfolge laufen die Controlling-Prozesse ab?

Wie sind die Controlling-Aufgaben in die Abläufe der anderen Unternehmensbereiche eingebunden?

Governance (vgl. Kapitel 9): Zur Wahrnehmung von Leitung, Koordination und Überwachung wird ein Ordnungsrahmen benötigt, durch den bestehende Regelungen und Vorschriften eingehalten und bestehenden Risiken begegnet werden kann. Die Regeleinhaltung („Compliance") ist zu gewährleisten.

Das „House of Controlling" von Horváth & Partners umfasst alle notwendigen Bausteine eines wirkungsvollen Controlling-Systems (vgl. **Abb. 1.7**).

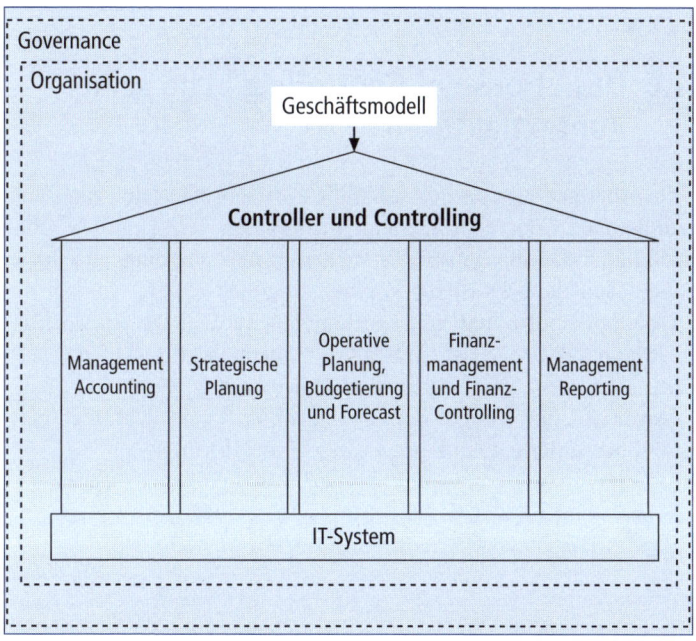

Abb. 1.7: „House of Controlling" – Bausteine eines wirkungsvollen Controlling-Systems

Bei der Gestaltung des „House of Controlling" gilt es für jeden der einzelnen Bausteine immer die folgenden Fragen zu beantworten:

■ Was sind die Aufgaben?

- Wie sind die Prozesse zu gestalten?
- Welche Schnittstellen sind zu beachten?
- Welche Instrumente werden wo eingesetzt?
- Wer hat wie mitzuwirken?
- Wie ist die organisatorische Einbettung?
- Welche IT-Unterstützung ist vorgesehen?

Im weiteren Verlauf des Buches werden jeder Baustein und dessen wesentlichen Gestaltungsmerkmale ausführlich beschrieben und in Form von Gestaltungschecklisten für Manager und Controller festgehalten.

1.6 Das „House of Controlling" und seine Kontextfaktoren

Im vorherigen Abschnitt wurden die zentralen Bausteine eines wirkungsvollen Controlling-Systems im Rahmen des „House of Controlling" zusammengefasst. Es stellt sich nun allerdings die Frage: Wie sollen diese Bausteine konkret ausgestaltet, d. h. wie soll das „House of Controlling" mit Leben gefüllt werden? Die Antwort darauf lautet, dass es „das" Controlling-System, das für alle Unternehmen in gleicher Weise optimal ist, nicht gibt. Vielmehr hängt das „House of Controlling" vom Geschäftsmodell eines Unternehmens sowie den unternehmensspezifischen Umfeldfaktoren ab.

 Wie ist das Geschäftsmodell Ihres Unternehmens?

Ausgangspunkt des „House of Controlling" stellt das Geschäftsmodell eines Unternehmens dar (vgl. **Abb. 1.7**).

Da das Wort „Geschäftsmodell" aktuell inflationär verwendet wird und jeder etwas anderes darunter versteht, ist es notwendig, zunächst klarzustellen, was darunter konkret zu verstehen ist. Die an der Hochschule St. Gallen entwickelte Beschreibung eines Geschäftsmodells ist so einfach, klar und überzeugend, dass diese Struktur hier den Ausführungen hier zugrunde gelegt wird (vgl. dazu ausführlich *Gassmann et al.* 2013). Dieses Modell hat vier Elemente, die in einem „magischen Dreieck" abgebildet werden (vgl. **Abb. 1.8**):

- Wer sind unsere Zielkunden?
- Welchen Nutzen bieten wir unseren Kunden?
- Mit welcher Wertschöpfungskette erstellen wir unsere Leistung?
- Wie wird der finanzielle Ertrag erzielt?

Abb. 1.8: Struktur eines Geschäftsmodells (*Gassmann et al.* 2013, S. 6)

Ein weiterer Ansatz zur Beurteilung eines Geschäftsmodells bietet das von Hórvath & Partners entwickelte 7-K-Prinzip (vgl. **Abb. 1.9**). Mit dem 7-K-Prinzip werden Geschäftsmodelle anhand sieben Dimensionen analysiert und weiterentwickelt. Im Zentrum des Prinzips steht der strategische Kern des Unternehmens, welcher die Basisentscheidungen des Unternehmens umfasst. Dieser umfasst die Festlegung des Produktportfolios, die Auswahl der Zielkunden und -märkte sowie die Nutzung von Kernkompetenzen. Die Folgenden weiteren Elemente „kreisen" rund um den strategischen Kern und sind in ihrer wechselseitigen Beziehung zu durchleuchten und festzulegen.

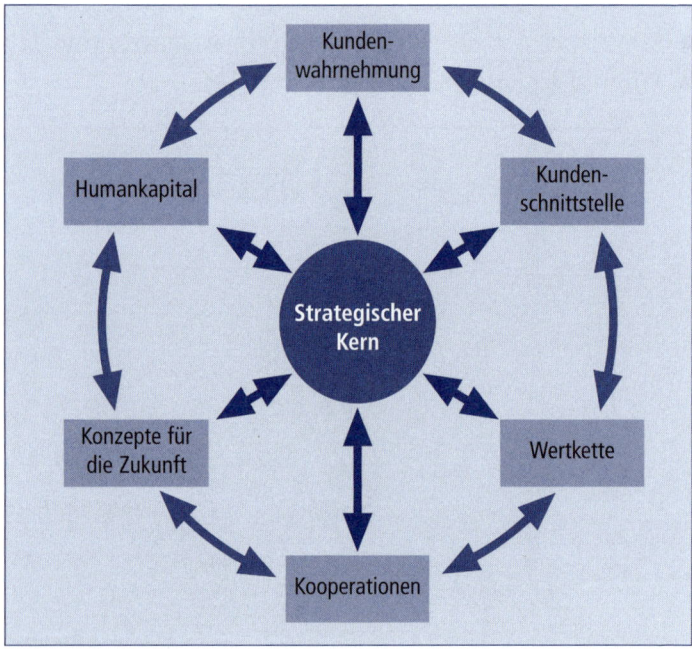

Abb. 1.9: 7-K-Prinzip

- *Kundenwahrnehmung*: Die Kundenwahrnehmung fokussiert auf jene Gestaltungsfelder, die sich insbesondere im Kopf, d. h. in der Wahrnehmung der Kunden abspielen. Dazu gehören markenbezogene Nutzenversprechen, die Positionierung am Markt sowie die Art der Markennutzung inklusive der eingesetzten Kommunikationsinstrumente.

- *Kundenschnittstelle*: Die Kundenschnittstelle umfasst jene Entscheidungen, welche die direkte Interaktion mit dem Kunden bestimmen. Dazu zählen Vertriebskanäle, das Ertragsmodell (also die Klärung, wofür der Kunde überhaupt bereit ist, zu zahlen), Formen der Kundenbindung (z. B. über Verträge, Bonusprogramme oder persönliche Beziehung) sowie die Ausgestaltung des Kundendienstes.

- *Wertkette*: Die Wertkette adressiert die Art der Leistungserbringung. Hinterfragt werden die Leistungstiefe, bestehende Leistungsstandorte und deren Vernetzung sowie eingesetzte Leistungsverfahren.

- *Kooperationspartner*: Im Rahmen dieser Dimension des Geschäftsmodells wird festgelegt, mit wem das Unternehmen in welcher Form kooperiert. Neben der Zusammenarbeit mit Zulieferern spielen auch Allianzen sowie Beteiligungen (bis hin zu M&A-Aktivitäten) eine wichtige Rolle.

- *Konzepte für die Zukunft*: Im Mittelpunkt dieses Gestaltungsfelds steht die Analyse der Innovationsschwerpunkte, die Definition der Innovationsdynamik im Sinne des Timings von Innovationen (z. B. „first mover" versus „early follower") sowie Entscheidungen in Bezug auf die Innovationstiefe und damit die Beantwortung der Frage, ob externe Partner in die verschiedenen Phasen des Innovationsprozesses eingebunden werden.

- *Humankapital*: Die Geschäftsmodellkomponente Humankapital stellt die Personal- und Wissensstruktur des Unternehmens sowie Gestaltung der Unternehmenskultur in den Mittelpunkt.

Das Geschäftsmodell nimmt nun auf unterschiedliche Art und Weise Einfluss auf das „House of Controlling". So ergänzen sich zunächst das Geschäftsmodell und die Strategie bzw. strategische Planung. Man kann dies vereinfacht wie folgt beschreiben: Das Geschäftsmodell beschreibt kundenorientiert die Architektur des Geschäfts; die Strategie hat den Erhalt des Wettbewerbsvorteils im Fokus und fragt nach der Differenzierbarkeit („unique selling proposition") des Geschäftsmodells. Das Geschäftsmodell liefert vor diesem Hintergrund bspw. auch die Basis für die Finanzpläne und Budgets.

Aufgrund von Veränderungen im Markt durch unternehmensspezifischen Umfeldfaktoren (z. B. neue Wettbewerber, neue Technologien, Veränderung des Kundenverhaltens etc.) muss das Geschäftsmodell kontinuierlich überprüft und ggf. weiterentwickelt werden.

Nur so kann ein Unternehmen sich rechtzeitig auf Veränderungen einstellen und die eigene Wettbewerbsposition erhalten bzw. ausbauen.

 Erfassen Sie die unternehmensspezifischen Umfeldfaktoren in Ihrem Unternehmen systematisch (z. B. anhand 5-Forces)?

Damit ist die Ausgestaltung des „House of Controlling" auch wesentlich von den unternehmensspezifischen Umfeldfaktoren abhängig. Eine systematische Erfassung der Unternehmensumwelt kann dabei anhand Porter's Five Forces (*Porter und Heppelmann* 2014) erfolgen. Diese können Unternehmen dabei helfen das eigene Unternehmensumfeld anhand von fünf Wettbewerbskräften darzustellen (vgl. **Abb. 1.10**). Diese Wettbewerbskräfte beeinflussen die Profitabilität eines Unternehmens. Je stärker die Wettbewerbskräfte sind, desto schwieriger ist es für ein Unternehmen, in dieser Branche profitabel zu agieren.

Jede einzelne Wettbewerbskraft wirkt sich unterschiedlich dabei auf das Unternehmen und letztlich auf das „House of Controlling" aus.

- **Wettbewerb durch bestehende und neue Unternehmen sowie Substitute:**

Die Wettbewerbsintensität gibt an, wie stark die Rivalität innerhalb eines Marktes oder einer Branche ist. Bei starkem Wettbewerb zwischen den bestehenden Unternehmen sowie bei Intensivierung des Wettbewerbs durch neue Anbieter und Substitutions- / Ersatzprodukte muss sich die Unternehmensführung Gedanken über Erweiterungen bzw. Änderungen des Leistungsprogramms (Gesamtheit aller Produkte und Dienstleistungen) sowie über Veränderungen der eingesetzten Technologien (Anlagen, Verfahren und Methoden zur Erzeugung der Produkte und Dienstleistungen) zur Leistungserstellung machen.

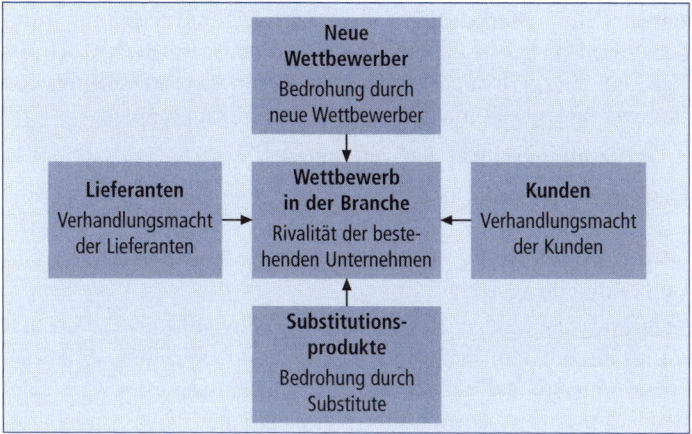

Abb. 1.10: Porter's Five Forces (*Porter und Heppelmann* 2014)

Dabei sind die Auswirkungen des Leistungsprogramms auf das Controlling vielfältig: Das Controlling hat ein Informations- und Berichtswesen zu konzipieren, das die Entscheidung über eine Programmbereinigung bzw. Programmergänzung ermöglicht. Dieses Aufgabenfeld wird umso komplexer, je breiter und tiefer das Leistungsprogramm ist.

Die eingesetzten Technologien wiederrum haben vor allem Einfluss auf die Kalkulationsverfahren und das Berichtswesen. Außerdem muss der Controller mit Hilfe von Investitionsrechnungen und Planergebnisrechnungen klare Entscheidungsgrundlagen für technologische Veränderungen liefern.

■ **Verhandlungsmacht der Kunden:**

Der Kunde umfasst alle aktuellen und potenziellen Abnehmer der Produkte und Dienstleistungen. Die Verhandlungsmacht der Kunden beeinflusst ebenfalls die Wettbewerbssituation am Markt. Kunden mit hoher Verhandlungsmacht können den Preis und die Verkaufsbedingungen stark beeinflussen.

Stellt der Kunde einen kritischen Erfolgsfaktor für das Unternehmen dar, so sollte sich dies im Controlling-System widerspiegeln. Insbesondere das Berichtssystem sollte in diesem Fall marktorientiert ausgestaltet sein und die wichtigsten Informationen und Kennzahlen (bspw. Marktanteile, Absatzzahlen, Kundenstruktur, Kundenzufriedenheit) in diesem Zusammenhang enthalten. Auch die Kalkulation (kurzfristiger) Preisuntergrenzen für die Festlegung von Verhandlungsspielräumen ist hiervon wesentlich betroffen.

■ **Verhandlungsmacht der Lieferanten:**

Die Verhandlungsmacht der Lieferanten stellt eine weitere Wettbewerbskraft dar. Die Verhandlungsmacht der Lieferanten gibt an, wie hoch der Einfluss der Lieferanten auf den Preis und andere Verkaufsbedingungen ist.

Aufgrund des großen Hebels niedriger Einkaufspreise sollte das Controlling-System auch ein Beschaffungs-Controlling umfassen. Dieses unterstützt vor allem die Lieferantenauswahl. Im Zuge eines Beschaffungsmanagements sollten die relevanten Lieferantenbeziehungen gesteuert und Probleme so frühzeitig erkannt werden.

1.7 Weiteres Vorgehen

Nachdem nun die Grundlagen eines wirkungsvollen Controlling-Systems dargestellt wurden, wird im weiteren Verlauf des Buches das „House of Controlling" mit Leben gefüllt, d. h. die einzelnen Bausteine ausführlich vorgestellt. Hierbei werden die wichtigsten Gestaltungsmerkmale aufgezeigt und anhand von Beispielen aus der Praxis illustriert.

1.8 Gestaltungsscheckliste für Manager und Controller

> **!** *Schaffen Sie Klarheit über das Geschäftsmodell Ihres Unternehmens!*
>
> **!** *Erarbeiten Sie ein unternehmensindividuelles Controller-Leitbild und Aufgaben- sowie Kompetenzbeschreibungen für Ihren Controller bzw. Controlling-Bereich!*
>
> **!** *Definieren Sie die Bausteine des „House of Controlling" in Ihrem Unternehmen mit jeweiligen Kurzbeschreibungen!*
>
> **!** *Klären Sie, welche strategischen und operativen Herausforderungen für Ihr Unternehmen existieren und überlegen Sie wie das Controlling bei der Bewältigung unterstützen soll!*

Vertiefende Lektüre

Wenn Sie mehr zu den Aufgaben des Controllings, der Rolle und den Kompetenzen des Controllers wissen möchten, lesen Sie

Gleich, R. (Hrsg., 2015), Moderne Controllingkonzepte, Zukünftige Anforderungen erkennen und integrieren, Freiburg/München 2015

oder

IGC International Group of Controlling (2015), Controller-Kompetenzmodell, Leitfaden für die moderne Controller-Entwicklung mit Muster-Kompetenzprofilen, Freiburg/München 2015.

2. Kapitel

Management Accounting

2.1 Ziele des Kapitels

Abb. 2.1: Ziele des Kapitels

Ziel des Kapitels ist es, dem Leser die führungsorientierte Kosten- und Leistungsrechnung, Investitionsrechnung und Finanzrechnung, als die drei zentralen Bestandteile eines wirkungsvollen Management Accountings, vorzustellen. Am Ende des Kapitels soll der Leser die Funktionen und Aufgaben dieser drei Bestandteile verstehen und anwenden können.

2.2 Einführung

Primäres Ziel des Rechnungswesens ist die Informationsversorgung. Diese Informationsversorgung richtet sich an unternehmensinterne und unternehmensexterne Empfänger. Man spricht daher auch von internem und externem Rechnungswesen. Das interne Rechnungs-

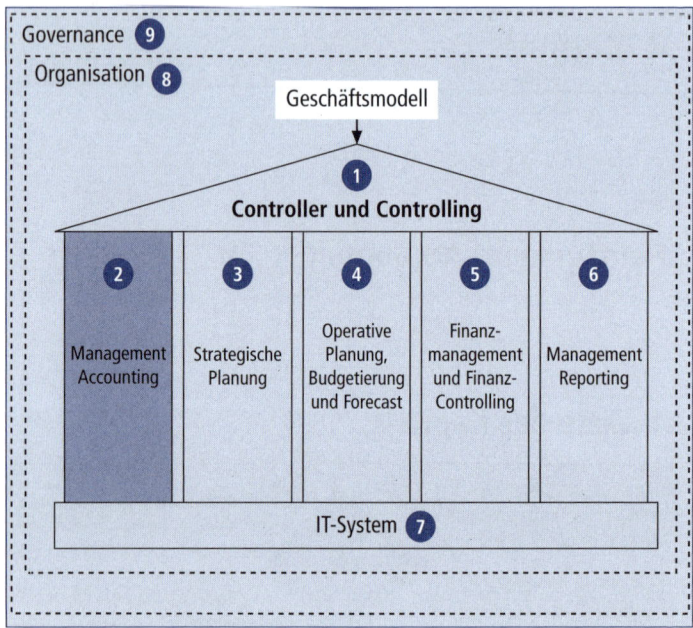

Abb. 2.2: Einordnung des Kapitels in das „House of Controlling"

wesen wird genutzt, um die Unternehmensprozesse zu planen, zu kontrollieren und zu koordinieren. Somit ist das interne Rechnungswesen das primäre Informationsinstrument des Controllers. Das externe Rechnungswesen hingegen bildet die finanzielle Situation eines Unternehmens nach außen ab.

In dem für das Controlling relevanten internen Rechnungswesen stößt man bei manchen Unternehmen allerdings auf immer noch klassische Probleme:

■ Das Rechnungswesen ist buchhaltungsorientiert.

■ Es liefert keine bedarfsgerechten Informationen.

■ Es dient mehr der nachträglichen Rechtfertigung als der Entscheidungsunterstützung.

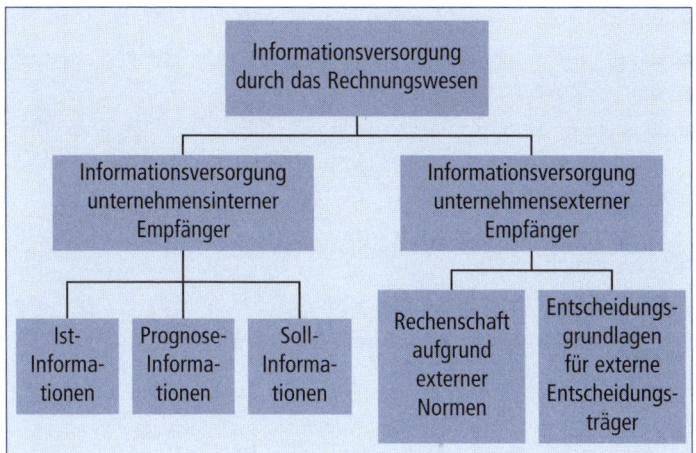

Abb. 2.3: Informationsversorgung durch das Rechnungswesen
(*Horváth et al.* 2015, S. 243)

- Formale Genauigkeit wird über die Zweckeignung der Daten gestellt.
- Die Kostenrechnung steht im Mittelpunkt, während der Leistungs- und Erlösrechnung zu wenig Aufmerksamkeit geschenkt wird.

Die Lösung dieser Probleme ist ein führungsorientiertes internes Rechnungswesen bzw. Management Accounting. Im Gegensatz zum klassischen internen Rechnungswesen umfasst dieses auch Planungs- und Kontrollrechnungen. Im Vordergrund steht die Entscheidungsunterstützung der Führung und nicht die Dokumentation der Vergangenheit.

 Wie konsistent sind die Bereiche des internen und externen Rechnungswesens in Ihrem Unternehmen?

Mit dem Management Accounting liegt das wichtigste Werkzeug des Controllers vor. Es bietet sich der Vergleich zu einem gutgestimmten Klavier an, das allerdings ebenfalls nutzlos sein kann, wenn

- es nicht von einem guten Pianisten (Controller) bedient wird;

- darauf Musik (Informationen) gemacht wird, die von niemandem (Management) gehört werden will;

- es sich nicht harmonisch in ein Orchester einfügt und abgestimmt auf andere Instrumente (Planung, Kontrolle) seinen Beitrag leistet.

Im Folgenden wird daher ein wirkungsvolles Management Accounting vorgestellt.

Ist der Controller in Ihrem Unternehmen die „Single Source of Truth"?

2.3 Gestaltung eines wirkungsvollen Management Accountings

Ein wirkungsvolles Management Accounting umfasst die Bestandteile Kosten- und Leistungsrechnung, Investitionsrechnung und Finanzrechnung, auf die im Folgenden näher eingegangen wird.

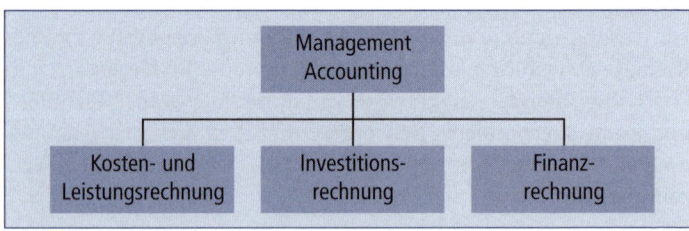

Abb. 2.4: Bestandteile eines wirkungsvollen Management Accountings

2.3.1 Kosten- und Leistungsrechnung

Unternehmensführung kann in die Phasen Planung, Realisation und Kontrolle unterschieden werden. In jeder dieser Phasen sind zahlreiche Gestaltungsentscheidungen zu treffen. Aufgabe der Kosten- und Leistungsrechnung (KLR) ist die Sammlung, Analyse und Verarbeitung von Informationen, die die Führungskräfte bei ihren Aufgaben unterstützen. Darüber hinaus muss das führungsorientierte Rechnungswesen in der Lage sein, den Umsetzungserfolg der Entscheidungen zu überwachen. Für die getroffenen Entscheidungen müssen eindeutige Vorgabewerte abgeleitet werden. Aus der Kontrolle der Vorgabewerte durch Gegenüberstellung der Ist-Größen und der Analyse möglicher Abweichungen werden Eingriffsnotwendigkeiten und -möglichkeiten erkannt.

Zur Erfüllung dieser Aufgaben sind spezifische Anforderungen an die KLR zu stellen. So sollte diese zukunftsorientiert, entscheidungsorientiert, flexibel, wirtschaftlich, aktuell und zuverlässig sein.

An erster Stelle steht die Zukunftsorientierung der KLR. Für die Führung des Unternehmens sind Informationen der Vergangenheit wenig geeignet, da sie lediglich ein Reagieren, aber kein Agieren ermöglichen. Systeme der Ist-Kostenrechnung sind ausschließlich auf die Erfassung der effektiv angefallenen Kosten und ihrer Zurechnung auf die Kostenträger ausgerichtet. Sie sind damit rein vergangenheitsorientiert. Fehlende Vorgabewerte verhindern gleichzeitig eine effektive Unternehmenssteuerung, da kein Maßstab zur Beurteilung der Ist-Entwicklung vorhanden ist.

Die Unterstützung der Führung verlangt weiterhin nach einer entscheidungsorientierten KLR, die in der Lage ist, die relevanten Informationen für die anstehenden Entscheidungen zu liefern. Entscheidungsrelevant sind nur Größen, die durch eine Entscheidung tatsächlich verändert werden. Stellt sich bspw. die Frage, ob ein Zusatzauftrag bei nicht ausgelasteten Kapazitäten angenommen werden soll, sind nur die zusätzlich von diesem Auftrag erzeugten Kosten für die Entscheidung relevant. Das sind i. d. R. die variablen Kosten. Fixe Kosten, bspw. Abschreibungen, sind ohnehin bereits angefallen und bleiben von der zu treffenden Entscheidung unberührt. Ein führungsorientiertes System der KLR muss daher bei solchen Entscheidungssituationen die Kosten nach fixen und variablen Kosten aufspalten. Systeme der Vollkostenrechnung sind zur Ermittlung solcher entscheidungsrelevanter Informationen aufgrund ihrer vollständigen Kostenzurechnung häufig ungeeignet.

Vor dem Hintergrund einer kontinuierlich ansteigenden Umweltdynamik ist die Flexibilität der KLR eine wichtige Anforderung. Jedoch findet die Flexibilität ihre Grenzen in Bezug auf die angemessene, wirtschaftliche Gestaltung der KLR. D. h., Differenzierung und Verfeinerung müssen dort ihre Grenzen finden, wo der Nutzen genauerer Informationen von den Kosten ihrer Gewinnung übertroffen wird.

Schließlich stellen Aktualität und Zuverlässigkeit essentielle Merkmale einer KLR dar. So sollten historische Zahlen nicht als Grundlage für Entscheidungen des Managements herangezogen werden. Die Grundlage zuverlässiger Informationen bilden einheitliche Richtlinien zur Schlüsselung und Weiterverrechnung von Kosten.

 Sind die in Ihrem Unternehmen verwendeten Bezeichnungen, Größen und Rechenverfahren klar und einheitlich dokumentiert?

Diese Anforderungen an eine KLR haben zu einer grundlegenden Differenzierung der Kostenrechnungssysteme im Hinblick auf den Zeitbezug und dem Ausmaß der Kostenverrechnung geführt (vgl. **Abb. 2.5**). Der notwendige Zukunftsbezug der Kostenrechnung wird durch die Verwendung von Plankostenrechnungssystemen erreicht. Zur Gewinnung geeigneter Informationen zur Unterstützung dispositiver Aufgaben und zur Gewährleistung der Flexibilität werden Systeme der Teilkostenrechnung eingesetzt, bei denen nur bestimmte Teile der Gesamtkosten auf die Kostenträger zugerechnet werden. Je nachdem welche Teile der Gesamtkosten den Kostenträgern zugerechnet werden, unterscheidet man in der Literatur folgende Systeme der Teilkostenrechnung: das Direct Costing, die stufenweise Fixkostendeckungsrechnung und die Rechnung mit relativen Einzelkosten.

| Zeitbezug | Istkosten-rechnung | Normalkosten-rechnung | Plankosten-rechnung |
Umfang der Kosten-zurechnung			
Vollkosten-rechnung	Istkostenrechnung auf Vollkostenbasis	Normalkosten-rechnung auf Voll-kostenbasis	Plankosten-rechnung auf Voll-kostenbasis
Teilkosten-rechnung	Istkostenrechnung auf Teilkostenbasis	Normalkosten-rechnung auf Teil-kostenbasis	Plankosten-rechnung auf Teil-kostenbasis

Abb. 2.5: Klassische Systeme der Kostenrechnung

Mittlerweile hat sich die Prozesskostenrechnung als weiterer Evolutionsschritt der Kostenrechnung fest etabliert. Diese ist aus den aktuellen Notwendigkeiten des Kostenmanagements im Gemeinkostenbereich deutscher Unternehmen entstanden. Heute wird das Methodenpotenzial der Prozesskostenrechnung häufig mit den bewährten Methoden der Plankostenrechnung und der Deckungsbeitragsrechnung verbunden und aufeinander abgestimmt.

Zu beachten ist, dass die klassischen Systeme der Kostenrechnung, anders als ihre Kurzbezeichnung vermuten lässt, nicht nur Kosten, sondern immer auch Leistungen erfassen und verrechnen. Ohne das Pendant auf der Leistungsseite – die Leistungsrechnung – wäre eine Erfolgsrechnung, die letztendlich das Betriebsergebnis als eine wichtige Steuergröße des Controllers liefert, nicht möglich. So ist z. B. die Vollkostenrechnung immer ein System der Kosten-, Leistungs- und Ergebnisrechnung.

 Sind die Sachverhalte in Ihrem Unternehmen verursachungsgerecht zugeordnet?

Die Leistungsrechnung liegt allerdings in Theorie und Praxis bei weitem nicht in der Verfeinerung wie die Kostenrechnung vor. Grenzen ergeben sich vor allem bei der Zurechnung von Leistungen (oder gleichbedeutend Erlösen) zu bestimmten Entscheidungen, die zumindest nicht verursachungsgerecht vorgenommen werden können. Man denke bspw. an die Zurechnung von Erlösen aus einem bestimmten Produkt auf eine Universalwerkzeugmaschine. Weniger Schwierigkeiten bereitet ein Quervergleich von Erlösträgern (= Produkte oder Dienstleistungen), der wichtige Aufschlüsse über den tatsächlichen Nettoerlös eines Produktes oder einer Dienstleistung auf verschiedenen Teilmärkten (= Erlösstellen) gibt. Die Erlösrechnung kann sowohl mit Plandaten als auch mit Istdaten durchgeführt werden (vgl. **Abb. 2.6**).

	Erlösstelle				
	A	B	C	D	E
Grundpreis (je Einheit für eine Produktart)	100	110	110	115	100
+ Aufpreis für frachtfreie Anlieferung (5% auf Grundpreis)	5	5,5	5,5	5,75	5
+ Aufpreis für Einwegverpackung	7			7	
+ Mindermengenaufschlag (3% auf bisherige Summe)	3,15	3,68	3,47	3,62	3,36
= Bruttoerlös (je t)	108,15	126,18	118,97	124,37	115,36
./. Funktionsrabatt (15% auf Bruttoerlös)		18,93			17,30
./. Provision (8% auf Bruttoerlös)	8,65		9,52	9,65	
./. Skonto (2% auf Bruttoerlös ./. Funktionsrabatt)					
./. Sondereinzelkosten des Vertriebs	3,50	9,70	4,20	12,30	8,20
= Nettoerlös (je t)	93,84	95,40	102,87	99,63	87,9

Abb. 2.6: Erlösträgerquervergleich

Nachfolgend werden die gängigsten KLR-Systeme vorgestellt: Vollkostenrechnung am Beispiel der Plankostenrechnung, Traditionelle Systeme der Teilkostenrechnung und Prozesskostenrechnung.

2.3.1.1 Systeme der Vollkostenrechnung

Systeme der Plankostenrechnung bestimmen planerisch die Kosten einer zukünftigen Abrechnungsperiode. Plankosten sind im Voraus bestimmte Kosten unter Voraussetzung rationalen Handelns.

Plankostenrechnungen dienen der Ermittlung und Vorgabe der Kosten einer Abrechnungsperiode. Durch eine Gegenüberstellung der am Ende der Abrechnungsperiode tatsächlich angefallenen zu den geplanten Kosten wird eine effektive Kostenkontrolle möglich. Die Ermittlung und Analyse der aufgetretenen Abweichungen ist die Grundlage der Unternehmenssteuerung. Sie liefert Informationen über notwendige Korrekturmaßnahmen, um die ursprünglichen Zielsetzungen noch zu erreichen. Da die Plankostenrechnung nur ihre Kontrollfunktion erfüllt, wenn neben dem Soll auch das Ist ermittelt wird, schließt diese folglich immer eine Istkostenrechnung ein. Werden Plankostenrechnungen auf Basis von Vollkosten durchgeführt, werden sämtliche Gemeinkosten auf die Kostenstellen und Kostenträger verteilt.

Eine Vorgabe von Plankosten setzt Hypothesen über die Beziehungen zwischen Kostenhöhe und deren wesentlichen Einflussgrößen voraus. Als wichtigste Kosteneinflussgröße wird in der Plankostenrechnung die Beschäftigung angesehen. Unter Beschäftigung wird der Grad der Ausnutzung eines vorhandenen Leistungspotenzials verstanden. In der Abweichungsanalyse wird dann versucht, die Kostenabweichungen auf ihre Einflussgrößen zurückzuführen.

 Sind die Plan(Soll)-Ist-Vergleiche in Ihrem Unternehmen möglich und führen Sie Abweichungsanalysen durch?

Primäres Ziel der Plankostenrechnung ist die Vorhersage der effektiv zu erwartenden Kosten. Den Ausgangspunkt der Planung stellt daher nicht der kostenminimale Verbrauch dar, sondern die aufgrund der gegebenen Ausgangslage tatsächlich zu erwartenden Kosten. Die Bewertung der erwarteten Verbrauchsmengen wird demzufolge mit den erwarteten Beschaffungspreisen und nicht mit Festpreisen vorgenommen. Damit sind Preisschwankungen voll in die Kostenrechnung einbezogen. Die Plankostenrechnung als Prognosekostenrechnung dient damit vorwiegend der Entscheidungsvorbereitung. Sie ermöglicht durch die Gegenüberstellung von prognostizierten Kosten und Erlösen die Vorhersage des künftigen Erfolges. Als Instrument der Planung liefert sie der Unternehmensführung Informationen über die Auswirkungen unterschiedlicher Handlungsalternativen.

Im Folgenden werden die beiden wichtigsten Systeme – die starre und die flexible Plankostenrechnung – kurz angesprochen und beurteilt. Charakteristisch für beide ist die Durchführung einer nach Kostenarten, Kostenstellen und Kostenträgern differenzierten Kostenplanung auf der Grundlage der übrigen Teilpläne der betrieblichen Planung (bspw. Absatz-/Umsatzplan). Somit beinhaltet die Kostenplanung im Wesentlichen

- die Aufstellung von Kostenvorgaben für die Kostenstelle,

- die Ermittlung von zweckmäßigen Bezugsgrößen je Kostenstelle,

- die Festlegung von Soll-Ist-Abweichungen,

- die Durchführung von Abweichungsanalysen zur Ermittlung der Abweichungsursachen und

- die Zuordnung der Abweichungen zu den betroffenen Verantwortungsbereichen (Kostenstellen).

Starre Plankostenrechnung:

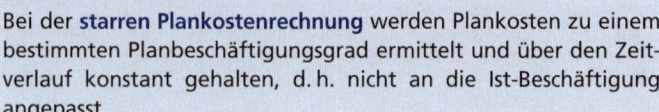

Bei der **starren Plankostenrechnung** werden Plankosten zu einem bestimmten Planbeschäftigungsgrad ermittelt und über den Zeitverlauf konstant gehalten, d. h. nicht an die Ist-Beschäftigung angepasst.

Die starre Plankostenrechnung nimmt keine Aufteilung in fixe und variable Kosten vor und berücksichtigt keine Beschäftigungsschwankungen. Soll-Kosten können folglich im Rahmen der starren Plankostenrechnung nicht ermittelt werden. Für die Zwecke der Kostenkontrolle ist die starre Plankostenrechnung daher nicht geeignet.

Festzuhalten ist, dass die starre Plankostenrechnung eine erste Grundlage für die kostenstellenweise Kostenkontrolle schafft. Eine echte und laufende Kostenkontrolle ist wegen der fehlenden Planung der Kosten in Abhängigkeit vom Beschäftigungsgrad noch nicht möglich. Aussagefähige Ergebnisse liefert sie nur, wenn der Beschäftigungsgrad unverändert bleibt.

Flexible Plankostenrechnung:

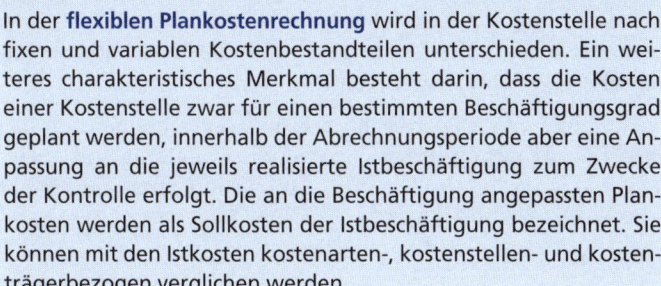

In der **flexiblen Plankostenrechnung** wird in der Kostenstelle nach fixen und variablen Kostenbestandteilen unterschieden. Ein weiteres charakteristisches Merkmal besteht darin, dass die Kosten einer Kostenstelle zwar für einen bestimmten Beschäftigungsgrad geplant werden, innerhalb der Abrechnungsperiode aber eine Anpassung an die jeweils realisierte Istbeschäftigung zum Zwecke der Kontrolle erfolgt. Die an die Beschäftigung angepassten Plankosten werden als Sollkosten der Istbeschäftigung bezeichnet. Sie können mit den Istkosten kostenarten-, kostenstellen- und kostenträgerbezogen verglichen werden.

Vom Aufbau her unterscheidet sich die flexible Plankostenrechnung nur wenig von der starren Plankostenrechnung. Für jede Kostenstelle wird wieder eine Bezugsgrößenart (Fertigungsstunden, Maschinenstunden usw.) für die Kostenverursachung festgelegt und die Planbeschäftigung (Planbezugsgröße) vorgegeben. Verbrauchsanalysen und technische Berechnungen werden zur Bestimmung der Verbrauchsmengen angesetzt. Die Verbrauchsmengen beziehen sich auf die Planbeschäftigung und dienen als Mengengerüst zur Berechnung der nach Kostenarten differenzierten Plankosten. Die Plangrößen werden mit Festpreisen bewertet.

 Sind Mengen- bzw. Preisstruktur in Ihrem Unternehmen so gesichert, dass sie als Basis der Werteermittlung dienen können?

Durch die Kostenauflösung wird dieser Betrag in fixe und proportionale Kosten aufgespalten. Unter Einbeziehung der Istbeschäftigung können die Sollkosten berechnet werden. Stellt man die so errechneten Sollkosten den Istkosten gegenüber, erhält man die Verbrauchsabweichung. Sie zeigt, inwieweit Abweichungen von den angenommenen Verbrauchsverläufen aufgetreten sind.

In der flexiblen Plankostenrechnung werden die Kalkulationssätze durch Division der gesamten Plankosten durch die Planbeschäftigung ermittelt. Sie sind Grundlage der Plankalkulationen und werden nicht an veränderte Beschäftigungen angepasst.

Die Multiplikation der Istbeschäftigung mit dem geplanten Vollkostensatz ergibt die verrechneten Plankosten. Die Differenz zu den Sollkosten wird als Beschäftigungsabweichung bezeichnet. Sie zeigt eine falsche Verrechnung der Fixkosten auf.

Der wichtigste Zweck der flexiblen Plankostenrechnung ist die laufende Kostenkontrolle. Sie erfolgt über die Ermittlung und Analyse der Abweichungen. Als wesentliche Abweichungsarten sind hierbei die folgenden zu unterscheiden:

- Preisabweichungen,
- Mengenabweichungen,
- Verbrauchsabweichung,
- Beschäftigungsabweichung.

Preisabweichungen ergeben sich aus Differenzen zwischen Einstandspreisen (Ist-Beschaffungspreisen) und Planpreisen. Im engeren System der Plankostenrechnung wirken sich Preisabweichungen nicht aus, da i. d. R. insgesamt mit Planpreisen gearbeitet wird. Der Einfluss der Preise wird noch vor Eingang der Verbrauchsdaten in die Kostenrechnung durch das Arbeiten mit Preisdifferenzkosten „abgefangen".

	Istkosten (zu Istpreisen)	86.437 €
−	Istkosten (zu Planpreisen)	81.750 €
=	**Preisabweichung**	**4.687 €**

Da sich die angegebenen Plankosten und Istkosten auf die Gesamtkosten der Kostenstelle beziehen und daher aus mehreren Kostenarten bestehen, ist die Angabe von Istpreis und Planpreis als jeweils eine Größe nicht möglich.

Bei **Mengenabweichungen** differenziert man zwischen der Verbrauchsabweichung und der Beschäftigungsabweichung. Die **Verbrauchsabweichung** (V) stellt die vom Kostenstellenleiter zu verantwortenden Mehr- oder Minderkosten beim Zeit- und/oder Stoffverbrauch dar. Sie wird gebildet aus der Differenz von Ist- und Sollkosten. Die Ursache dieser Abweichung können in der Wirtschaftlichkeit des Verbrauchs (höherer Materialverbrauch), in veränderten Fertigungsverfahren (Verfahrensabweichungen, das Nichteinhalten der Vorgabezeiten im Fertigungsplan) oder in Qualitätsänderungen des Produkts etc. liegen.

	Istkosten (zu Planpreisen)	81.750 €
–	Sollkosten	79.800 €
=	**Verbrauchsabweichung**	**1.950 €**

Die **Beschäftigungsabweichung** (B) stellt die Abweichung dar, die vom Kostenstellenleiter nicht zu verantworten ist. Sie ergibt sich aus der Differenz zwischen den verrechneten Plankosten und den Sollkosten. Es handelt sich praktisch um die ungedeckten Fixkosten (Leerkosten) bzw. die überdeckten Fixkosten, je nachdem, ob der Ist-Beschäftigungsgrad unter oder über der Planbeschäftigung liegt.

	Sollkosten	79.800 €
–	verrechnete Plankosten	70.200 €
=	**Beschäftigungsabweichung**	**9.600 €**

Die „Ist-Beschäftigung" wird dabei durch die für die Ist-Produktion aufgewendeten Planarbeitsstunden repräsentiert.

Die bisherigen Ausführungen zur flexiblen Plankostenrechnung fasst **Abb. 2.7** zusammen.

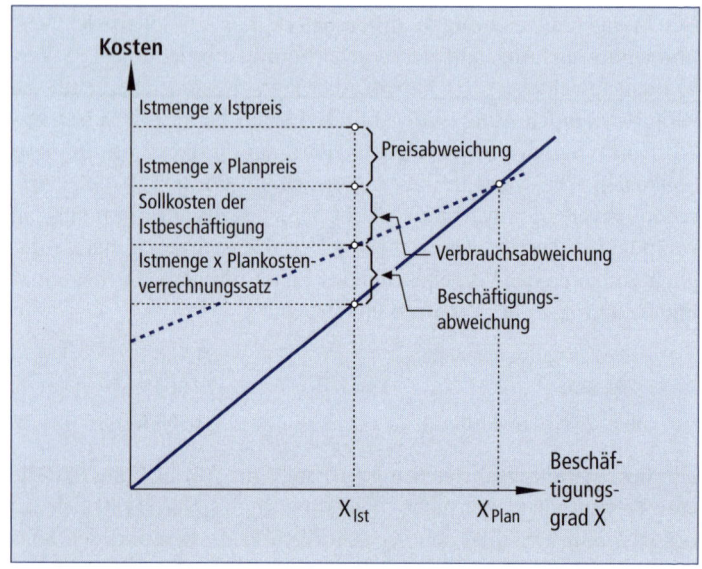

Abb. 2.7: Soll-Ist-Vergleich und Abweichungsanalyse in der flexiblen Plankostenrechnung

Abb. 2.8 zeigt nochmals zusammenfassend die Unterschiede in der Abweichungsanalyse bei der starren und der flexiblen Plankostenrechnung auf.

Für ein tieferes Verständnis soll im Folgenden auf die grundlegenden Teilaspekte Kostenauflösung, Planung der Einzelkosten und Planung der Gemeinkosten im Rahmen der flexiblen Plankostenrechnung näher eingegangen werden.

Kostenauflösung:

Die Kostenauflösung ist die Aufteilung der Gesamtkosten einer Kostenart in fixe und variable Bestandteile in Abhängigkeit vom Beschäftigungsgrad. Das Ergebnis der Kostenauflösung besteht in der Angabe, welche Teile einer Kostenart fix und welche Teile variabel sind.

Dieser Tatbestand wird i. d. R. durch den Variator ausgedrückt. Der Variator ist allgemein ein Ausdruck für die Kostenänderung bei einer Beschäftigungsänderung. In der flexiblen Plankostenrechnung

Basisdaten		Plankostenrechnung	
		Starr	**Flexibel**
Planbeschäftigung	10.000 Stück		
Plankosten fix Plankosten variabel	120.000,00 Euro	120.000,00	40.000,00 80.000,00
Plankostenverrechnungssatz	Plankosten variabel/Planbeschäftigung = Plankosten pro Stück	12,00	8,00
Istkosten	100.000,00 Euro	100.000,00	100.000,00
Istbeschäftigung	7000 Stück		
Sollkosten	Fixkosten Istbeschäftigung × Plankostenverrechnungssatz Total Sollkosten		40.000,00 56.000,00 96.000,00
Verbrauchsabweichung	Istkosten − Sollkosten		**4.000,00**
Verrechnete Plankosten	Istbeschäftigung × Plankostenverrechnungssatz	84.000,00	
Beschäftigungsabweichung	Sollkosten − Verrechnete Plankosten		**12.000,00**
Mengenabweichung	Istkosten − Verrechnete Plankosten Verbrauchsabweichung + Beschäftigungsabweichung	**16.000,00**	**16.000,00**

Abb. 2.8: Abweichungsanalyse bei starrer und flexibler Plankostenrechnung

gibt der Variator üblicherweise an, um wie viel sich die Plankosten eines Planbeschäftigungsgrades verändern, wenn sich die Beschäftigung um 10% verändert. Diese Form bedingt, dass der Variator in Zahlenwerten von 0 bis 10 angegeben wird. Fixe Kosten haben nach dieser Festlegung den Variator 0, vollständig variable Kosten haben den Variator 10. Alle Werte zwischen 0 und 10 sind semivariable (gemischte) Kosten. Der Variator 6 zeigt zum Beispiel, dass die Kostenart „Elektrischer Strom" auf der Fertigungskostenstelle zu 60% variabel (Strom für Maschinenantrieb) und zu 40% fix (Strom für Heizung) ist.

Der Variator wird benötigt, um die Plankosten (des Planbeschäftigungsgrades = 100%) in die Sollkosten eines bestimmten Beschäftigungsgrades umzurechnen.

Planung der Kosten:

Die Planung der Kosten erstreckt sich auf alle wesentlichen Kostenarten und auf alle Kostenstellen. Im Bereich der Fertigung erfolgt die Kostenplanung überwiegend leistungsbezogen. Im Verwaltungs- und Vertriebsbereich werden mehr oder weniger gegliederte Plankostenbudgets vorgegeben, in denen Zufälligkeiten und vorübergehende Bedingungen ausgeschaltet sein sollen. Die wesentlichen Schritte, die bis zum Vorliegen von Kostenstellenplänen vollzogen werden müssen, sind:

- Klare Gliederung der Kostenstellen (Kriterien: abgegrenzte Verantwortungsbereiche und exakte Maßgrößen der Kostenverursachung).

- Festlegung geeigneter Planungsperioden.

- Umsatzabschätzung als Basis der Kostenplanungen.

- Ermittlung normaler Betriebsbedingungen.

- Festlegung geeigneter Planbezugsgrößen für die verschiedenen Kostenarten in den verschiedenen Kostenstellen (bspw. Fertigungslohn, Fertigungszeit, Erzeugniseinheiten).

- Beschäftigungsplanung (vielfach auch Bezugsgrößenplanung genannt). Sie muss insbesondere in Abstimmung mit der Absatz- und Kapazitätsplanung erfolgen. Die Planbeschäftigung ist sorgfältig festzulegen, da sie sich unmittelbar auf die Höhe der Abweichungen auswirkt.

■ Planung und Vorgabe der Einzel- und Gemeinkosten.

 Werden in Ihrem Unternehmen Einzelkosten und Gemeinkosten konsequent unterschieden?

Planung der Einzelkosten:

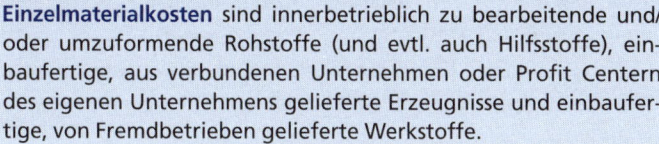

Einzelmaterialkosten sind innerbetrieblich zu bearbeitende und/oder umzuformende Rohstoffe (und evtl. auch Hilfsstoffe), einbaufertige, aus verbundenen Unternehmen oder Profit Centern des eigenen Unternehmens gelieferte Erzeugnisse und einbaufertige, von Fremdbetrieben gelieferte Werkstoffe.

Einzelmaterial geht physisch in das Produkt ein und kann somit eindeutig dem jeweiligen Kostenträger zugerechnet werden. Ausgangspunkt für die Planung sind die Netto-Planeinzelmaterialmengen. Darunter sind die Mengen zu verstehen, die bei planmäßiger Produktgestaltung und planmäßigen Materialeigenschaften nach der Fertigstellung effektiv im Kostenträger (Fertigfabrikat) enthalten sein müssen. Diese Größe ist anhand von Konstruktionszeichnungen, Musterbeschreibungen etc. ohne Schwierigkeiten zu ermitteln. Für die Vorgabe einer Plangröße sind darüber hinaus noch Abfallmengen zu berücksichtigen, die je Kostenträger bei planmäßigem Fertigungsverlauf anfallen.

Auch hier sind exakte Analysen möglich. Damit können die Brutto-Planeinzelmaterialkosten als Grundlage für die Plankalkulation und die laufende Einzelmaterialkontrolle wie folgt bestimmt werden:

Netto-Planeinzelmaterialmengen
+ Abfallmengen (geplant)
= Brutto-Planeinzelmaterialmengen
× Planpreis
= **Brutto-Planeinzelmaterialkosten**

Im System der Plankostenrechnung werden die Einzelmaterialkosten bezüglich der Verbrauchsabweichungen durch einen Soll-Ist-Kostenvergleich nach Möglichkeit je Kostenträger kontrolliert.

Ist-Einzelmaterialmenge × Planpreis

− Soll-Einzelmaterialmenge × Planpreis

= **Verbrauchsabweichungen des Einzelmaterials**

Die kostenträgerbezogene Kontrolle kann zu erheblichem zusätzlichem Aufwand für die Erfassung der Istdaten führen. Unter Umständen kann es auch sinnvoll sein, den Einzelmaterialverbrauch kostenstellenbezogen zu kontrollieren.

Bei festgestellten Verbrauchsabweichungen können folgende Ursachen unterschieden werden:

■ Auftragsbedingte Einzelmaterialverbrauchsabweichungen, etwa durch außerplanmäßige Produktgestaltung (Sonderwünsche von Kunden),

■ Mischungsabweichungen, bspw. in der Stahl- oder Gummi-Industrie,

■ außerplanmäßige Materialeigenschaften der Werkstoffe oder

■ Schwankungen der innerbetrieblichen Wirtschaftlichkeit.

Derartige Einzelmaterialverbrauchsabweichungen hat der Kostenstellenleiter zu vertreten.

Einzellohnkosten sind die Kosten der Arbeitsleistung, die sich den ausführenden Arbeitsgängen und damit den betrieblichen Produkten direkt zuordnen lassen.

Die Planung, Verrechnung und Kontrolle der Einzellohnkosten erfolgt differenziert nach Produkten (Kostenträgern) und nach den durch die Arbeitsvorbereitung festgelegten Arbeitsgängen. Das Ziel der Einzellohnplanung besteht darin, die auf eine Kalkulationseinheit (Kostenträger) entfallenden Lohnkosten im Voraus für jeden Arbeitsgang, bei planmäßigem Arbeitsablauf, bei normalen oder geplanten Leistungsgraden der ausführenden Arbeitskräfte und bei geplanten Tarifsätzen zu bestimmen.

Wenn auch die Einzellöhne in der Plankalkulation direkt auf die Kostenträger verrechnet werden könnten, so werden sie doch i. d. R. über die Fertigungskostenstelle abgerechnet und in deren Kalkulationssätze einbezogen, weil nur diese Abrechnung eine wirksame Lohnkostenkontrolle gewährleistet, weil zu den geplanten Fertigungszeiten (Bezugsgrößen) nicht nur die Fertigungslöhne, sondern auch eine Reihe weiterer Gemeinkosten proportional sind. Deshalb ist es zweckmäßig, alle fertigungszeitabhängigen Kosten in einem Kalkulationssatz zusammenzufassen.

Die Planeinzellohnkosten ergeben sich aus folgender Beziehung:

Planeinzellohnkosten = Planarbeitszeit × Planlohnsatz.

Für die Kostenkontrolle müssen die Solleinzellohnkosten je Kostenstelle ermittelt werden.

Solleinzelkosten = Istmengen der verschiedenen Kostenträger

× Planarbeitszeit je Arbeitsgang und Kostenträger

× Planeinzellohnkostensatz je Arbeitsgang und Kostenträger.

Die Kontrolle der Einzellohnkosten besteht zumeist in einer Leistungsgradanalyse. Dabei wird der durchschnittliche Leistungsgrad einer Kostenstelle oder eines Arbeiters bestimmt.

Durchschnittlicher Leistungsgrad: Ist-Arbeitszeit × 100/Plan-Arbeitszeit

Falls der durchschnittliche Leistungsgrad stark von 100 abweicht, sind die Vorgabezeiten zu überprüfen. Die Differenzen zwischen den auf den Istmengen basierenden Soll-Einzellohnkosten und den Ist-Einzellohnkosten sind insbesondere auf die folgenden Ursachen zurückzuführen (wobei die Folgen sich häufig als sogenannte „Zusatzlöhne" kostenrechnerisch niederschlagen):

■ Einzellohnabweichung infolge außerplanmäßiger Seriengrößen;

■ Der Leistungsgrad eines Arbeitnehmers kann u. U. unter dem garantierten Mindestlohn des entsprechenden Leistungsgrads liegen;

■ Konstruktionsänderungen führen zu einer anderen Produktgestaltung als geplant (auftragsbedingte Zusatzlöhne);

- Veränderte Materialqualitäten führen u. U. zu anderen Bearbeitungszeiten;

- Betriebsstörungen oder Maschinenschäden erfordern kostenstellenbedingte Zusatzlöhne;

- Zusatzlöhne aufgrund fehlerbehafteter Vorgabezeiten, wenn keine genauen Zeitstudien vorliegen.

Neben der Planung von Einzelmaterial- und Einzellohnkosten werden Sondereinzelkosten der Fertigung und des Vertriebes speziell geplant und am Ende der Abrechnungsperiode kontrolliert.

Planung der Gemeinkosten:

Die Gemeinkosten sind derart in Kostenarten zu gliedern, dass für jede Gemeinkostenart eine Planung mit Hilfe einer oder mehrerer geeigneter Bezugsgrößen möglich wird.

Gemeinkostenarten ändern sich in Abhängigkeit vom Beschäftigungsgrad einer Kostenstelle, obwohl sie den erzeugten Produkteinheiten nicht direkt zurechenbar sind. Bspw. kann die Verbrauchsmenge an Betriebsstoffen wie Öl oder Strom von der Laufzeit einer Maschine abhängig sein. Eine direkte Zurechnung auf die hergestellten Produkte ist jedoch bei diesen Gütern nicht möglich.

Demnach ist zu untersuchen, welche Gemeinkosten sich in Bezug auf die Beschäftigung der Kostenstelle fix oder variabel verhalten.

Ein weiteres Beispiel ist die Planung der Abschreibungen. Die Höhe der zu planenden Abschreibungen wird durch die wirksamen Abschreibungsursachen sowie den Einfluss von Reparaturen und Instandhaltungsleistungen an den Anlagen bestimmt. Sofern bei einer Anlage der Verschleiß durch Fristablauf (Zeitverschleiß) maßgebend ist, stellen die Abschreibungen fixe Kosten dar. Liegt dagegen ein Gebrauchsverschleiß vor, ergibt sich die Höhe der Abschreibungen aus der Beschäftigung der Anlage. Wenn bei der Kostenplanung ungewiss ist, welche der Abschreibungsursachen überwiegt, kann eine Trennung der Gesamtabschreibung in einen beschäftigungsfixen und einen beschäftigungsvariablen Teil vorgenommen werden. Vielfach ist in der Praxis eine Trennung in Zeitverschleiß und Gebrauchsverschleiß nicht möglich. In diesem Fall sind die Abschreibungen als fixe Kosten zu betrachten.

Die Gemeinkostenbereiche haben in den letzten Jahren immer mehr an Bedeutung gewonnen. So hat sich der Gemeinkostenanteil an den Produktkosten im Maschinenbau seit den sechziger Jahren von ca. 30% auf heute mehr als 60% erhöht. Mit der vorwiegend produktionsbezogenen Plankostenrechnung lassen sich die Gemeinkosten weder verursachungsgerecht planen noch die Gemeinkostenaktivitäten befriedigend steuern. Die Fokussierung auf Einzelkosten und die Proportionalisierung der Gemeinkosten genügten noch vor Jahrzehnten für einfache Kalkulations- und Steuerungsentscheidungen. Heutige Fragestellungen sind jedoch wesentlich komplexer.

Viele aktuelle und wichtige Fragen lassen sich mit Hilfe von Plankosteninformationen nicht mehr beantworten:

- Welches sind die Auswirkungen auf Kosten und Ergebnis, wenn die Anzahl der Produktvarianten erhöht bzw. gesenkt wird?
- Wie lassen sich fixe Gemeinkosten nachhaltig senken?
- Was kostet die Abwicklung eines Prozesses, wie bspw. die Auftragsabwicklung oder die Betreuung eines Kunden?

Antworten auf diese Fragen und neue Ansätze zur Gemeinkostenerfassung, -planung, -steuerung und -verrechnung kann nur die Prozesskostenrechnung liefern, die im übernächsten Abschnitt ausführlich vorgestellt wird.

2.3.1.2 Systeme der Teilkostenrechnung

Im Gegensatz zu Systemen der Vollkostenrechnung werden bei **Teilkostenrechnungen** den Kostenträgern nicht die insgesamt entstandenen bzw. geplanten Kosten zugerechnet.

43

Dahinter stehen grundsätzliche Überlegungen:

Dem Kostenträger kann verursachungsgerecht nur der Teil der Kosten zugerechnet werden, der tatsächlich durch seine Erstellung entsteht.

Der verbleibende Kostenanteil wird nicht durch einen bestimmten Kostenträger verursacht, sondern entsteht insgesamt durch die Aufrechterhaltung der Betriebsbereitschaft. Eine Proportionalisierung dieser Fixkosten wird nicht vorgenommen, sondern der gesamte Block als Periodenkosten betrachtet.

Grundlegend für Teilkostenrechnungen ist daher eine Trennung der Kosten in variable und fixe Kosten bzw. Einzel- und Gemeinkosten. Zur Wiederholung: Für die Unterscheidung nach fix – variabel bildet die Veränderlichkeit der Kostenhöhe bei Veränderung einer Kosteneinflussgröße das Kriterium. Der Teil der Kosten, der bei Veränderung der Kosteneinflussgröße konstant bleibt, sind Fixkosten, der Rest variable Kosten. Obwohl sehr viele Kosteneinflussgrößen existieren, wird i. d. R. die Kosteneinflussgröße Beschäftigung für die Unterscheidung zugrunde gelegt. Bei der Unterscheidung nach Einzel- und Gemeinkosten ist das Unterscheidungsmerkmal die Zurechenbarkeit auf eine Bezugsgröße.

Als wichtigste Form der Teilkostenrechnung in der Praxis ist die Grenzkostenrechnung verbreitet. Durch den Einbezug von Leistungen bzw. Erlösen lässt sich die Grenzkostenrechnung zu einer kurzfristigen Erfolgsrechnung (ein- und mehrstufiges Direct Costing) ausbauen. Weniger Verbreitung hat die von *Riebel* entwickelte Relative Einzelkostenrechnung gefunden, bei der sämtliche Kosten eines Unternehmens als Einzelkosten betrachtet werden, jedoch mit unterschiedlichen Bezugsgrößen.

Die Kostenauflösung wird in der Kostenartenrechnung, teilweise aber erst in der Kostenstellenrechnung durchgeführt. Im Gegensatz zur Vollkostenrechnung werden bei der innerbetrieblichen Leistungsverrechnung lediglich die variablen Gemeinkosten auf die Einzelkostenstellen umgelegt und von dort auf die Kostenträger weiterverrechnet.

Grenzkostenrechnung am Beispiel der Plankostenrechnung:

Dieses System wird unter verschiedenen Bezeichnungen diskutiert (Variable Costing, Marginal Costing, Proportionalkostenrechnung). Wird eine Grenzkostenrechnung auf Basis von Planwerten erstellt, so spricht man von einer Grenzplankostenrechnung.

Die Grenzplankostenrechnung ist eine Plankostenrechnung auf Teilkostenbasis. Die Kostenplanung entspricht derjenigen bei der Flexiblen Plankostenrechnung, die ja bereits die Trennung der Kosten in fixe und variable Bestandteile in der Stellenrechnung enthält. Der Unterschied zur Flexiblen Plankostenrechnung liegt in der Zurechnung der Plankosten auf Kostenstellen und Kostenträger. Während bei der Flexiblen Plankostenrechnung sämtliche Kosten im Rahmen der innerbetrieblichen Leistungsverrechnung auf die Endkostenstellen und von dort auf die Kostenträger weiterverrechnet werden, sind bei der Grenzplankostenrechnung lediglich die proportionalen Kosten weiter zu verrechnen.

Da in der Grenzplankostenrechnung keine Proportionalisierung der fixen Kosten stattfindet, entfällt die bei der Flexiblen Plankostenrechnung dargestellte Beschäftigungsabweichung!

In vielen Unternehmen wird die Grenzplankostenrechnung im Fertigungsbereich erfolgreich eingesetzt, weil die für ihr Funktionieren wesentlichen drei Voraussetzungen gegeben sind:

- Es können proportionale und fixe Kostenstellenkosten unterschieden werden.
- Es können Bezugsgrößen (monatlich) geplant und abgerechnet werden, zu denen sich die proportionalen Kosten auch tatsächlich in dieser Weise verhalten.
- Es können aussagefähige Soll-Ist-Vergleiche durchgeführt werden.

Entspricht die Anwendungsumgebung nicht diesen Prämissen, ist die sehr komplexe und aufwändige Grenzplankostenrechnung ohne wesentlichen praktischen Nutzen. Nennenswerte proportionale Kostenanteile sind heutzutage lediglich im Fertigungsbereich anzufinden, während um die Fertigung herum, in den indirekten Produktionsbereichen, die Gemeinkosten immer stärker (absolut und relativ) anwachsen und damit die Grenzplankostenrechnung überfordert ist. Lösungen hierzu liefert die Prozesskostenrechnung (s. unten).

Einstufiges Direct Costing:

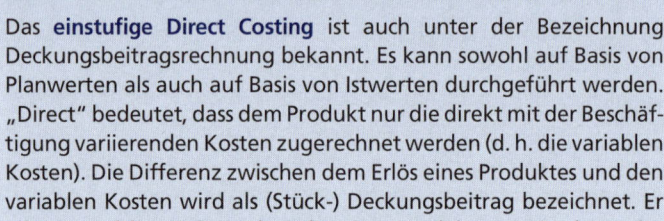

Das **einstufige Direct Costing** ist auch unter der Bezeichnung Deckungsbeitragsrechnung bekannt. Es kann sowohl auf Basis von Planwerten als auch auf Basis von Istwerten durchgeführt werden. „Direct" bedeutet, dass dem Produkt nur die direkt mit der Beschäftigung variierenden Kosten zugerechnet werden (d. h. die variablen Kosten). Die Differenz zwischen dem Erlös eines Produktes und den variablen Kosten wird als (Stück-) Deckungsbeitrag bezeichnet. Er gibt an, welchen Beitrag der Erlös eines Produktes zur Deckung der fixen Kosten und zur Gewinnerzielung zu leisten vermag.

Entsprechend dem Grundgedanken der Teilkostenrechnung ist ein Nettoerfolg nur für den Gesamtbetrieb ermittelbar.

Der Nettoerfolg wird folgendermaßen errechnet (vgl. auch **Abb. 5.6**):

	Abgesetzte Produktmengen × Produkterlöse
–	Abgesetzte Produktmengen × variable Stückkosten
=	Summe der Produktdeckungsbeiträge
–	Fixkosten der Periode
=	**Nettoerfolg der Periode**

	Produkte			
	A	B	C	Gesamt
Absatzmenge	20.000	15.000	5.000	
Produkterlös (in €)	6	7,5	12	
Umsatzerlöse (in €)	120.000	112.500	60.000	292.500
– variable Vertriebskosten (in €)	20.000	15.000	5.000	40.000
– variable Fertigungskosten (in €)	40.000	45.000	25.000	110.000
– variable Materialkosten (in €)	20.000	22.500	10.000	52.500
Deckungsbeitrag (in €)	40.000	30.500	20.000	90.000
– abzüglich fixe Kosten (in €)				65.000
= Gewinn (in €)				25.000

Abb. 2.9: Beispiel für ein einstufiges Direct Costing

Einen Kritikpunkt des einstufigen Direct Costing bildet die undifferenzierte Verrechnung der Fixkosten als Block in das Ergebnis. Durch einen steigenden Anteil der Fixkosten an den Gesamtkosten sind immer weniger Kosten auf das Produkt zurechenbar, was mit einem erheblichen Aussageverlust verbunden ist.

Mehrstufiges Direct Costing:

Hier wird versucht, differenziertere Deckungsbeiträge durch eine Aufspaltung des Fixkostenblocks in verschiedene Fixkostenschichten zu gewinnen. Die fixen Kosten eines Betriebes werden denjenigen Größen zugerechnet, die als Ursachen ihrer Entstehung im Sinne eines Zweck-Folge-Zusammenhangs anzusehen sind. Ihre Zurechnung kann dabei immer nur so weit erfolgen, als sie ohne Schlüsselung direkt für einzelne Bezugsgrößen erfasst sind.

Als Bezugsgrößen werden üblicherweise gewählt:

- Erzeugnisse (Produkt, Produktgruppen),
- Betriebseinheiten (Arbeitsplatz, Kostenstelle, Unternehmensbereiche).

Bezüglich der erzeugnisbezogenen Fixkosten gilt: Es werden grundsätzlich keine Fixkosten auf die Leistungseinheiten verrechnet. Es soll aber möglich sein, die Deckung der von einer Erzeugnisart verursachten Fixkosten am Deckungsbeitrag dieser Erzeugnisart zu kontrollieren. Der grundsätzliche Aufbau der Fixkostendeckungsrechnung ist **Abb. 2.10** zu entnehmen.

	Produkte			
	A	B	C	Gesamt
Absatzmenge	20.000	15.000	5.000	
Produkterlös (in €)	6	7,5	12	
Umsatzerlöse (in €)	120.000	112.500	60.000	292.500
– variable Vertriebskosten (in €)	20.000	15.000	5.000	40.000
– variable Fertigungskosten (in €)	40.000	45.000	25.000	110.000
– variable Materialkosten (in €)	20.000	22.500	10.000	52.500
Deckungsbeitrag I (in €)	40.000	30.500	20.000	90.000
– Erzeugnisfixkosten (z. B. Werbung, Vertriebskosten)	4.000	6.000	7.000	17.000

	Produkte			
	A	**B**	**C**	**Gesamt**
Deckungsbeitrag II (in €)	36.000	24.000	13.000	73.000
– Erzeugnisgruppenfixkosten (z. B. Werkzeugkosten)	10.250		10.000	20.250
Deckungsbeitrag III (in €)	49.750		3.000	52.750
– Bereichsfixkosten (z. B. Abschreibungen auf Gebäude, Heizkosten)	12.500		2.500	15.000
Deckungsbeitrag IV (in €)	37.250		500	37.750
– Unternehmensfixkosten (z. B. Gehälter der Unternehmensleitung)				12.750
= Gewinn (in €)				25.000

Abb. 2.10: Beispiel für Fixkostendeckungsrechnung

Die Ergebnisdarstellung im Rahmen der mehrstufigen Deckungs-beitragsrechnung hat in der Praxis eine hohe Bedeutung. Vor dem Hintergrund zunehmenden Marktdrucks und Wettbewerbs benötigen Unternehmen vermehrt Instrumentarien, die es ihnen ermöglichen, den externen Markterfolg sowie den Erfolg von Kunden- und Produktsegmenten transparent zu machen und zu analysieren. Hierbei ist die Deckungsbeitragsrechnung ein bedeutendes Steuerungsinstrument geworden, das sowohl die operativen als auch die strategischen Steuerungsbedarfe im Hinblick auf eine starke Marktorientierung unterstützt. Auf der strategischen Ebene ist eine vorausschauende, die Kundenbedürfnisse antizipierende Strategieformulierung die Basis für die Sicherung des langfristigen Unternehmenserfolgs. Für die Strategieumsetzung eignen sich u. a. in hervorragender Weise die Konzepte der Balanced Scorecard (BSC) oder der Portfolio-Analyse. Die Deckungsbeitragsrechnung im Sinne einer Marktsegmentrechnung kann beide Konzepte wirkungsvoll unterstützen. Für die BSC liefert die Marktsegmentrechnung wertvolle Hinweise für die Kunden- und Finanzperspektive. Für die Portfolio-Analyse stellt die Marktsegmentrechnung die Basisdaten für die Produkt- und Kundensegmente bereit. Auf der operativen Steuerungsebene kann der externe Markterfolg mit Hilfe der Deckungsbeitragsrechnung in transparenter Weise dargestellt werden. Sie gewährt sowohl in der Produkt- als auch in der Kundendimension Einblick in die Umsatz-, Kosten- und Deckungsbeitragsstrukturen.

Der Erfolg von Produkten und Kunden wird sichtbar und darüber hinaus lassen sich Informationen für die kurzfristige Unternehmenssteuerung, z. B. für die Bestimmung von kurzfristigen Preisuntergrenzen bei temporär nicht ausgelasteten Produktionskapazitäten ableiten.

Break-Even-Analyse:

In Zeiten von Beschäftigungs- und Konjunkturschwankungen ist es wichtig, dass das Management schnelle und klare Informationen über die Ergebniszusammenhänge erhält. Hierzu dient die **Break-Even-Analyse** (Gewinnschwellenanalyse, BEA). Sie ist ein vielfach benutztes Instrument des Controllers in der Kommunikation mit dem Management. Sie macht die Auswirkungen von Preis-, Kosten- und Mengenänderungen auf das Ergebnis in einfacher Form deutlich (vgl. *Coenenberg, Fischer, Günther* 2012, S. 313 ff.). Dabei baut die Break-Even-Analyse baut auf der Konzeption der Deckungsbeitragsrechnung auf.

> Der **Break-Even-Point (BEP)** gibt Auskunft, wo der Verkaufserlös genau der Summe aus fixen und variablen Kosten entspricht und somit ein Ergebnis von Null erzielt wird.

Typische Anwendungen der Break-Even-Analyse sind:

- Informationen darüber, wie eine Veränderung der proportionalen bzw. der fixen Kosten und des Preises die abzusetzende Menge verändert, bei der kein Verlust gemacht wird oder bei der ein bestimmtes Gewinnziel erreicht wird. Auch über Gewinnveränderungen bei konstanter Menge und veränderten Kosten bzw. verändertem Preis kann informiert werden

- Informationen darüber, welche Kosten- bzw. Preisänderungen zum Erreichen des Break-Even-Points führen

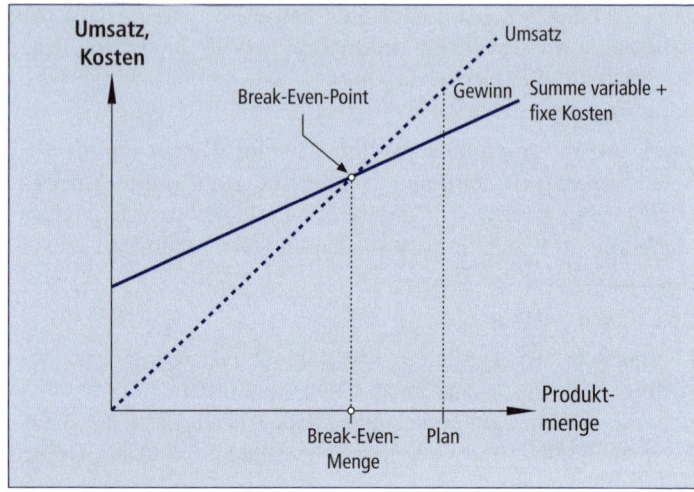

Abb. 2.11: Grafische Darstellung des Break-Even-Point

- Informationen darüber, wie gegenläufige Preis- und Mengenveränderungen den Gewinn verändern
- Informationen darüber, wie Verfahrensänderungen (z. B. höhere Fixkosten und niedrigere variable Kosten) Break-Even-Point bzw. Gewinn verändern

2.3.1.3 Prozesskostenrechnung

Die **Prozesskostenrechnung** als Kostenrechnungsmethodik wurde aus der Notwendigkeit heraus konzipiert, ein wirksames Kostenrechnungssystem speziell für die adäquate Abbildung der Gemeinkosten zu entwickeln. Sie unterstützt strategische Produkt- und Produktionsentscheidungen und zeigt Potenziale für die Optimierung von Unternehmensprozessen auf.

 Werden in Ihrem Unternehmen Gemeinkosten verursachungsgerecht zugeordnet?

Dabei bedient sie sich der traditionellen Kostenarten- und Kostenstellenrechnung, wobei eine eingehende Analyse, Umstellung und Umstrukturierung bspw. der Kostenstellen- und auch der Kostenträgerrechnung innerhalb des Unternehmens bei der Einführung der Prozesskostenrechnung unumgänglich ist.

Wie bereits in obigen Abschnitten skizziert (vgl. bspw. den Abschnitt über Gemeinkostenplanung), können viele wichtige Fragestellungen mit herkömmlichen Kostenrechnungsinstrumenten nicht mehr beantwortet werden. Beispielhaft dafür stehen die folgenden sechs Fragen:

- Welche sind die zehn Einflussgrößen, die 80% des Gemeinkostenvolumens eines Produktes bzw. eines Produktbereichs oder Unternehmens bestimmen?

- Welche Abteilungen sind in welchem Ausmaß daran beteiligt?

- An welchen Stellschrauben muss gedreht werden, um die Gemeinkosten mittelfristig in den Griff zu bekommen?

- Ist bekannt, wie sich Personal- und Kostenbedarf verändern, wenn sich in einem Unternehmen die Anzahl der Neuproduktanläufe verändert oder Produktänderungen vorgenommen werden, sich die Variantenzahl ändert oder die Teilezahl reduziert wird?

- Wie teuer ist eine (exotische) Variante, wenn man die Komplexitätskosten berücksichtigt?

- Was kostet ein Vertriebsauftrag unterschiedlicher Regionen?

Ein wichtiger Schritt zur Beantwortung obiger Fragen ist die Einführung der Prozesskostenrechnung, mit der folgende Zielsetzungen verbunden sind:

- Die Gemeinkostenbereiche kostenmäßig transparent und damit steuerbar zu machen;

- Abteilungsübergreifende Prozesse (Hauptprozesse) und deren Einflussgrößen (Cost Driver) zu identifizieren und kostenmäßig bewertbar zu machen;

- Teilprozesse in einzelnen Kostenstellen und Abteilungen zu analysieren und zu Hauptprozessen zusammenzuführen;

- Ineffizienzen aufzudecken, Einsparungspotenziale zu finden, Maßnahmen zu definieren, die Kalkulation zu verbessern und strategische Entscheidungen zu unterstützen.

Vorgehensweise bei der Prozessanalyse und Prozesskostenermittlung:

Zur Ermittlung von Prozessen und Prozesskosten hat sich folgende Vorgehensweise bewährt (vgl. die folgenden Schritte insbesondere bei *Mayer* 1991, S. 85 ff.):

- Bildung von Hypothesen über Hauptprozesse und Cost Driver,

- Tätigkeitsanalyse der Kostenstellen und Ableitung von Teilprozessen und Maßgrößen,

- Kapazitäts- und Kostenzuordnung,

- Verdichtung zu endgültigen Hauptprozessen und Ermittlung von Kostensätzen.

Der erste Schritt erfolgt im Rahmen einer Top-down-Analyse, die Schritte 2 bis 4 erfolgen bottom-up. Mit Hilfe eines kleinen Praxisbeispiels sollen die obigen Vorgehensschritte erläutert werden.

Hypothesen über Hauptprozesse und Cost Driver:

Zunächst erfolgt die Erarbeitung einer vorläufigen Hauptprozessstruktur. Ausgehend von Branchen-Prozessmodellen, Unternehmensteilplänen und weiteren Zielen wird versucht, Hypothesen über Hauptprozesse und Kosteneinflussgrößen (Cost Driver) aufzustellen. Branchen-Prozessmodelle sind entweder in der Literatur zu finden oder werden teilweise auch von Verbänden als Beispiele zur Verfügung gestellt. Die Bildung von Hypothesen ist deshalb wichtig, um im zweiten Schritt gezielt Kostenstellen auf Teilprozesse und Cost Driver analysieren zu können.

Dabei kann es nochmals weitere Anregungen für neue oder zu verändernde Hauptprozesse geben. In **Abb. 2.12** ist das Prinzip der Hauptprozessverdichtung dargestellt.

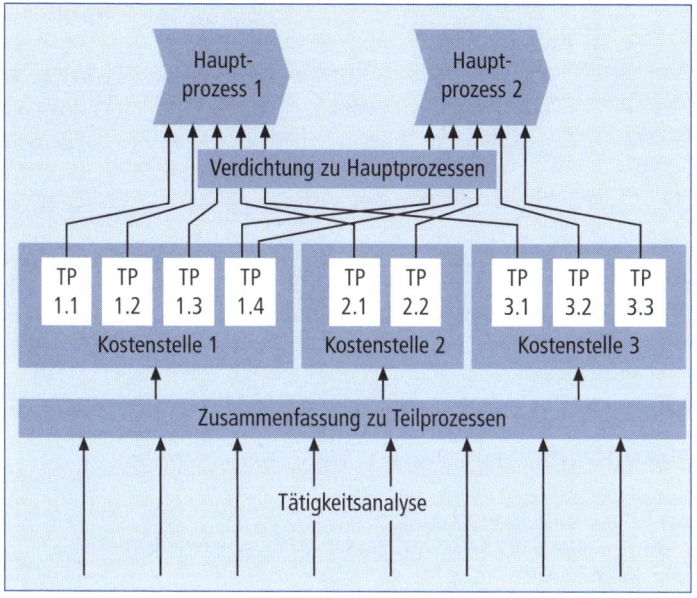

Abb. 2.12: Prinzip der Hauptprozessverdichtung

Prozess-GmbH Kostenstelle 5501: Fertigungsplanung			Plan/Gesamtjahr: verantwortlich:		2016 Mayer
Kostenart	Menge	Preis	Prop	Fix	Gesamt
Gehälter	11 Pers	60.000.–		660.000.–	660.000.–
Sozialaufwand			200.000.–	200.000.–	
Büromaterial			50.000.–		50.000.–
Telefon			30.000.–		30.000.–
Kalkulatorische DV-Kosten			50.000.–	50.000.–	100.000.–
Kalk. Raumkosten	400 m²	100.–		40.000.–	40.000.–
Kalk. Abschreibungen				20.000.–	20.000.–
Summe			130.000.–	970.000.–	1.100.000.–

Abb. 2.13: Beispiel Kostenstelle „5501 Fertigungsplanung"

Prozess-GmbH Kostenstelle 5504: Qualitätssicherung			Plan/Gesamtjahr: verantwortlich:		2016 Mayer
Kostenart	Menge	Preis	Prop	Fix	Gesamt
Gehälter	10 Pers.	55.000.–		550.000.–	550.000.–
Sozialaufwand				160.000.–	160.000.–
Büromaterial			30.000.–		30.000.–
Telefon			20.000.–		20.000.–
Werkzeuge/ Prüfhilfsmittel			120.000.–		120.000.–
Kalk. Raumkosten	200 m²	100.–		20.000.–	20.000.–
Kalk. Abschreibungen				100.000.–	100.000.–
Summe			170.000.–	830.000.–	1.100.000.–

Abb. 2.14: Beispiel Kostenstelle „5504 Qualitätssicherung"

Tätigkeitsanalyse zur Teilprozessermittlung sowie Kapazitäts- und Kostenzuordnung:

Die Tätigkeitsanalyse geschieht in der Regel anhand von Befragungen in der Kostenstelle, oft wird auch auf Erfahrungswerte zurückgegriffen (bspw. Daten einer Gemeinkostenwertanalyse). Sind die Tätigkeiten einer Kostenstelle ermittelt, erfolgt die Zusammenfassung zu Teilprozessen. Da in den indirekten Bereichen überwiegend sehr heterogene Leistungen erstellt werden, ist es angebracht, mehrere Teilprozesse pro Kostenstelle zu definieren. Ist dies geschehen, müssen mengenfixe, bezogen auf die in der Kostenstelle erbrachten Leistungen, und mengenvariable Prozesse getrennt werden. Im Rahmen der Prozesskostenrechnung spricht man in diesem Zusammenhang von „leistungsmengeninduzierten" (lmi) und „leistungsmengenneutralen" (lmn) Prozessen. **Abb. 2.15** beschreibt die analysierte Kostenstelle „5501 Fertigungsplanung", die in **Abb. 2.13** in ihrem ursprünglichen Aufbau dargestellt wird. Als leistungsmengenneutraler Prozess wurde die Leitung der Abteilung identifiziert. Demgegenüber sind die Teilprozesse „Arbeitspläne ändern" und „Fertigung betreuen" leistungsmengeninduziert. Letzterer ist bspw. abhängig von der Anzahl der Varianten. Insgesamt 100 davon fielen im letzten

Kostenstelle 5501 Fertigungsplanung										
Teilprozesse		Maßgrößen			Kostenzu-rechnung	Prozesskosten			Prozesskostensatz	
Nr.	Bezeichnung	Art (Anzahl der …)	Menge	Basis	lmi	lmn	gesamt	lmi	gesamt
1	Arbeitsplätze ändern	Produktänderungen	200	4 MJ	400.000.–	40.000.–	440.000.–	2.000.–	2.200.–
2	Fertigung betreuen	Varianten	100	6 MJ	600.000.–	60.000.–	660.000.–	6.000.–	6.600.–
3	Abteilung leiten			1 MJ		100.000.–			
				11 MJ			1.100.000.–		

Abb. 2.15: Beispiel: Teilprozesse der Kostenstelle „5501 Fertigungsplanung"

Kostenstelle 5504 Qualitätssicherung										
Teilprozesse		Maßgrößen			Kostenzu-rechnung	Prozesskosten			Prozesskostensatz	
Nr.	Bezeichnung	Art (Anzahl der …)	Menge	Basis		lmi	lmn	gesamt	lmi	gesamt
1	Prüfpläne ändern	Produktänderungen	200	2 MJ		200.000.–	50.000.–	250.000.–	1.000.–	1.250.–
2	Produktqualität sichern	Varianten	100	6 MJ		600.000.–	150.000.–	750.000.–	6.000.–	7.500.–
3	Teilnahme Qualitätszirkel			1 MJ			100.000.–			
4	Abteilung leiten			1 MJ			100.000.–			
				11 MJ				1.100.000.–		

Abb. 2.16: Beispiel Teilprozesse der Kostenstelle „5504 Qualitätssicherung"

Jahr an. Sechs Mitarbeiter betreuten den Prozess, so dass insgesamt Kosten in Höhe von 600.000 € entstanden. Dazu kommen die anteiligen Kosten der Abteilungsleitung, was dann einen gesamten Prozesskostensatz von 6.600 € je Prozess ergibt (660.000 €/100 Varianten). Zur Komplettierung des Gesamtbeispiels dienen die **Abb. 2.15** und **2.16.** Darin wird die Kostenstelle „5504 Qualitätssicherung" vor und nach der Analyse der Teilprozesse dargestellt.

Sinnvollerweise werden bei Einführung der Prozesskostenrechnung zunächst Vorjahreswerte als Planungsbasis verwendet. Dabei wird in der Regel versucht, die Kostenstellenkosten über die Mitarbeiterzahl auf die Teilprozesse aufzuteilen (wie im Beispiel **Abb. 2.15** und **2.16** geschehen); andere Orientierungsgrößen sind ebenfalls denkbar.

Hauptprozessverdichtung:

Wie bereits oben skizziert, sind nun die einzelnen Teilprozesse der untersuchten Kostenstellen zu wenigen Hauptprozessen zu bündeln (vgl. **Abb. 2.17**). Die Teilprozesse „5501/1 Arbeitspläne ändern" und „5501/2 Fertigung betreuen" (vgl. **Abb. 2.15**) gehen nun zusammen mit den Teilprozessen „5504/1 Prüfpläne ändern" und „5504/2 Produktqualität sichern" (vgl. **Abb. 2.16**) in die Hauptprozesse

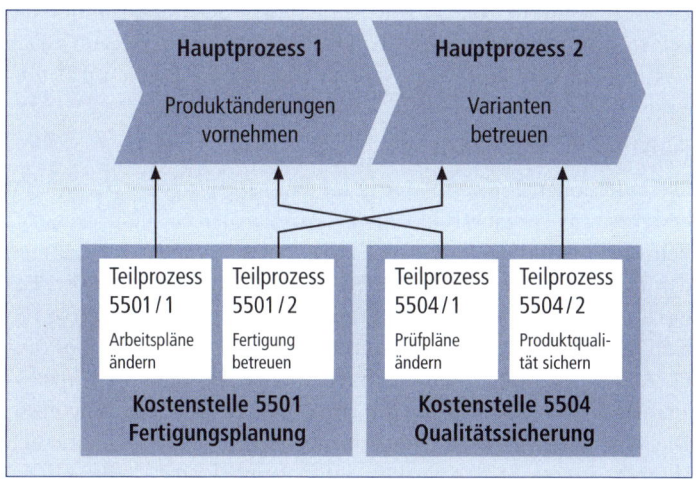

Abb. 2.17: Beispiel Hauptprozessverdichtung

„Produktänderungen vornehmen" und „Varianten betreuen" ein (vgl. **Abb. 2.17**). Das kostenmäßige Ergebnis der Hauptprozessverdichtung kann folgendermaßen aussehen (vgl. **Abb. 2.18**).

Hauptprozesse	Cost Driver	Anzahl	Prozesskosten	Prozesskostensatz	% Kostenvolumen
1. Produktänderungen vornehmen	Anzahl Produktänderungen	200	690.000.–	3.450.–	33%
2. Varianten betreuen	Anzahl Varianten	100	1.410.000.–	14.100.–	67%

Abb. 2.18: Beispiel Hauptprozesse, Cost Driver und Kostensätze

Der Hauptprozess „Produktänderungen vornehmen", der von der Anzahl der Produktänderungen kostenmäßig abhängig ist, fällt insgesamt 200-mal in der Abrechnungsperiode an.

Die Prozesskosten betragen 690.000 €, was der Summe der Prozesskosten aller in den Hauptprozess eingehenden Teilprozesse entspricht. Der Prozesskostensatz beträgt demnach 3.450 € (Prozesskosten/Prozess-Menge).

Die Kostensumme von 2,1 Mio. € entspricht der Kostensumme der beiden Kostenstellen 5501 und 5504. Statt der Differenzierung nach Kostenstellen, ist die Gesamtsumme nun nach Prozessen differenziert.

Funktionen-Prozesse-Matrix:

Die Funktionen-Prozesse-Matrix hat sich als hilfreiches Instrument bewährt, um die Überführung der funktionalen in die prozessuale Betrachtung vorzunehmen (vgl. **Abb. 2.19**). Wird sie im Rahmen der Top-down-Analyse eingesetzt, dient sie zur ersten groben Bewertung der in der Hypothese angenommenen Hauptprozesse mit Kosten und Mengen. Sie kann aber auch im Rahmen der Bottom-up-Analyse eingesetzt werden, indem sie die Ergebnisse der Prozessanalyse in den Kostenstellen der Funktionsbereiche zusammenfasst. Die Matrix wird durch die Funktionsbereiche in den Zeilen und den Hauptprozessen in den Spalten aufgespannt. In den Zeilen ist die Aufteilung der Ressourcen und Kosten der Funktionsbereiche auf die Hauptprozesse ersichtlich. Die Spalten zeigen Kosten- und Mengeninformationen der Hauptprozesse.

Einsatz als Kostenplanungs- und Steuerungsinstrument:

Soll die Prozesskostenrechnung als Kostenmanagementinstrument Anwendung finden, können drei Wirkungsebenen unterschieden werden:

- Bei der Einführung einer Prozesskostenrechnung können infolge der Tätigkeitsanalyse unwirtschaftliche Abläufe (Blind- oder Fehlleistungen) oder organisatorische Schwächen sichtbar werden. Damit sind oft Einsparungspotenziale verbunden, die unbedingt genutzt werden sollten.

- Die Prozesskostenrechnung kann permanent in die Jahresplanung integriert werden. Dies geschieht durch konsequente Planung und Steuerung der mengenorientierten Gemeinkosten (Prozessmenge × Prozesskostensatz). Werden nun Unterauslastungen beim Gegenüberstellen der Istprozessmenge und der Istkosten sichtbar, sollte dies wiederum Eingang in die nächste Jahresplanung finden.

- Sind einmal die verschiedenen Kosteneinflussgrößen (Cost Driver) bekannt, können schon in frühen Phasen der Produktentwicklung, in Zusammenarbeit mit dem Entwicklungsbereich, langfristige Kostensenkungsmaßnahmen vereinbart werden.

Einsatz im Rahmen der Kostenträgerrechnung:

Die Prozesskostenrechnung unterscheidet sich grundsätzlich in der Zurechnung der Gemeinkosten auf die einzelnen Kostenträger.

Die oben skizzierten Fragestellungen können mit herkömmlichen Kostenrechnungssystemen nicht beantwortet werden. Gemeinkosten werden dort über innerbetriebliche Leistungsverrechnung auf Produktionskostenstellen verrechnet und über deren Bezugsgröße auf den Kostenträger bezogen, oder sie werden anhand eines prozentualen Zuschlages auf Material- oder Herstellkosten dem Kostenträger belastet (bspw. Materialgemeinkosten oder Vertriebsgemeinkosten).

Kapazität in PJ Kosten in €	1. Angebots-bearbeitung	2. Engineering	3. Beschaffung	4. Fertigung
Beschaffung	6 / 1.200.000		1 / 200.000	4,8 / 960.000	
Produktmgt.	3 / 900.000	0,8 / 240.000	1 / 300.000		0,2 / 60.000
Engineering	3 / 750.000		2,5 / 625.000		
Fertigung	5 / 500.000		0,7 / 70.000		4 / 400.000
Vertrieb/ Marketing	4 / 640.000	3 / 630.000	0,5 / 105.000		
Qualitäts-sicherung	3 / 300.000		0,5 / 50.000	0,5 / 50.000	1 / 100.000
Material-wirtschaft	3 / 600.000			1,9 / 380.000	
Administration	4 / 480.000	0,4 / 48.000	0,2 / 24.000	0,5 / 60.000	0,2 / 24.000
Personenjahre Prozessgesamtkosten	31 / 1.200.000	4,2 / 918.000	6,4 / 1.374.000	7,7 / 1.450.000	5,4 / 584.000
Kostentreiber Kostentreibermenge		Angebote / 15	Aufträge / 10	Positionen / 100	Anzahl FA / 20
Prozess-kostensatz		61.200	137.400	14.500	29.200

(Funktionsbereiche)

Abb. 2.19: Beispiel Funktionen-Prozesse-Matrix (in Anlehnung an *Gleich* 2001, S. 42 f.)

Ein modernes Kalkulationsverfahren orientiert sich nun an den wirklichen Abhängigkeiten bei der Gemeinkostenentstehung. Die prozessorientierte Kalkulation sollte als Parallelrechnung zur bestehenden Kostenrechnung durchgeführt werden, um korrekte Informationen über die einzelnen Produktergebnisse zu bekommen. Vermeintlich lukrative Exoten (bei Anwendung traditioneller Kalkulationsverfahren) erweisen sich mit Hilfe der verursachungsge-

5. Montage, Endtest	6. Kommission, Versand	7. Fakturierung	8. Unternehmen führen	9. Rest Gemeinkosten	Summe	Rest Gemeinkosten
					5,8	0,2
					1.160.000	40.000
0,2	0,2	0,2	0,2		2,8	0,2
60.000	60.000	60.000	60.000		640.000	60.000
0,5					3	0
25.000					750.000	0
0,3					5	0
30.000					500.000	0
					3,5	0,5
					735.000	105.000
0,7	0,3				3	0
70.000	30.000				300.000	0
	1				2,9	0,1
	200.000				580.000	50.000
0,2		1,4	0,5		3,4	0,6
24.000		100.000	60.000		408.000	72.000
1,9	1,5	1,6	0,7	0	29,4	1,6
200.000	290.000	228.000	120.000	0	5.273.000	297.000
Fahrzeuge	Fahrzeuge	Rechnungen			29,4	1,6
10	10	15	0	0	5.273.000	297.000
20.900	29.000	15.200	120.000	0		

rechten, prozessorientierten Kalkulation in der Regel als große Verlustbringer, die vom Vertrieb oft wenig geliebten Einheitsprodukte (Renner) sind demgegenüber die großen Gewinner, da sie nur wenig Planungs-, Dispositions- und Steuerungsprozesse erfordern. Denn: werden die Renner verursachungsgerecht mit Unterstützung der Prozesskostenrechnung kalkuliert, zeigt sich oft, dass die verwendeten Gemeinkostenzuschläge viel zu hoch waren. In Wirklichkeit tragen diese Produkte also viel mehr, als viele Unternehmen aufgrund ihrer fehlerhaften Kosteninformationen annehmen, zum Unternehmenserfolg bei. Genaue, verursachungsgerechte Kosteninformationen sind nun wichtige Grundlage für weitere kurz-, mittel- und langfristige Vertriebs-, Produktions- und Investitionsentscheidungen sowie für strategische Programm- und Preisentscheidungen. Oberstes Ziel sollte hierbei sein, die steigenden Gemeinkosten dort zu verrechnen, wo sie entstehen bzw. darauf hinzuwirken, dass viele Gemeinkosten erst gar nicht mehr im bisherigen Umfang anfallen. Dies kann dann der Fall sein, wenn bspw. die Anzahl der Prozesse reduziert oder Prozesse wirtschaftlicher und schlanker gestaltet werden.

Zur verursachungsgerechteren, differenzierten Darstellung von Produkt- und Kundenergebnissen finden auch Prozesskosten Eingang in die Kostenträgerzeitrechnung bzw. in mehrstufige Deckungsbeitragsrechnungen. Beispiel hierfür sind z. B. kundenspezifische Prozesskosten wie z. B. Auftragsabwicklungskosten, Marketingkosten, Kosten der Vertriebswege etc. Zu beachten gilt hierbei aber stets die geforderte Wirtschaftlichkeit der Kostenrechnung.

2.3.1.4 Ergebnisrechnung

Die **Ergebnisrechnung** wurde in den obenstehenden Ausführungen an den verschiedenen Stellen angesprochen. Aufgrund ihrer wesentlichen Bedeutung in der Praxis soll im Folgenden nochmals explizit auf die Kostenträgerzeitrechnung als kurzfristige Erfolgsrechnung eingegangen werden.

Die Ergebnisrechnung dient im Allgemeinen einer laufenden Kontrolle der Wirtschaftlichkeit des Gesamtunternehmens. Wesentliches Ziel der Ergebnisrechnung ist die Ermittlung der Kostenstrukturen und die Analyse der Erfolgsquellen, indem die Kosten der Perioden in Zusammenhang mit den Erlösen der Periode gebracht werden.

Grundlegend können folgende alternative Verfahren der Ergebnisermittlung unterschieden werden:

- das Gesamtkostenverfahren und
- das Umsatzkostenverfahren.

Das **Gesamtkostenverfahren** stellt der Gesamtleistung die gesamten Kosten der Periode gegenüber (siehe **Abb. 2.20**).

Sofern Umsatz und Produktion der Periode identisch sind, entspricht die Gesamtleistung dem Umsatz der Periode. Weichen diese jedoch voneinander ab, so sind die Umsatzerlöse um die zu Herstellkosten bewerteten Bestandserhöhungen bzw. Bestandsverminderungen und evtl. aktivierte Eigenleistungen zu erhöhen bzw. zu mindern. Dies ist erforderlich um die Leistung und Kosten der Periode vergleichbar zu halten.

	Umsatz
+/–	Bestandserhöhungen/-minderungen
+	aktivierte Eigenleistungen
=	Gesamtleistung
–	Materialkosten
–	Personalkosten
–	Abschreibungen
=	Betriebserfolg

Abb. 2.20: Betriebsergebnis nach dem GKV

Das **Umsatzkostenverfahren** stellt den Umsatzerlösen der Periode die Herstellkosten der abgesetzten Produkte und Leistungen zuzüglich der nicht zu den Herstellkosten zählenden Gemeinkosten gegenüber.

Während im GKV die Kosten typischerweise nach primären Kostenarten gegliedert sind, weist das UKV regelmäßig eine sekundäre Kostengliederung auf. (vgl. Abb. 2.21).

	Umsatz
–	Herstellungskosten der abgesetzten Produkte und Leistungen
=	Bruttoergebnis
–	Forschungs- und Entwicklungskosten
–	Verwaltungskosten
–	Vertriebskosten
=	Betriebserfolg

Abb. 2.21: Betriebsergebnis nach dem UKV

Das UKV führt zu einem reinen Verkaufsergebnis. Dies ermöglicht eine horizontale Untergliederung des Ergebnisses nach Produkten, Produktgruppen, Kundengruppen, Branchen, Regionen etc. Darüber hinaus kann eine weitere vertikale Differenzierung der Kostenblöcke wie z. B. der Herstellkosten oder der Vertriebskosten vorgenommen werden. Das Gedankengut der mehrstufigen Deckungsbeitragsrechnung lässt sich somit im Rahmen des Umsatzkostenverfahrens sehr gut integrieren. Ein weiterer Vorteil des Umsatzkostenverfahrens wird zudem im Ausweis des Bruttogewinns gesehen, der als Indikator der operativen Profitabilität herangezogen werden kann (vgl. *Coenenberg* 2007, S. 157/160)

Die vorgestellte Gliederungssystematik nach primären bzw. sekundären Kosten sind für das UKV und GKV typisch, sind jedoch nicht zwingend mit der Gestaltung der Ergebnisrechnung verbunden. So kann auch im Gesamtkostenverfahren eine sekundäre Gliederung der Kosten erfolgen. Voraussetzung für die Darstellung der Kosten nach Funktionsbereichen ist jedoch die Einrichtung einer adäquaten Kostenstellenrechnung, die die einzelnen Kosten den Funktionsbereichen zuordnet.

Die Wahl des Verfahrens zur Ergebnisermittlung ist von Faktoren wie z. B. den Analyseerfordernissen oder der Güte der Kostenstellenrechnung abhängig. Tendenziell führen Unternehmen, die Systeme der Teilkostenrechnung anwenden, aufgrund des höheren Informationswerts das Umsatzkostenverfahren zur Ergebnisermittlung durch. Die vertikale Differenzierung der Kostenblöcke sowie die horizontale Gliederung variieren aufgrund der unterschiedlichen Analysebedarfe jedoch stark von Unternehmen zu Unternehmen. Das Gesamtkostenverfahren wird tendenziell eher von Unternehmen, die Systeme der Vollkostenrechnung einsetzen und eine wenig stark ausgeprägte Kostenstellenrechnungen aufweisen, angewandt.

Zunehmend spielt für Unternehmen aber auch die Einheitlichkeit von externer und interner Rechnungslegung eine Rolle. Trotz der bestehenden Wahlfreiheit zwischen UKV und GKV im externen Rechnungswesen, ist eine zunehmende Bedeutung des Umsatzkostenverfahrens als GuV-Form insbesondere bei großen, börsennotierten Unternehmen zu verzeichnen. So zeigte eine von Horváth &

Partners durchgeführten Studie, die die Geschäftsberichte von insgesamt 140 im DAX, MDAX, SDAX und TecDAX notierten Unternehmen hinsichtlich der Anwendung von UKV und GKV untersuchte, dass bereits 54,3% der betrachteten Unternehmen das UKV anwenden. Das in der externen Rechnungslegung in Deutschland dominierende Gesamtkostenverfahren ist demzufolge auf dem Rückzug. Die Untersuchung ließ zudem einen Zusammenhang zwischen Rechnungslegungsstandards und der Entscheidung für die Anwendung des GKV und UKV erkennen. So wurde aufgezeigt, dass die Bilanzierung nach internationalen Rechnungslegungsstandards einen wesentlichen Treiber für die Anwendung des UKV darstellt, die Abschlusserstellung nach HGB dagegen nach wie vor überwiegend mit der Verwendung des GKV einhergeht. Insgesamt gesehen kann ein Trend in Richtung des Umsatzkostenverfahrens im externen Rechnungswesen festgestellt werden. Im Sinne der Harmonisierung der Rechenkreise, lässt dies auch auf eine verstärkte Bedeutung des Umsatzkostenverfahrens im internen Rechnungswesen schließen. In diesem Zusammenhang werden auch die Systeme der Teilkostenrechnung und der Deckungsbeitragsrechnung noch stärker an Relevanz gewinnen, um eine umfassende Ergebnissteuerung zu gewährleisten (vgl. hierzu insbesondere *Hofmann et al.* 2004). Aktuelle Studien im nicht börsennotierten Umfeld aus dem Jahr 2006 bestätigen den Trend zu einer stärkeren Nutzung des UKV trotz der bestehenden Dominanz des GKV. Demnach verwenden 63% der Befragten ausschließlich das GKV, während mittlerweile 37% nur bzw. zusätzlich das UKV nutzen. Letztere gaben an, das UKV zusätzlich in eine Deckungsbeitragsrechnung auszubauen (vgl. hierzu *Kramer, Keilus* 2006).

Aus einem Vergleich der vorgestellten Kostenrechnungssysteme lässt sich folgendes Fazit ableiten. Die Plankostenrechnung, verschiedene Systeme der Teilkostenrechnung sowie die Prozesskostenrechnung sind in der Praxis fest etabliert. Allerdings haben veränderte Produktionsbedingungen und die zunehmende Dienstleistungsorientierung in vielen Unternehmen zu hohen Gemeinkosten geführt und neue Steuerungsbedarfe hervorgerufen. Unter diesen Voraussetzungen ist die traditionelle Plankostenrechnung auf Vollkostenbasis zunehmend weniger als adäquates Entscheidungsinstrument geeignet, weil sie keine verursachungsgemäße Kostenallokation ermöglicht. Im Gegensatz dazu schaffen Systeme der Teilkostenrechnung, insbesondere die mehrstufige Deckungsbeitragsrechnung sowie die Prozesskostenrechnung, höhere Kostentransparenz und verbessern die Entscheidungsrelevanz der Kosteninformationen.

2.3.1.5 Target Costing

Klassischen Verfahren der Kosten- und Leistungsrechnung sind auf die unternehmensinterne Wirtschaftlichkeit im Sinne der Effizienz gerichtet. In ihrem Fokus steht die Produktion von Gütern oder Dienstleistungen. Die zunehmend notwendige Markt- und Kundenorientierung macht eine radikale Umorientierung in zweifacher Hinsicht erforderlich:

- Es ist nicht von den internen, im Produktionsprozess entstehenden Kosten auszugehen, sondern von den vom Markt erlaubten Kosten. Nicht mehr die Frage „Was wird ein Produkt kosten?", sondern „Was darf ein Produkt kosten?" steht im Vordergrund.
- Folglich darf die Kostenplanung bzw. Kostenrechnung nicht erst in der Produktionsphase einsetzen, sondern bereits in den frühen Phasen der Produktentstehung. Hiermit verbindet sich ein unmittelbarer Strategiebezug.

Target Costing ist der Ansatz, mit dessen Hilfe die Markt- und Kundenorientierung in das Kostenmanagement gelangt. Die vom Markt „erlaubten" Kosten werden vom erzielbaren Verkaufspreis per Subtraktion des aufgrund der Planung definierten Gewinnes ermittelt. Den „erlaubten" Kosten werden die prognostizierten Standardkosten („drifting costs") des neuen Produktes gegenübergestellt. Die sich ergebende Differenz weist auf die notwendigen Kostensenkungen in der Produktentwicklungsphase hin. Im Anschluss werden die Target Costs abgeleitet (vgl. **Abb. 4.52**).

 Wie wird in Ihrem Unternehmen die Kostenobergrenze für ein Produkt ermittelt?

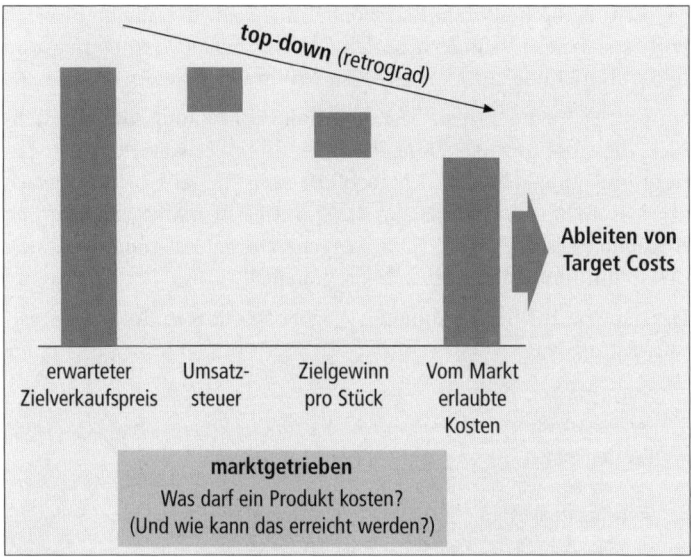

Abb. 2.22: Ansatz des Target Costing

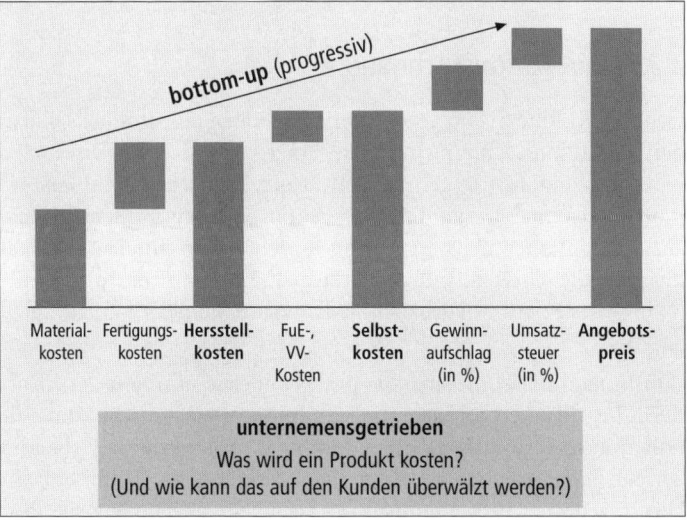

Abb. 2.23: Cost-plus-Angebotspreisermittlung

Target Costing beschränkt sich dabei nicht auf das alleinige Setzen von Kostenzielen, sondern bezieht das gesamte Unternehmen und dessen Beziehung zur Umwelt (Kunden und Lieferanten) mit ein.

Im Vergleich zum Target-Costing-Ansatz wird häufig im Unternehmen die Cost-plus-Angebotspreisermittlung verwendet. Diese Anwendung unterscheidet sich insofern vom Target-Costing-Ansatz, als dass sie unternehmensgetrieben und nicht marktgetrieben den Angebotspreis kalkuliert. Das Vorgehen der Cost-plus-Angebotspreisermittlung ist in **Abb. 2.23** dargestellt.

Das Schema zur Berechnung des Angebotspreises mithilfe des Cost-plus-Ansatz lautet:

	Materialkosten
+	Fertigungskosten
=	**Herstellkosten**
+	Verwaltungs- und Vertriebskosten
=	**Selbstkostenkosten**
+	Gewinnaufschlag (in % auf die Selbstkosten)
+	Umsatzsteuer (in % auf die Selbstkosten)
=	**Angebotspreis**

2.3.2 Investitionsrechnung

Geht die KLR noch von gegebenen Kapazitäten aus, so stellt sich bei der Investitionsrechnung nun die Frage nach den Auswirkungen von Kapazitätsänderungen auf den Erfolg. Das Lenken von Finanzmitteln in rentable Investitionsprojekte hat einen großen Einfluss auf den Unternehmenswert und erfordert daher eine Investitionsplanung, die basierend auf den strategischen Zielen Investitionsmittel in wertsteigernde Vorhaben lenkt (vgl. *Bahlinghorst, Sasse* 2005, S. 126 ff.).

Zunehmend findet hierbei eine umfassendere Definition des Investitionsbegriffs Verbreitung, die sich nicht mehr nur auf Investitionen in materielle physische Güter (z. B. Anlagen oder Gebäude) bezieht, sondern auch immaterielle Investitionen mit einschließt. Hierzu gehören Aufwendungen für personelle oder finanzielle Ressourcen, womit u. a. Investitionen in Erforschung, Entwicklung und

Einkauf bestehender Technologien, diverse Business Services (Leasing, Shared Services, Outsourcing etc.), Personalaus- und -weiterbildung oder der Kauf und Nutzung von Software gemeint sind (vgl. *Götze* 2008, S. 6 ff.). Eine effektive Investitionsrechnung begegnet diesen vielfältigen Investitionsformen mit einem möglichst hohen Grad an Standardisierung im Hinblick auf einen strukturierten Entscheidungsprozess sowie einheitliche Methodik zur Sicherstellung der Vergleichbarkeit.

Die Investitionsrechnung endet nicht mit der Entscheidung für ein bestimmtes Investitionsobjekt – auch wenn der Planungs- oder Anbahnungsphase einer Investition in der Praxis oft die größte Bedeutung beigemessen wird (*Meyer et al.* 2007, S. 634 f.). Im vollständigen Lebenszyklus des Investitionsobjekts folgen der Investitionsplanung die Phasen der Investitionsrealisierung und -nutzung (vgl. **Abb. 2.21**).

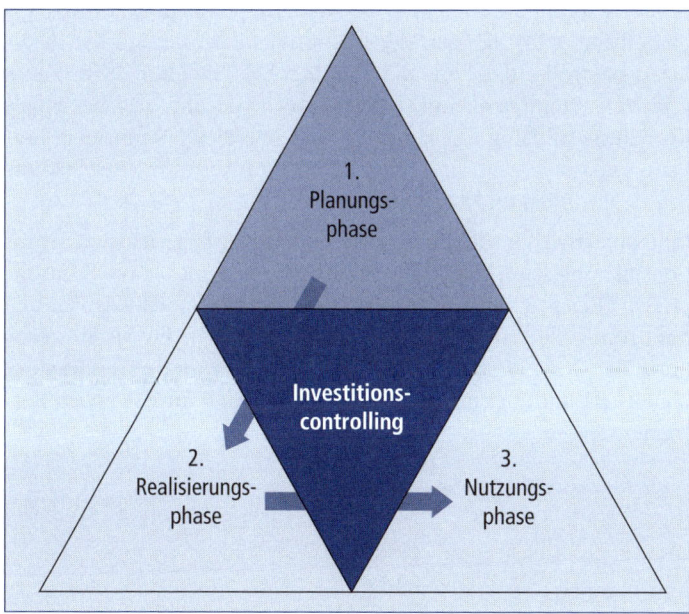

Abb. 2.24: Phasen der Investitionsrechnung

Die Planungsphase deckt den Zeitraum bis zur Entscheidung zur Realisierung des Investitionsobjekts ab. Sie kann in besonderen Fällen außerplanmäßig stattfinden, ist in der Regel jedoch in den festen Planungs- und Budgetierungsablauf des Unternehmens eingebunden. Aufgrund beschränkter finanzieller Kapazitäten werden verschiedene Investitionsentscheidungen hierbei nicht isoliert voneinander getroffen, sondern es findet eine Auswahl statt, deren Ergebnis eine Empfehlung für die optimale Zusammenstellung des Investitionsprogramms ist.

Ist die Investitionsentscheidung für ein Objekt oder eine Maßnahme gefallen, so schließt sich die Realisierungsphase an. Ziel ist es, die Einsatzbereitschaft des Objekts herzustellen bzw. die Umsetzung der Maßnahme zu Ende zu führen. In dieser Phase besteht das Investitionsrechnung hauptsächlich aus Projektcontrolling-Aufgaben.

Schließlich geht das Projekt in die Nutzungsphase. In der Nutzungsphase geht es im Rahmen der Investitionsrechnung um die Investitionskontrolle, d. h. um die Prüfung der Einhaltung von zuvor gesetzten Prämissen und Plänen, sowie darum, gegebenenfalls Korrekturmaßnahmen einzuleiten und überdies Erkenntnisse (aus Plan-Soll-Ist-Vergleichen) für zukünftige Investitionsentscheidungen zu gewinnen und zu sichern.

Eine objektive, gut dokumentierte und vorwärts gerichtete Investitionsplanung kann die späteren Implementierungs- und Kontrollphasen erleichtern bzw. diese erst effektiv ermöglichen. Die Planung stellt somit die kritische Grundlage der gesamten Investitionsrechnung dar. Mit welchen Instrumenten und Methoden sie konkret organisiert und durchgeführt werden kann, soll im Folgenden aufgezeigt werden.

2.3.3 Investitionsrechnungsverfahren

Bei den Investitionsrechnungen lassen sich zwei Gruppen unterscheiden.

Statische Investitionsrechnungsverfahren berücksichtigen den Zeitfaktor bei Investitionen nicht bzw. nur unzureichend. Sie beziehen sich auf eine Periode, was durch die Verwendung von Durchschnittsgrößen oder des Ansatzes eines „repräsentativen Jahres" möglich wird.

Die Aussagequalität der statischen Verfahren ist kritisch zu sehen. Aus diesem Grund sollen sie an dieser Stelle auch nicht im Detail behandelt werden. Dennoch gibt **Abb. 2.25** einen Überblick über die statischen Investitionsverfahren.

Verfahren	Methode	Kriterium
Kostenvergleichs-rechnung	Gegenüberstellung der Kosten	Die Alternative mit den im Durch-schnitt geringsten Kosten wird gewählt.
Gewinnvergleichs-rechnung	Gegenüberstellung der Gewinne	Die Alternative mit dem im Durchschnitt höchsten Jahresgewinn wird gewählt.
Rentabilitäts-rechnung	RoI-Ermittlung	Die Alternative mit der höchsten Ren-tabilität wird ge- wählt.

Abb. 2.25: Statische Verfahren der Investitionsrechnung

Dynamische Investitionsrechnungsverfahren betrachten die gesamte Lebensdauer des Investitionsobjekts. Sie gehen von schwankenden Ein-/Auszahlungsströmen aus, die durch Diskontierung vergleichbar gemacht werden.

Laut einer empirischen Studie zu Entwicklungen, Trends und zukünftigem Handlungsbedarf im Management von Investitionen von Horváth & Partners dominieren in der Praxis klar die dynamischen Verfahren (vgl. *Hofmann et al.* 2007, S. 157 f.). Im Folgenden sollen daher die wichtigsten dynamischen Verfahren der Investitionsrechnung näher erläutert werden.

Nutzen Sie in Ihrem Unternehmen dynamische Investitionsrechenverfahren?

Amortisationsrechnung:

Dieses Verfahren stellt nicht auf eine monetäre Größe ab, sondern auf die Amortisationszeit als die Anzahl der Jahre die notwendig sind, um den Kapitaleinsatz einer Investition aus den Rückflüssen wiederzugewinnen. Dabei berücksichtigt die dynamische Amortisationsrechnung die Verzinsung des in der Investition eingesetzten Kapitals. Die dynamische Amortisationszeit stellt dabei denjenigen Teil des Investitionszeitraums dar, in dem das für ein Investitionsprojekt eingesetzte Kapital zuzüglich der Verzinsung dieses eingesetzten Kapitals zum Kalkulationszinssatz aus den Rückflüssen des Investitionsprojektes wiedergewonnen werden kann. Ein Investitionsprojekt gilt dann als relativ vorteilhaft, wenn seine Amortisationszeit kürzer als die eines jeden anderen zur Wahl stehenden Objektes ist. Eine kurze Amortisationsdauer darf hierbei jedoch nicht als alleiniges Kriterium für eine Investitionsentscheidung dienen, da sie nichts über die konkrete wirtschaftliche Vorteilhaftigkeit der Investition aussagt. Vielmehr kann eine Begrenzung der Maximalamortisationsdauer als Filter zur Reduzierung von Risiken dienen.

Kapitalwertmethode:

Die Kapitalwertmethode ist nach der oben genannten Studie das am häufigsten eingesetzte Verfahren zur Investitionsbeurteilung (vgl. *Hofmann et al.* 2007, S. 198) Zur Beurteilung der Vorteilhaftigkeit einer Investition dient der Kapitalwert, der durch Abzinsung der Zahlungsströme auf einen Bezugszeitpunkt errechnet wird. Voraussetzung dafür ist die Annahme eines Kalkulationszinsfußes. Er gibt die gewünschte Verzinsung des Investors an. Durch Abzinsung der Rückflüsse mit dem Abzinsungsfaktor ergeben sich die sogenannten Barwerte. Sie drücken aus, welchen Wert künftige Rückflüsse zum Bezugszeitpunkt (Investitionszeitpunkt) haben. Die Addition aller Barwerte ergibt den Kapitalwert (**Abb. 5.26**).

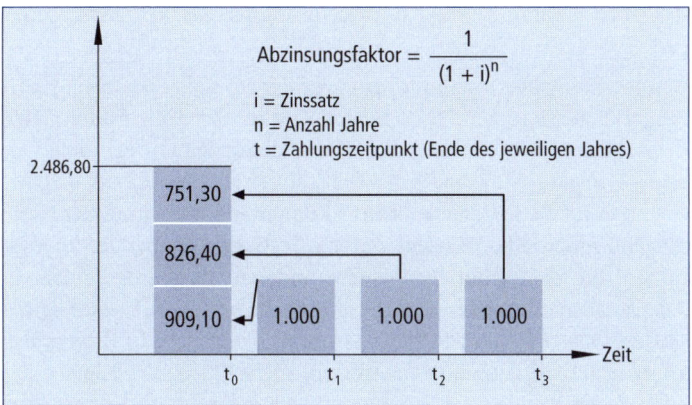

Abb. 2.26: Berechnung des Kapitalwerts

Der errechnete Kapitalwert ist folgendermaßen zu interpretieren:

C0 > 0 (C0 = Kapitalwert zum heutigen Zeitpunkt)

Der Investor gewinnt über die Rückflüsse sein investiertes Kapital zurück und erhält eine Verzinsung des eingesetzten Kapitals in Höhe des Kalkulationszinsfußes. Zusätzlich erhält er einen barwertigen Überschuss in Höhe des Kapitalwertes. Die Investition ist vorteilhaft.

C0 = 0

Bei einem Kapitalwert = 0 fließt das investierte Kapital zurück und wird genau zum Kalkulationszinsfuß verzinst.

C0 < 0

Der Investor würde bei Durchführung der Investition einen barwertigen Verlust in Höhe des Kapitalwerts erleiden. Das kann zum einen daran liegen, dass die gewünschte Verzinsung nicht gegeben ist und/oder das Kapital nicht zurückfließt. Von der Investition ist daher abzusehen.

Die Kapitalwertmethode lässt sich mit nur sehr wenig Zusatzaufwand um eine Betrachtung der GuV- und kalkulatorischen Ergebniswirkung von Investitionen erweitern, so dass zwei zusätzliche, wesentliche finanzielle Steuerungsgrößen Berücksichtigung finden (vgl. *Grote et al.* 2003, S. 61 ff.). Damit wird der zunehmenden Tendenz der Harmonisierung des Rechnungswesens Rechnung getragen.

Bei der Kapitalwertmethode wird von einem vollkommenen Kapitalmarkt ausgegangen. Dies bedeutet, dass der Sollzinssatz gleich dem Habenzinssatz ist und dieser über den gesamten Planungszeitraum konstant ist. Weiterhin wird Kapital als homogenes Gut betrachtet und die finanziellen Mittel können in unbeschränkter Höhe aufgenommen oder angelegt werden. Insbesondere bei den Investitionen, die eine schon von einem anderen Investitionsprojekt in Anspruch genommene Finanzierungsquelle betreffen, ist die Gleichsetzung von Soll- und Habenzins unproblematisch. In diesem Fall können z. B. auflaufende Investitionsüberschüsse zur Tilgung der auch durch andere Investitionen bedingten Kredite verwendet werden und so anderweitige Zinslasten reduzieren. Des Weiteren ist in vielen Unternehmen die Zuordnung der konkreten Finanzierung zu einzelnen Investitionen nicht bzw. kaum möglich. Oft greifen Unternehmen auf mehrere Investitionsquellen mit unterschiedlichen Konditionen zurück. Entsprechend wird als Kalkulationszinssatz für die einzelnen Investitionen ein Mischzinssatz (als Sollvorgabe zur Deckung der Kapitalkosten) unterstellt (vgl. *Sasse* 2003, S. 120 ff.).

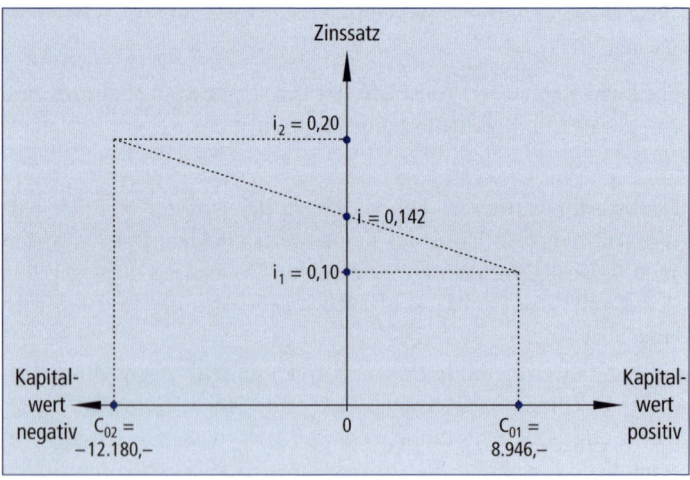

Abb. 2.27: Beispiel Interne Zinsfußmethode

Interne Zinsfußmethode:

Der interne Zinsfuß repräsentiert die durch eine zeitweise Anlage von Finanzkapital in produktiven Vermögenswerten realisierbare Verzinsung. Der Barwert der Kapitalrückflüsse einer Investition entspricht hierbei rechnerisch genau dem ursprünglichen Kapital-einsatz (vgl. *Männel* 2000, S. 331). Die Berechnung des internen Zinsfußes erfolgt näherungsweise durch graphische oder rechnerische Interpolation (vgl. **Abb. 2.27**).

Investitionsausgaben: 100.000,00 € in t0
Rückflüsse lt. Tabelle
Projektlebensdauer: fünf Jahre

Zahlungszeitpunkt t	Investitionsausgaben I_0 (Zeitwert)	Rückfluss Rt (Zeitwert)	Abzinsungsfaktoren q^{-t} für $i_1 = 0{,}10$	Nettozahlungen (Barwert)	Abzinsungsfaktoren q^{-t} für $i_2 = 0{,}20$	Nettozahlungen (Barwert)
0	100.000,–		1,0	–100.000,–	1,0	–100.000,–
1		30.000,–	0,9091	27.273,–	0,8333	24.999,–
2		40.000,–	0,8264	33.056,–	0,6944	27.776,–
3		30.000,–	0,7513	22.539,–	0,5787	17.361,–
4		20.000,–	0,6830	13.660,–	0,4823	9.646,–
5		20.000,–	0,6209	12.418,–	0,4019	8.038,–
Kapitalwert				+ 8.946,–		– 12.180,–

$$i = 0{,}10 - 8946 \ \frac{0{,}20 - 0{,}10}{-12180 - 8946} = 0{,}142$$

Das gleiche Ergebnis erhält man auch bei grafischer Interpolation.
Der interne Zinssatz beträgt 14,2%.

Aufgrund der Wiederanlageprämisse wird die interne Zinsfuß-methode fälschlicherweise oft kritisiert. Diese in der Praxis unrealistische Annahme wurde aufgrund falscher finanzmathematischer Interpretationen häufig unterstellt, ist aber grundsätzlich nicht Bestandteil des Verfahrens (vgl. *Männel* 2000, S. 333 f.).

Annuitätenmethode:

Die Annuitätenmethode ist eine spezielle Form der Kapitalwert-methode. Bei ihr werden die durchschnittlichen jährlichen Auszahlungen der Investition mit den durchschnittlichen jährlichen Einnahmen verglichen. Mit Hilfe der Zinseszinsrechnung werden beide Zahlenreihen in äquivalente uniforme Reihen umgerechnet und so die Höhe der durchschnittlichen Aus- und Einzahlungen für die Dauer der Investition bestimmt. Jene Investition ist bei gegebenem Kalkulationszinsfuß vorteilhaft, die keine negativen Differenzen zwischen durchschnittlichen jährlichen Ein- und Auszahlungen (Annuität) aufweist. Die Annuität ist ein gleich bleibender Betrag, der neben Tilgung und Verzinsung in jeder Periode verfügbar ist.

Die Annuitätenmethode hat die gleichen Schwachpunkte wie die Kapitalwertmethode. Lediglich die dort notwendigen Differenzinvestitionen sind bei ihr nicht erforderlich.

Verfahren zur Berücksichtigung der Unsicherheit:

In Ergänzung der statischen und dynamischen Investitionsrechenverfahren haben sich Verfahren herausgebildet, die die Unsicherheit der zu verwendenden Daten berücksichtigen. Zur Auswahl stehen (vgl. *Adam* 2000, S. 353 ff.):

- Das **Korrekturverfahren**, das die Unsicherheit durch prozentuale Risikoauf- oder Risikoabschläge auf die geschätzten Ein- und Auszahlungen berücksichtigt. Pauschale Auf- oder Abschläge erfassen hierbei die Unsicherheit sicherlich nur ungenau.

- Die **Sensitivitätsanalyse,** die die Auswirkungen von vermuteten Datenänderungen auf das Ergebnis der Rechnung untersucht. Sie analysiert lediglich die Auswirkungen, setzt diese aber nicht in ein Entscheidungskriterium um.

- Die **Risikoanalyse,** die anstelle von festen Zahlenwerten Wahrscheinlichkeitsverteilungen verwendet. Sie ist am besten geeignet, die Unsicherheit der Erwartung bei der Investitionsplanung zu berücksichtigen.

- **Realoptionen** erlauben die Berücksichtigung unterschiedlicher Szenarien im Rahmen der Investitionsrechnung. Es gibt verschiedene Typen von Realoptionen (z. B. Verzögerungs- oder Wachstumsoptionen), die in eine Investitionsrechnung nach der Kapitalwertmethode integriert werden können, um unsichere Ereignisse im Investitionsverlauf abzubilden (vgl. bspw. *Brealey et al.* 2008, S. 283 ff.). Die Methode wird jedoch aufgrund ihrer

nicht hinreichend fundierten Übertragung der Finanzoptions-
theorie auf den neuen Kontext kritisiert (vgl. *Kruschwitz* 2009,
S. 393 ff.). In der Praxis hat sich dieses komplexe Verfahren bisher kaum etabliert.

2.3.4 Investitionsrechnungsystem

Beim Aufbau der Investitionsrechnung sind folgende spezifischen
Fragestellungen relevant und müssen berücksichtigt werden:

- Ausrichtung an der Strategie,
- Standardisierung der Investitionsrechnung,
- Verwendung von Wertgrenzen zur Vereinfachung,
- Kombination monetärer und nicht-monetärer Bewertung,
- Durchführung von Soll-Ist-Vergleichen und Abweichungsanaly-
  sen.

Ausrichtung an der Strategie

Jegliche unternehmerische Aktivität sollte unmittelbar oder zumindest mittelbar die Erreichung langfristig angestrebter, in der Strategie verankerter Ziele der Gesamtorganisation unterstützen. Dementsprechend spielen auch bei der Investitionsplanung die Strategie
bzw. die strategischen Ziele eine gewichtige Rolle. Als eines der
effektivsten Hilfsmittel der Strategiekommunikation hat sich die
Balanced Scorecard (BSC) erwiesen. Mit Hilfe der BSC lässt sich die
Strategie so konkret beschreiben, dass der Beitrag einzelner Investitionsvorhaben zu ihrer Erreichung zumindest qualitativ darstellbar
ist und dies auch von den Antragsstellern standardmäßig abverlangt
werden kann und auch sollte.

Standardisierung der Investitionsrechnung:

Die notwendige Vergleichbarkeit und Überprüfbarkeit der Investitionsvorhaben erfordert ein gewisses Maß an Standardisierung. Dafür gilt es zum einen, die Investitionsvorhaben in allen Einheiten
eines Unternehmens oder Konzerns einheitlich zu bewerten und
somit vergleichbar zu machen. Zum anderen ist anzustreben, dass
eine einheitliche Bewertung auch für verschiedene Investitionstypen
(bspw. materielle und immaterielle Investitionen) sichergestellt ist.
Die Standardisierung der Investitionsrechnung hat sich auf die zu

berücksichtigenden Prämissen (bspw. Inflationsrate), auf die Rechenmethoden (bspw. unternehmungseinheitlich die Interne Zinsfußmethode) und auf die Organisation (Entscheidungsträger und Ablauf) zu erstrecken.

Verwendung von Wertgrenzen zur Vereinfachung:

Investitionsrechnungen können, je nachdem wie detailliert sie durchgeführt werden, recht aufwändig werden. Wichtig ist die Frage, welche zulässigen Vereinfachungen in der betrieblichen Praxis vorgesehen werden sollen. Eine in der Praxis bewährte Abstufung im Arbeitsaufwand betrifft die Wertgrenzen: Für relativ kleine Investitionen ist i. d. R. lediglich das Befüllen einer Datei mit Basisinformationen, wie bspw. der Verbindung des beantragten Objekts mit den BSC-Zielen vorgesehen. Überschreitet das Vorhaben die erste Wertgrenze, muss darüber hinaus ein detaillierteres Grundlagenblatt mit Gründen für die Beantragung, einer Darstellung geprüfter Alternativen u.Ä. ausgefüllt werden. Auf der nächsten Stufe werden vom Antragsteller zusätzlich ein Projektplan sowie eine einfache Kapitalwertrechnung verlangt. Bei Größtinvestitionen kommen Nutzwertanalysen und speziell erstellte, umfangreichere Wirtschaftlichkeitsbetrachtungen hinzu. Werden die Wertgrenzen unternehmensspezifisch geschickt gesetzt, so lässt sich der Aufwand zur Investitionsbeantragung überschaubar halten und trotzdem sicherstellen, dass der weitaus größte Teil des Budgets aufgrund umfangreicher Informationen und Bewertungen genehmigt wird. Analysen haben ergeben, dass bei gut gesetzten Wertgrenzen regelmäßig über 90% der beantragten Objekte die unterste Grenze nicht erreichen, diese in Summe jedoch lediglich 10% des Gesamtbudgetvolumens ausmachen. Es ist also durchaus vertretbar, beim Großteil der Vorhaben auf eine sehr detaillierte Evaluation zu verzichten.

Kombination monetärer und nicht-monetärer Bewertung:

Die Kombination von Kapitalwert- und Nutzwertbetrachtung trägt der Tatsache Rechnung, dass eine rein monetäre Bewertung bestimmte Investitionen gegenüber anderen als weniger vorteilhaft bzw. generell als unvorteilhaft ausweist, obwohl sie dies in Wirklichkeit nicht sind. Die Ergänzung einer nicht-monetären, die qualitativen Vorteile der Investition berücksichtigenden Bewertung bringt hier aussagefähige Ergebnisse.

Als Methode bietet sich die Nutzwertanalyse an, bei der mehrere, entsprechend ihrer Bedeutung für die Entscheidungsträger gewichtete qualitative Zielgrößen berücksichtigt werden. Das Verfahren der Nutzwertanalyse läuft in fünf Schritten ab:

(1) Im ersten Schritt sind die relevanten Zielkriterien für das Entscheidungsproblem stufenweise zu bestimmen. Als Ergebnis erhält man einen hierarchisch aufgebauten Zielbaum.

(2) Der zweite Verfahrensschritt besteht aus einer Gewichtung der herausgebildeten Zielsetzungen. Hierbei sollen die Gewichte die Präferenzen des Entscheidungsträgers wiedergeben.

(3) Als Nächstes sind die Nutzen der Handlungsalternativen bezüglich der einzelnen Teilziele anhand einer Bewertungsskala zu bestimmen.

(4) Im vierten Schritt werden die Gesamtnutzwerte der einzelnen Alternativen durch z. B. additive oder multiplikative Verknüpfung der Teilnutzen ermittelt. Je höher dieser ausfällt, desto größer ist die nicht-monetäre Vorteilhaftigkeit der betrachteten Alternative.

(5) Durch den Vergleich der Nutzwerte untereinander sowie mit dem Anspruchsniveau des Entscheidungsträgers kann nun im fünften Schritt die Vorteilhaftigkeit der Handlungsalternativen beurteilt werden (vgl. **Abb. 2.28**).

Unter Berücksichtigung der Erkenntnisse aus der Kapitalwertrechnung sowie aus der Nutzwertanalyse, d. h. bei kombinierter monetärer und nicht-monetärer Bewertung, ergibt sich somit folgendes Bild (vgl. **Abb. 2.28**).

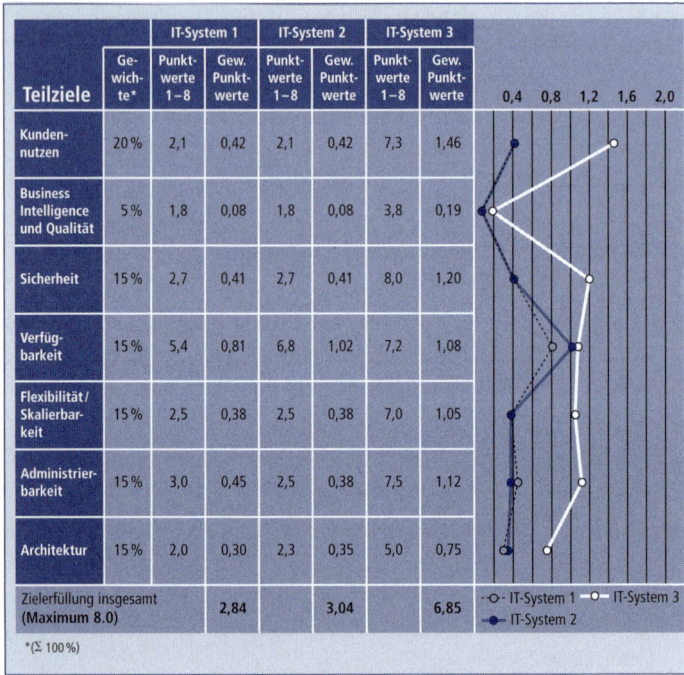

| Teilziele | Ge-wich-te* | IT-System 1 | | IT-System 2 | | IT-System 3 | | 0,4 0,8 1,2 1,6 2,0 |
		Punkt-werte 1–8	Gew. Punkt-werte	Punkt-werte 1–8	Gew. Punkt-werte	Punkt-werte 1–8	Gew. Punkt-werte	
Kunden-nutzen	20%	2,1	0,42	2,1	0,42	7,3	1,46	
Business Intelligence und Qualität	5%	1,8	0,08	1,8	0,08	3,8	0,19	
Sicherheit	15%	2,7	0,41	2,7	0,41	8,0	1,20	
Verfüg-barkeit	15%	5,4	0,81	6,8	1,02	7,2	1,08	
Flexibilität/ Skalierbar-keit	15%	2,5	0,38	2,5	0,38	7,0	1,05	
Administrier-barkeit	15%	3,0	0,45	2,5	0,38	7,5	1,12	
Architektur	15%	2,0	0,30	2,3	0,35	5,0	0,75	
Zielerfüllung insgesamt (Maximum 8.0)			2,84		3,04		6,85	·o· IT-System 1 —o— IT-System 3 —•— IT-System 2

*(Σ 100%)

Abb. 2.28: Beispiel einer Nutzwertanalyse zur Investitionsbeurteilung

Anhand dieser Ergebnisse lässt sich die Notwendigkeit einer Einbeziehung qualitativer Faktoren in die Investitionsentscheidung sehr gut illustrieren. Bei rein monetärer Betrachtung würde man im Beispielfall das IT-System 2 wählen, da dies den niedrigsten negativen Kapitalwert aufweist.

Die Nutzenbetrachtung zeigt jedoch, dass der Zweck der Investition verfehlt würde. Die kombinierte Bewertung hingegen weist IT-System 3 als das vorteilhafteste Objekt aus. Es hat zwar einen negativeren Kapitalwert, gleichzeitig jedoch einen deutlich höheren Nutzen als Alternativen 1 und 2.

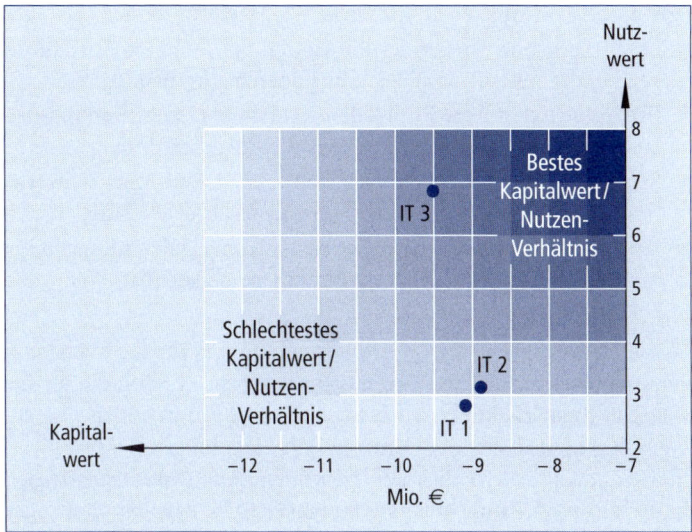

Abb. 2.29: Kapitalwert-Nutzwert-Diagramm von drei Investitionsalter-
nativen

 *Nutzen Sie in Ihrem Unternehmen auch nicht-monetäre
Größen in der Investitionsrechnung?*

Durchführung von Soll-Ist-Vergleichen und Abweichungs- analysen:

Wegen der Unsicherheit der Datenbasis würde man erwarten, dass
in der Praxis Investitionskontrollen regelmäßig durchgeführt würden. Dem ist nicht so. Die Schwierigkeiten bei der Erhebung der Ist-
Daten, die zeitaufwändige Rechnung und wohl auch Befürchtungen
hinsichtlich hoher Soll-Ist-Abweichungen führen dazu, dass Investitionskontrollen häufig unterbleiben. Die oben genannte Studie von
Hofmann et al. zeigt, dass Plan-Ist-Vergleiche während der Nutzungsphase nicht regelmäßig durchgeführt werden (in 30% der
Unternehmen „nur bei Großinvestitionen", in weiteren 48% „fallweise"; vgl. *Hofmann et al.* 2007, S. 158).

Investitionskontrollen sind in vier Richtungen erforderlich:

- Finanzkontrollen stellen fest, inwieweit Soll- und Ist-Auszahlungen bei der Investitionsabwicklung übereinstimmen.

- Erfolgswirtschaftliche Kontrollen rechnen die Investition mit den Ist-Daten im Hinblick auf ihre Wirtschaftlichkeit durch.

- Strategiekontrollen überprüfen den reellen Beitrag der Investition zur Erreichung der in der Strategie festgelegten Ziele.

- Die Abweichungsanalyse muss sich rechnerisch und qualitativ mit den Ist-Werten der die Investition veranlassenden Pläne auseinandersetzen.

Ist die Hauptaufgabe des Controllings die Unterstützung der Managementprozesse, so stellt auch das Investitionsrechnung die für die Investitionsentscheidungen notwendigen Informationen bereit. Weiterhin koordiniert der Controller die Handlungen der Organisationseinheiten im Hinblick auf das gemeinsame Unternehmensziel. In der Praxis ist häufig ebenfalls zu beobachten, dass der Controller wegen seiner neutralen Stellung in den Investitionsentscheidungsprozess einbezogen wird.

Investition und Finanzierung gelten als zwei verschiedene Seiten ein und derselben Medaille, da jede Investition auch entsprechend gegenfinanziert werden muss. Im Folgenden wird die Finanzrechnung näher beleuchtet.

2.4 Gestaltung einer wirkungsvollen Finanzrechnung

Die Wirtschaftlichkeit, die bei den bisherigen Ausführungen zum Management Accounting im Vordergrund stand, ist nur eine der relevanten Zielgrößen des Unternehmens. Eine wichtige Grundvoraussetzung für eine Unternehmung ist die kontinuierliche Aufrechterhaltung der Liquidität. Denn der betriebliche Leistungsprozess kann nur dann störungsfrei ablaufen, wenn die Zahlungsmittelströme in der Weise abgestimmt sind, dass zu keinem Zeitpunkt Zahlungsunfähigkeit besteht. Eine zu hohe Liquidität jedoch ist unrentabel und deshalb zu vermeiden.

Zur Überwachung der Liquidität werden statische oder dynamische Instrumente eingesetzt. Zu den statischen Instrumenten gehören Liquiditätsstatus, Liquiditätsstaffeln sowie verschiedene Liquiditätskennzahlen. Sie zeigen die Liquidität zu einem bestimmten Zeitpunkt. Finanzrechnungen dagegen sind dynamische Instrumente und beziehen sich auf einen gewissen Zeitraum. Sie befassen sich mit der Erfassung und Prognose der Liquidität, indem sie Einzahlungen und Auszahlungen gegenüberstellen.

Die wichtigsten Formen der Finanzrechnung sind:

- Der „Kapitalbindungsplan": mehrjährige Finanzvorschau. Er gibt Auskunft, ob sich die Unternehmung langfristig im finanziellen Gleichgewicht befindet.

- Der „Finanzplan": Gegenüberstellung der Ein- und Auszahlungen mit einem kurz- und langfristigen Zeithorizont.

- Die tägliche Finanzdispositionsrechnung: Sie dient der reibungslosen Abwicklung des täglichen Zahlungsverkehrs.

- Die Geldflussrechnung (Cash Flow Statement): Als drittes Element der Jahresrechnung schließt sie Informationslücken der Bilanz und GuV und stellt somit heute auch einen Pflichtbestandteil des Jahresabschlusses dar.

Die Gegenüberstellung von Einzahlungen und Auszahlungen ergibt den Zahlungsmittelüberschuss bzw. -fehlbestand. Während die Geldflussrechnung liquiditätsrelevante Geschäftsvorfälle dokumentiert und gleichzeitig der internen Steuerung sowie der externen Berichterstattung dient, lassen sich die drei erstgenannten Formen der Finanzrechnung der internen Liquiditätsplanung zurechnen.

Finanzplan

Finanzpläne zeigen die Ein- und Auszahlungen einer zukünftigen Periode. Sie können sich auf einige Monate beschränken oder das gesamte folgende Geschäftsjahr umfassen. Im Rahmen der jährlichen Budgetierung wird in der Regel eine Plan-Geldflussrechnung erstellt, die sich analog der (Ist-)Geldflussrechnung in die Bereiche Umsatz-, Investitions- und Finanzierungstätigkeit gliedert. Die Finanzpläne zeigen einerseits die Finanzierungslücke bzw. den Finanzierungsüberschuss und die geplanten Maßnahmen zur Deckung bzw. Verwendung der fehlenden/überschüssigen liquiden Mittel.

Abb. 2.30 zeigt einen Jahresfinanzplan, gegliedert nach ordentlichen und außerordentlichen Ein- und Auszahlungen. Neben den Geldbeständen werden zunächst die geschätzten Einzahlungen und Auszahlungen aus dem laufenden Unternehmungsprozess gegenübergestellt. Hinzu kommen die Auszahlungen und Einzahlungen aufgrund von Kapitalübertragungen und Investitionen.

Jahresfinanzplan für 20 . . (Angaben in Mill. €)	Plan-zahlen	Ist-zahlen
A. Geldanfangsbestand		
1. Kasse	62	62
2. Postscheckguthaben	43	43
3. Bankguthaben	677	677
Summe 1 bis 3	782	782
B. Ordentliche Einzahlungen/Auszahlungen		
I. Einzahlungen aus dem laufenden Unternehmungsprozess		
1. ausgehend von den geschätzten gesamten Umsätzen: Schätzung des Anteils der „Bar"umsätze	10.075	
2. Einzahlungen aus Zielumsätzen der Vorperiode	4.259	
3. Zinseinzahlungen	83	
4. Einzahlungen für Dienstleistungen Summe der Einzahlungen 1 bis 4	212	
Summe der Einzahlungen 1 bis 4	14.629	
II. Auszahlungen im Zusammenhang mit dem laufenden Unternehmungsprozess		
1. Auszahlungen für Material, das in der Planungsperiode gekauft wird und zu bezahlen ist (Schätzung unter Berücksichtigung des Materialanfangs-bestandes, des erwarteten Materialverbrauchs und des gewünschten Materialendbestandes)	5.274	
2. Auszahlungen für Material, das in der Vorperiode auf Ziel gekauft wurde	607	
3. Auszahlungen für Personal	4.952	
4. Zinsauszahlungen	301	
5. Auszahlungen für Dienstleistungen	677	

6. Steuerzahlungen	815
7. Dividende	209
Summe der Auszahlungen 1 bis 7	12.835
III. Einzahlungs- oder Auszahlungsüberschuss aus dem laufenden Unternehmungsprozess (I–II)	1.794
C. Außerordentliche Einzahlungen/Auszahlungen	
I. Kapitalübertragungen	
1. Einzahlungen von Schuldnern zur Tilgung von Darlehen	668
2. Auszahlungen an Gläubiger zur Tilgung von Darlehen	810
positiver oder negativer Saldo aus Kapitalübertragungen	– 142
II. Investitionen/Desinvestitionen	
1. Einzahlungen aus dem Verkauf von Grundstücken	–
2. Auszahlungen für die Selbsterstellung von Gebäuden	639
3. Auszahlungen für Maschinen	731
positiver oder negativer Saldo aus Investitionen/Desinvestitionen	– 1.370
III. Einzahlungs- oder Auszahlungsüberschuss aus I und II	– 1.512
D. Geldendbestand	– 1.064

Abb. 2.30: Beispiel eines Jahresfinanzplans

Die Aufstellung der Einzahlungs-/Auszahlungsrechnung bedingt eine zeitliche Koordinierung durch die Einnahmen-/Ausgabenrechnung. Mit Fälligkeitsangaben lässt sich feststellen, wann kreditierte Einnahmen und Ausgaben zu Einzahlungen und Auszahlungen werden.

Die Aufgaben der Liquiditätssicherung werden i. d. R. nicht vom Controller, sondern vom Treasurer wahrgenommen. Der Controller ist für die „Erfolgswirtschaft", der Treasurer für die „Finanzwirtschaft" verantwortlich.

Die Verknüpfung von Finanzwirtschaft und Erfolgswirtschaft wird in der Controllingpraxis häufig als Finanzcontrolling bezeichnet. Mit Hilfe von Bewegungsbilanzen, Kapitalflussrechnungen oder weiteren Finanzrechnungen kann der Finanzcontroller Zusammenhänge zwischen dem Finanz- und Erfolgsbereich analysieren und darstellen. Er unterstützt dabei in erster Linie bei der Entdeckung und Aufarbeitung struktureller Zusammenhänge, weniger bei der Steuerung des Tagesgeschäfts.

Geldflussrechnung

Die Geldflussrechnung (bei Verwendung von anderen Fonds wie bspw. Nettoumlaufvermögen spricht man von der Mittel- oder Kapitalflussrechnung) ist vergangenheitsorientiert und gibt Aufschluss über die Liquiditätsentwicklung, den Cash Flow, die Investitionsvorgänge und die Finanzierungsmaßnahmen der letzten Periode. Sie ist in der heutigen Praxis oft gegliedert nach Geldfluss aus Geschäfts- oder Umsatztätigkeit, Geldfluss aus Investitionstätigkeit und Geldfluss aus Finanzierungstätigkeit. Der Geldfluss aus Umsatztätigkeit wird auch als Cash Flow bezeichnet. Er zeigt die Fähigkeit einer Unternehmung, ihre Investitionen zu finanzieren und damit zukünftige Ertragsquellen zu erschließen, Finanzschulden zu tilgen sowie die Fähigkeit, Gewinne auszuschütten. Als Free Cash Flow werden die aus Geschäftstätigkeit generierten flüssigen Mittel abzüglich der erforderlichen Nettoinvestitionen und Gewinnausschüttungen bezeichnet. Der Cash Flow und der Free Cash Flow sind wichtige Kenngrößen für interne, aber auch externe Informationsempfänger (vgl. dazu **Abb. 2.31**).

Die Mittel-/Geldfluss- bzw. Kapitalflussrechnung ist in den letzten Jahren für die meisten Unternehmungen zum festen Bestandteil in der externen Berichterstattung geworden. Dies ist zum einen auf die zunehmende Verbreitung der internationalen Rechnungslegungsstandards (IFRS, US-GAAP) zurückzuführen, in denen der Ausweis einer Mittel- bzw. Geldflussrechnung im Konzernjahresabschluss prinzipiell Pflicht ist. Zum anderen ist diese Pflicht für börsennotierte Konzerne seit 1997 auch im HGB und seit 2002 für alle Konzerne verankert.

Geldflussrechnung

Umsatzbereich Zahlungen von Kunden

./. Zahlungen an Lieferanten	4.060
./. Zahlungen an Personal	−1 .830
./. Zahlungen für Zinsen	−910
./. Zahlungen für übrigen Betriebsaufwand	−110

Cashflow	**910**

Investitionsbereich

Investitionen
./. Kauf von Maschinen	−240
./. Kauf von Beteiliungen	−350
./. Kauf von Liegenschaften	−400

Desinvestitionen
Verkauf von Land	300
Verkauf von Mobilien	50
Abgängige Wertschriften	40

Free Cash Flow brutto

Finanzbereich

Außenfinanzierungen
Aufnahme von Hypotheken	240

Definanzierung
./. Rückzahlung Leasingverbindlichkeiten	−100
./. Tilgung Investitionskredit	−280
./. Gewinnausschüttung	−100

Free Cash Flow netto	**70**

Abb. 2.31: Beispiel einer Geldflussrechnung

2.5 Praxisbeispiel*

2.5.1 Die Unternehmensgruppe Fischer

Die Marke Fischer steht in der Öffentlichkeit vor allem für Befestigungssysteme, Kinematikkomponenten für den Fahrzeuginnenraum sowie Konstruktionsbaukästen für Kinder. Die Unternehmensgruppe Fischer gliedert sich in die Unternehmensbereiche „Befestigungssysteme", „fischer automotive systems", „fischertechnik" und „fischer consulting". Der größte Unternehmensbereich, der zugleich den Kern der Unternehmensgruppe ausmacht, ist dabei die Sparte „Befestigungssysteme". In diesem Bereich bietet Fischer mit über 14.000 Artikeln vielfältige Befestigungslösungen an und ist Marktführer in wesentlichen Bereichen der Befestigungsindustrie. Ein wichtiger Erfolgsfaktor für die Unternehmensgruppe Fischer ist bis heute die hohe Innovationskraft des Unternehmens, welche sich in der überproportional hohen Anzahl an Patenten wiederspiegelt. So konnte sich das Familienunternehmen seit der Gründung 1948 mit Sitz in Waldachtal-Tumlingen kontinuierlich vom Werkstattbetrieb zum international agierenden Mittelständler mit 43 Landesgesellschaften und Produktionsstandorten in Argentinien, Brasilien, China, Deutschland, Italien, Tschechien und den USA entwickeln. Im Jahr 2014 erwirtschaftete die gesamte Unternehmensgruppe mit weltweit 4.160 Mitarbeitern einen konsolidierten Umsatz von 661 Millionen Euro.

2.5.2 Projekt: Neugestaltung der Kosten- und Ergebnisrechnung

Um die weitere Unternehmensentwicklung zielgerichtet steuern zu können, wird bei Fischer ein integriertes System zur ganzheitlichen funktionalen Unternehmenssteuerung entwickelt, wobei der Fokus auf der operativen Produktions- und Vertriebssteuerung liegt. Die

---

* Wir danken Anja Schäfer, Leiterin Controlling bei Fischer, für ihre freundliche Unterstützung.

Integration der verschiedenen Steuerungsansätze erfordert eine grundlegende Neugestaltung der Kosten- und Leistungsrechnung. Diese umfasst neben der Definition eines harmonisierten Betriebsabrechnungsbogens auch die Neukonzeption der Kostenstellenrechnung, die Vereinheitlichung der Tarifermittlung sowie die Definition unternehmensweit standardisierter Werteflüsse und die Neugestaltung der Kostenträgerrechnung.

Die Ziele dabei sind die adressatengerechte Bereitstellung von steuerungsrelevanten Informationen, die Komplexitätsreduktion in der Kosten- und Leistungsrechnung bei gleichzeitiger Erhöhung von Qualität und Transparenz sowie die Sicherstellung der Entscheidungsrelevanz der Steuerungsinformationen.

Im Rahmen der Neukonzeption der Kosten- und Leistungsrechnung findet das System der flexiblen Plankostenrechnung mit der Steuerung über Standardherstellkosten und Abweichungen unter Verwendung der Sollkosten Anwendung. Zur Implementierung der flexiblen Plankostenrechnung ist es notwendig zunächst kostenrechnerische Grundsätze zu formulieren und umzusetzen. So ist für den unternehmensweit einheitlichen Einsatz der flexiblen Plankostenrechnung wichtig, dass ein harmonisierter Betriebsabrechnungsbogen (BAB) besteht, in dessen Rahmen gleiche Sachverhalte unternehmensweit gleich behandelt und auf derselben BAB-Hierarchiestufe zusammengefasst werden. Dabei empfiehlt es sich die BAB-Hierarchiestufen absteigend nach ihrem Kostenvolumen so sortieren. Des Weiteren muss für eine aussagekräftige Kostenrechnung sichergestellt werden, dass alle Kostenarten und somit alle Buchungen im BAB berücksichtigt werden.

Ein weiterer wesentlicher Baustein für ein effizientes Kostenrechnungssystem ist die Ausgestaltung der Kostenstellenrechnung. Die Kostenstellen müssen dabei so definiert sein, dass eine verursachungsgerechte Zuordnung von Kosten möglich ist, Auswertungen einzelner Kostenstellen steuerungsrelevant sind, eine eindeutige Zuordnung zu Funktionsbereichen möglich ist und die Verantwortlichkeiten eindeutig definiert sind. Des Weiteren wird bei Fischer Wert darauf gelegt, dass sowohl die Kostenstellen, als auch weitere Kostenrechnungsobjekte, wie z. B. Innenaufträge, Projekte und Fer-

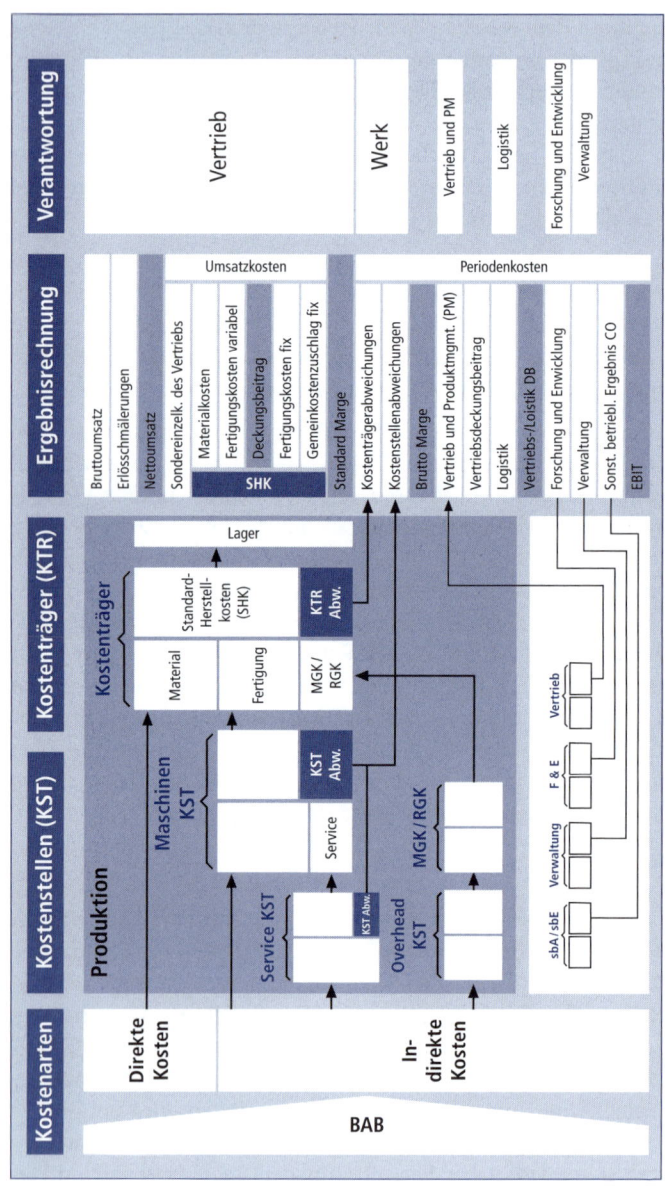

Abb. 2.32: Schematische Darstellung der Werteflüsse

tigungsaufträge, ausschließlich für ihren originären Zweck verwendet werden, um somit eine reibungslose technische Umsetzung sicherzustellen.

Aufbauend auf dem kostenrechnerischen Grundgerüst werden bei Fischer konzernweit einheitliche Werteflüsse und Verrechnungslogiken zum Beispiel für Einkauf und Produktion definiert. Dabei ersetzt die direkte Kostenzurechnung die Kostenschlüsselung soweit möglich. Für die Kostenbestandteile, bei denen weder eine direkte Kostenzurechnung noch eine verursachungsgerechte Leistungsverrechnung möglich ist, wird bei Fischer die Zuschlagskalkulation angewendet. So werden z. B. die Material- und Restgemeinkosten per Zuschlagskalkulation den Material-, bzw. Fertigungseinzelkosten zugerechnet. Auch bei der Verrechnung der allgemeinem Gemeinkosten wird, sofern mit vertretbarem Aufwand möglich, eine verursachungsgerechte Leistungsverrechnung angewendet. Beispiele hierfür sind definierte IT- und Gebäudekosten.

Zur Durchführung der beschriebenen Leistungsverrechnung von Kostenstellen auf andere Kostenrechnungsobjekte im Rahmen der flexiblen Plankostenrechnung wird neben der Istbeschäftigung ein Planpreis, bzw. Kostenstellentarif, benötigt. Im Rahmen der Ermittlung der Kostenstellentarife wird bei Fischer der variable und der fixe Kostenstellentarif unterschieden. Bei der Ermittlung des variablen Kostenstellentarifs werden die geplanten variablen Kosten der jeweiligen Kostenstelle in Bezug zur Planleistung der Kostenstelle gesetzt. Im Gegensatz dazu werden bei der Berechnung des fixen Kostenstellentarifs die fixen Plankosten der Kostenstelle auf die technisch reale Kapazität der Kostenstelle bezogen. Die technisch reale Kapazität ist dabei die zur Verfügung stehende Kapazität der Kostenstelle, reduziert um strukturelle und betriebsbedingte Stillstandszeiten, wie z. B. Schichtbetrieb oder Instandhaltung. Die Verwendung der technisch realen Kapazität gewährleistet zusammen mit dem Ansatz von kalkulatorischen Abschreibungen konstante Kostenstellentarife über ein gesamtes Jahr hinweg, ohne die Beeinflussung von monatlichen Auslastungs- und Abschreibungsschwankungen. Auf dieser Grundlage wird die Unternehmensgruppe Fischer in die Lage versetzt monatlich Verbrauchs- und Beschäftigungsabweichungen auf den Kostenstellen zu ermitteln, deren Ursachen zu analysieren und daraus gezielte Maßnahmen abzuleiten.

Neben der Kostenarten- und Kostenstellenrechnung ist die Kostenträgerrechnung und dabei insbesondere die Ermittlung von Standard-Herstellkosten wichtiger Bestandteil der operativen Unternehmenssteuerung. Daher wird bei Fischer eine unternehmensweit einheitliche und eindeutige Definition der Standard-Herstellkosten vorgenommen. Die Standard-Herstellkosten werden jährlich unter Verwendung von Planeinkaufspreisen und Plantarifen aktualisiert und sind maßgebend für alle Lagerbuchungen, die Ermittlung der Kostenträgerabweichungen sowie für die Definition einheitlicher Kennzahlen, wie z. B. der Standard-Marge für die Vertriebssteuerung. Auf Basis der Standard-Herstellkosten werden weitere wesentliche Steuerungsinformationen abgeleitet. So stellen die gesamten Standard-Herstellkosten beispielsweise die mittelfristige und die variablen Standard-Herstellkosten die kurzfristige Preisuntergrenze dar. Die Standard-Marge ist die Grundlage für die Bewertung der Produkt- und Kundenprofitabilität und damit die Basis für Portfolio Entscheidungen. Abweichend von der jährlichen Ermittlung der Standard-Herstellkosten ist es bei einer hohen Volatilität einzelner Kalkulationsbestandteile empfehlenswert, die Standard-Herstellkosten unterjährig neu zu kalkulieren. Somit wird neben validen Informationen für die Preisbildung auch eine stets aktuelle Basis für Portfolio-Entscheidungen gewährleistet.

Die mit Hilfe der Standard-Herstellkostenkalkulation ermittelten Kostenträgerabweichungen lassen sich auf der Einsatzseite in die fünf Kategorien, Einsatzpreis-, Einsatzmengen-, Ausschuss-, Struktur- und Einsatzrestabweichungen unterteilen. Auf der Verrechnungsseite werden bei Fischer die Mischpreis-, Losgrößen-, Verrechnungspreis- und Restabweichungen unterschieden und versetzen das Unternehmen somit in die Lage die Abweichungsursachen auf Kostenträgerebene zu analysieren und konkrete Maßnahmen abzuleiten. Zusammen mit den Kostenstellenabweichungen stellen die Kostenträgerabweichungen eine wesentliche Grundlage für die implementierte Werksergebnisrechnung, die diese für die operative Steuerung der Produktion zusammenfasst, dar.

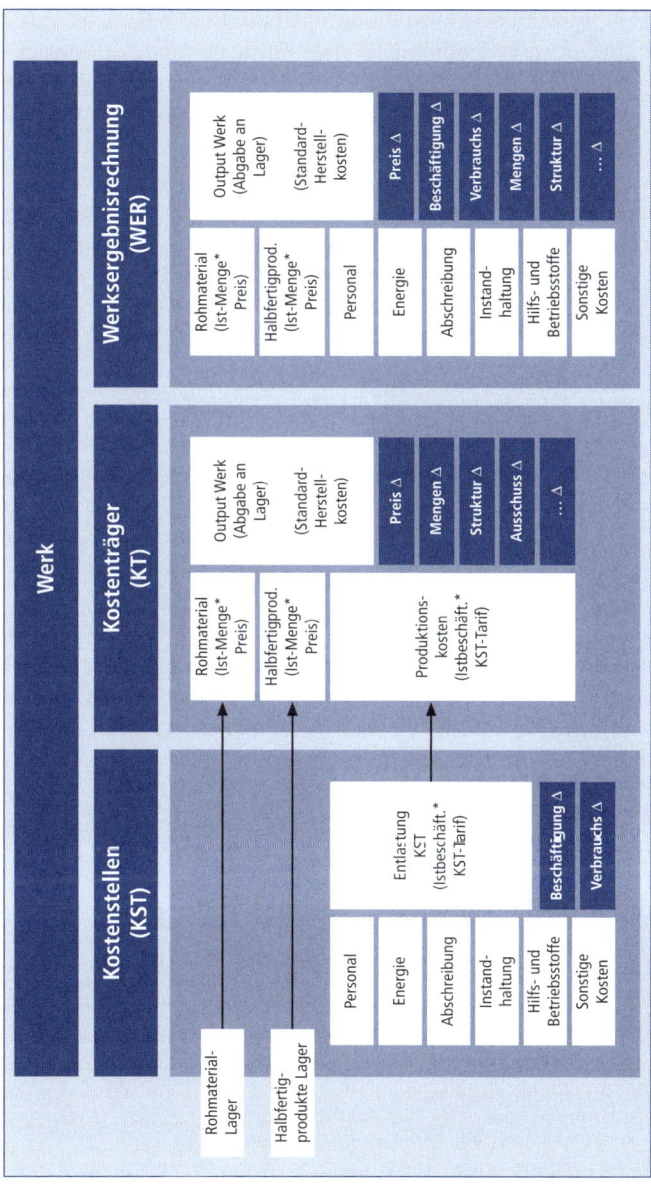

Abb. 2.33: Zusammenhänge zwischen Kostenstellen-, Kostenträger- und Werksergebnisrechnung

Die Hauptsteuerungsgrößen für die operative Produktionssteuerung sind Effizienz und Produktivität. Die Effizienz misst die Entwicklung der Standard-Herstellkosten auf Ebene der Endprodukte und Kostenelemente, wie z. B. Material- oder Fertigungskosten. Die Produktivität misst, ob das Werk von den Vorgaben der Standard-Herstellkostenkalkulation abweicht und steht bei Fischer auf Team- und somit Profit-Center-Ebene zur Verfügung. Für eine verantwortungsgerechte und vollständige Werkssteuerung muss sichergestellt werden, dass die Werksergebnisrechnung ausschließlich vom Werk zu verantwortende Bestandteile enthält, die auch über die beiden Hauptsteuerungsgrößen hinausgehen können. So wird bei Fischer die Werkssteuerung um weitere Produktionskennzahlen, wie z. B. Auslastung, Qualität und Erfüllungsgrad, erweitert.

Neben der operativen Produktionssteuerung wird bei Fischer auf Basis der Kosten- und Leistungsrechnung ein System zur operativen Vertriebssteuerung eingeführt, welches ebenfalls auf den Prinzipien der Steuerungsrelevanz, Beeinflussbarkeit und Entscheidungsorientierung basiert. Die wesentliche Steuerungsgröße ist dabei die durchgerechnete Konzernmarge, mit der die Umsätze zu Konzernherstellkosten, also ohne unternehmensinterne Margen, bewertet werden. Dadurch kann bei Fischer die Ergebnistransparenz in den Landesgesellschaften erhöht und eine Entkopplung steuerungsrelevanter Größen von steuerlich beeinflussten Transferpreisen erreicht werden.

2.5.3 Lessons Learned

Steuerungssysteme müssen vor dem Hintergrund volatiler Unternehmensumgebungen regelmäßig überprüft und ggf. auf veränderte sowie neue Anforderungen angepasst werden. Sowohl diese wiederkehrenden als auch die initialen Veränderungen der Kosten- und Leistungsrechnung, bzw. deren Bestandteile erfordern einen hohen Aufwand, sowohl innerhalb des Controllings, als auch in angrenzenden Unternehmensbereichen.

Die Neugestaltung der Kosten- und Leistungsrechnung bietet für ein Unternehmen immer die Chance auf Veränderungen, auch über das Controlling hinaus. Folgende Aspekte haben sich bei Fischer als besonders wichtig erwiesen:

- Erst die intensive Auseinandersetzung vieler beteiligter Stellen mit bestehenden Informationsstrukturen und den Informationsbedürfnissen des Managements ermöglichte es, bestehende Strukturen aufzubrechen, umfassend zu bewerten und zu optimieren.

- Die Einbeziehung vieler beteiligter Mitarbeiter förderte, insbesondere in einem internationalen Umfeld, die Akzeptanz der neuen Steuerungsansätze im Unternehmen.

- Eine starke Unterstützung durch die Geschäftsführung bei der Neugestaltung der Kosten- und Leistungsrechnung war eines der zentralen Erfolgskriterien für eine erfolgreiche Umsetzung der entwickelten Konzepte.

Ein weiterer wichtiger Erfolgsfaktor für die Implementierung und die Akzeptanz der Neuerungen war neben der engen Verzahnung von konzeptioneller Arbeit und Umsetzung die Formulierung eines konzernweit einheitlichen und für die unterschiedlichen Steuerungsansätze integrierten Regelwerks, welches die Methodik der Kosten- und Leistungsrechnung festlegte. Der Aufbau eines leistungsfähigen Controllings, der interne Veränderungsprozess sowie die Erweiterung der internen Kompetenzen werden dabei idealerweise durch externe Impulse unterstützt. Die so entstehenden integrierten Steuerungssysteme bieten eine international harmonisierte Informationsbasis zur zielgerichteten Steuerung des Unternehmens.

2.6 Gestaltungscheckliste für Manager und Controller

Stellen Sie die verursachungsgerechte Zuordnung der Sachverhalte sicher!

Klären Sie die Verantwortlichkeiten!

Ermöglichen Sie Plan(Soll)-Ist-Vergleiche und führen Sie Abweichungsanalysen durch!

Sichern Sie die Mengen- bzw. Preisstrukturen als Basis der Werteermittlung!

Stellen Sie die Konsistenz aller Bereiche des internen und des externen Rechnungswesens sicher!

Arbeiten Sie so exakt und detailliert wie entscheidungsbedingt nötig!

Dokumentieren Sie verwendete Bezeichnungen, Größen und Rechenverfahren klar und einheitlich!

Vertiefende Lektüre

Wenn Sie mehr über das Gesamtgebiet des Management Accountings wissen möchten, lesen Sie

Coenenberg, A. G., Fischer, M., Günther, T. (2016), Kostenrechnung und Kostenanalyse, 9. Aufl., München 2016.

Wenn Sie mehr zur Kosten- und Leistungsrechnung wissen möchten, lesen Sie

Friedl, G., Hofmann, C., Pedell, B., (2013), Kostenrechnung, 2. Aufl., München 2013.

Wenn Sie mehr zum Investitionsrechnung wissen möchten, lesen Sie

Grob, H. L. (2006), Einführung in die Investitionsrechnung, 5. Aufl., München 2006.

3. Kapitel

Strategische Planung

3.1 Ziele des Kapitels

In diesem Kapitel werden die zentralen Schritte und wichtigsten Instrumente der strategischen Planung diskutiert. Am Ende des Kapitels soll der Leser den Prozess und die Instrumente der Strategieentwicklung verstehen und anwenden können.

Abb. 3.1: Ziele des Kapitels

3.2 Einführung

Die bisherigen Kapitel haben sich vor allem mit Controlling-Aufgaben und -Instrumenten befasst, die im Zusammenhang mit der Informationsbeschaffung gesehen werden. Erheben wir allerdings den Anspruch, Controlling müsse der umfassenden Verbesserung der Führungsfähigkeit von Unternehmen dienen, dann dürfen strategische Aspekte nicht ausgeblendet werden.

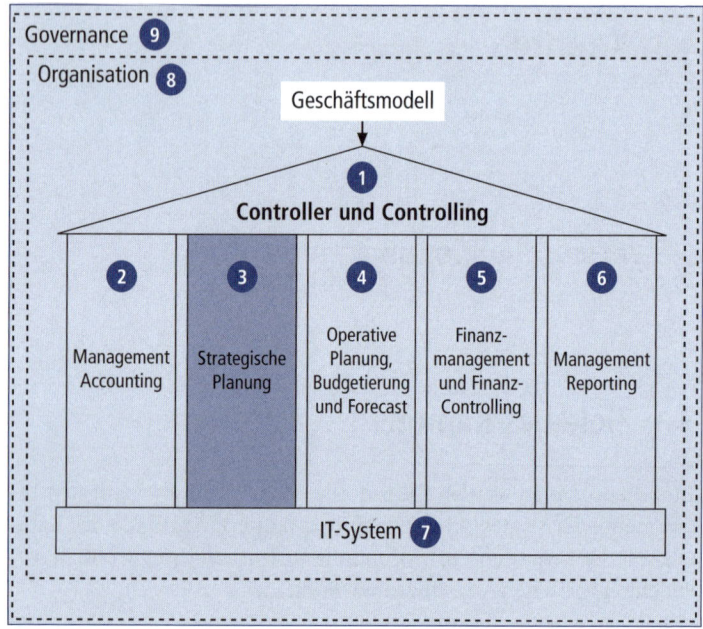

Abb. 3.2: Einordnung des Kapitels in das „House of Controlling"

Der Erfolg eines Unternehmens resultiert aus der Nutzung von Erfolgspotenzialen. Will ein Unternehmen nicht nur reagieren, sondern eine Entwicklung bewusst gestalten, muss das gesamte Unternehmen auf die Erfolgspotenziale ausgerichtet werden. Dazu entwickelt das Unternehmen im Rahmen der strategischen Planung Vorstellungen über seine übergeordneten Ziele für die nächsten Jahre. Außerdem werden in der strategischen Planung über die Wege entschieden, auf denen diese Ziele erreicht werden sollen.

Zwischen den verschiedenen Planungsstufen besteht ein enger Rückkopplungsprozess. Aus der strategischen Planung ergibt sich, ob die Geschäftsführung die (Mehr-)Jahresplanung auch verabschieden kann. Außerdem wird in der Jahresplanung (operative Planung) deutlich, ob die Strategien überhaupt realisierbar und nicht nur Wunschvorstellungen sind. Daher kann sich aus der operativen

Planung die Notwendigkeit einer Revision der strategischen Planung ergeben. Die Ziele müssen zurückgesteckt oder auf Umwegen mit neuen Strategien verfolgt werden.

Eine inhaltlich fundierte operative Planung (vgl. Kapitel 4.3 zur operativen Planung) kann also nur vor dem Hintergrund einer strategischen Planung erstellt werden. Denn sonst besteht keine Klarheit über die Richtung, die das Unternehmen eigentlich einschlagen will.

3.3 Gestaltung einer wirkungsvollen Strategischen Planung

Die Grundlage der strategischen Planung bildet die Definition des Unternehmensleitbildes.

> Das **Unternehmensleitbild** definiert das Selbstverständnis des Unternehmens und stellt für die Unternehmensmitglieder die grundsätzliche Leitlinie für ihr Verhalten dar. Besteht das Leitbild eines Unternehmens bspw. darin, Anbieter qualitativ hochwertiger Markenartikel zu sein, so sind in der operativen Planung Maßnahmen zum Vertrieb von Massenware nahezu ausgeschlossen.

Strategische Ziele bestimmen, worauf das Unternehmen im operativen Geschäft hinarbeiten will. Wird als Ziel bspw. die Erreichung eines Marktanteils von 10% in den USA innerhalb der nachsten funf Jahre angestrebt, könnte sich daraus die Strategie ergeben, eine Tochtergesellschaft in den USA aufzubauen. Strategien sind die Wege, die zur Zielerreichung eingeschlagen werden sollen. Sie geben den Entwicklungspfad vor, der in der Mehrjahres- und der operativen Planung mit konkreten Einzelschritten auszugestalten ist. Die Mehrjahresplanung übersetzt die strategischen Zielsetzungen in operative Schlüsselgrößen, deren Erreichung schrittweise zur Erfüllung der strategischen Vorgaben führt. In ihr wird die Entwicklung in Richtung der strategischen Ziele deutlich, und sie dient damit auch der Kontrolle der strategischen Planung.

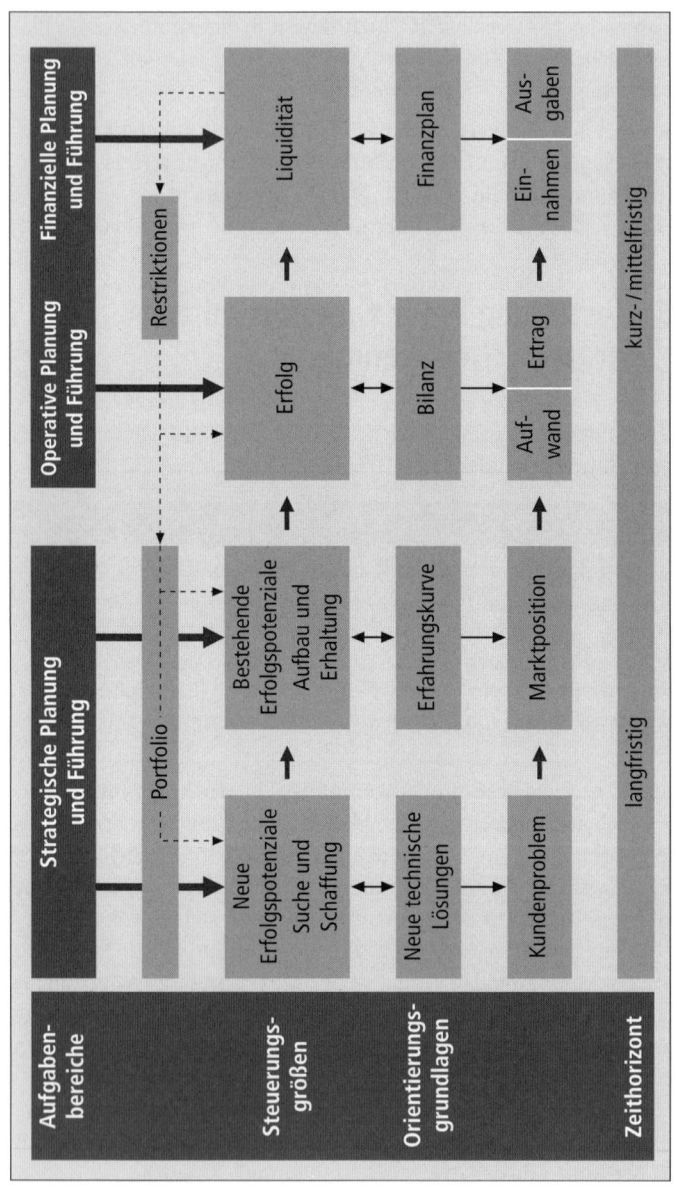

Abb. 3.3: Strategische Unternehmensplanung

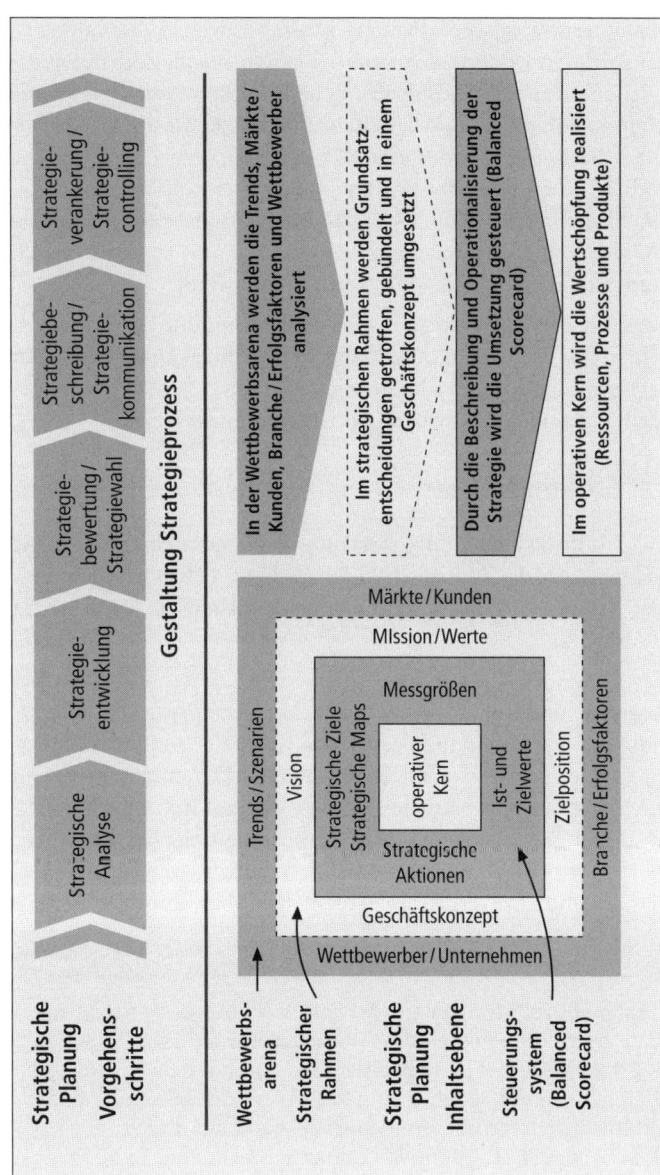

Abb. 3.4: Strategische Planung: Vorgehensschritte und Inhalte

Aufgabe der strategischen Planung ist die Festlegung des Rahmens, in dem sich ein Unternehmen künftig bewegen will. Zudem hat die strategische Planung die Aufgabe, neue Erfolgspotenziale zu identifizieren, zu entwickeln und bestehende Potenziale zu sichern. Sie beeinflusst bereits zu einem Zeitpunkt den künftigen Erfolg und die Liquidität, zu dem das Unternehmen noch über zahlreiche Aktionsmöglichkeiten verfügt (vgl. **Abb. 3.3**). Damit setzt sie die Eckpunkte der beabsichtigten Unternehmensentwicklung, die in den weiteren Planungsstufen ausgestaltet und konkretisiert werden.

Zur strategischen Planung zählt auch die Bestimmung der Prämissen, von denen bei der Planung ausgegangen wird. Ihnen kommt eine sehr hohe Bedeutung zu, weil auf ihnen letztlich das gesamte Planungsgebäude und damit die Aktivitäten des Unternehmens beruhen.

3.3.1 Strategieprozess

Mit der Entwicklung und Umsetzung der Unternehmensstrategie beschäftigt sich das strategische Management. Dieses vollzieht sich in klar definierten Prozess mit typischen Inhalten für jeden Schritt (vgl. **Abb. 3.4**).

In der Phase der strategischen Analyse wird zunächst die Wettbewerbsarena untersucht, in der sich das Unternehmen bewegt. Trends und zukünftige Szenarien des Geschäfts sind zu untersuchen. Es muss geklärt werden, in welchen Märkten und mit welchen Kunden das Geschäft betrieben werden soll und welche Erfolgsfaktoren in der Branche gelten. Davon abhängig steht das Unternehmen im Wettbewerb mit anderen Unternehmen – die eigene Wettbewerbsposition im Verhältnis zu diesen wird bestimmt.

Im Rahmen der **Strategieentwicklung** wird aus der Analyse und subjektiven Vorstellungen der Führungspersönlichkeiten über die zukünftige Rolle des Unternehmens eine grundsätzliche Strategie abgeleitet. Diese spiegelt sich in der Vision, der Mission und den Werten eines Unternehmens wider und wirkt auf das weitere Vorgehen bei der Strategieentwicklung ein.

Die Mission klärt, welche Rolle das Unternehmen einnehmen möchte und welche Aufgaben es in diesem Zusammenhang erfüllt. Dabei macht sie Angaben zum Unternehmenszweck (Wer sind wir? Warum gibt es uns? Für wen stiften wir Nutzen?) und geht auf die Unternehmensziele ein, welche sich hieraus ableiten lassen. Zusätzlich gibt die Mission Auskunft über zentrale Werte und kann um Verhaltensgrundsätze ergänzt werden.

Eine Vision kann als die richtungsweisende Vorstellung eines Unternehmens über dessen zukünftige Entwicklung beschrieben werden. Sie definiert den fundamentalen Charakter der Organisation und ist im Gegensatz zur Mission zeitlich befristet. Die Vision ergibt sich aus den subjektiven Vorstellungen der Führungspersönlichkeiten über die zukünftige Rolle des Unternehmens und ist durch ihre sinnstiftenden, motivierenden und handlungsleitenden Eigenschaften gekennzeichnet (vgl. *Müller-Stewens*, *Lechner* 2005, S. 235).

Die Zielposition beschreibt – im Kontrast zur heutigen Wettbewerbsposition, die in der strategischen Analyse ermittelt wurde – welche Wettbewerbsposition in Zukunft in Umsetzung von Vision und Strategie erreicht werden soll (Wo wollen wir hin? Wo stehen wir zum Ende unseres strategischen Planungshorizontes im Wettbewerb?).

Die grundsätzliche strategische Ausrichtung mündet in ein charakteristisches Geschäftskonzept, mit dem sich ein Unternehmen klar vom Wettbewerb differenziert und für die Kunden „erkennbar" wird. Beispielhaft hierfür sind Unternehmen wie Aldi, IKEA oder Ryanair – mit ihnen verbinden wir eindeutige Merkmale. Dies ist wichtig, weil dadurch die Erwartungen der Kunden mit dem Leistungsangebot in Übereinstimmung gebracht werden und Enttäuschungen tendenziell vermieden werden.

Ist dieser strategische Rahmen erst einmal festgelegt, muss die Strategie konkretisiert werden. Meistens gibt es nicht den „einen Weg", sondern es sind unterschiedliche strategische Alternativen denkbar. Es muss sich folglich eine Phase der Strategiebewertung und Strategiewahl anschließen. Zur Bewertung kommen in erwerbswirtschaftlich orientierten Unternehmen quantitative und qualitative Bewertungsfaktoren zum Einsatz. Die quantitative Bewertung orientiert sich sehr oft an der Methode des unternehmenswertorientierten Managements. Diese wird in den folgenden Abschnitten detailliert dargestellt.

Aus der Wahl der Unternehmensstrategie resultiert jedoch noch keine Veränderung im Verhalten des Unternehmens, weshalb der sich anschließende Schritt der Strategierealisierung von großer Bedeutung ist. Es müssen geeignete Instrumente zur Strategiebeschreibung und Strategiekommunikation bereitgestellt werden, damit alle handelnden Personen im Unternehmen verstehen, wohin die Reise gehen soll und wie sie dazu beitragen können. Als wichtigstes Steuerungssystem zur Strategierealisierung hat sich die Balanced Scorecard in der Praxis durchgesetzt (vgl. *Horváth & Partners*, Hrsg., 2005c). Auch dieses Konzept werden wir im Folgenden detailliert darstellen.

Ziel ist es schließlich, das strategische Denken in strategiekonformes Handeln aller Mitarbeiter umzuwandeln. Dazu dient die Phase der Strategieverankerung und des Strategie-Controllings. Sie sorgt für die laufende Erfolgsüberprüfung im operativen Kern des Geschäfts. Die aus Abweichungsanalysen und einem Strategie-Review gezogenen Schlüsse münden dann erneut – typischerweise im folgenden Geschäftsjahr – in ein erneutes Durchlaufen des Strategieprozesses.

Das Strategie-Controlling übernimmt darüber hinaus mit der Koordination des Strategieprozesses und der Versorgung mit entscheidungsrelevanten Informationen weitere wichtige Aufgaben. Sofern noch nicht vorhanden, sind zunächst der Strategieprozess als solches aufzubauen und aus der Vielzahl möglicher Instrumente für die einzelnen Phasen die für das Unternehmen relevanten auszuwählen (sogenannte „systembildende Koordination"). Diese Aufgaben beginnen bereits bei der strategischen Analyse – z. B. mit Instrumenten wie Technologie-Trendanalyse, Portfoliotechniken und SWOT-Analysen (Stärken-Schwächen-Chancen-Gefahren). Die Strategieentwicklung ist ein kreativer Prozess, der aber auch instrumentell durch strukturiertes Arbeiten an Strategieoptionen – z. B. mittels der Methodik morphologischer Kästen – unterstützt werden kann. Die Strategiebewertung wird mit Instrumenten des Wertmanagements, die Beschreibung und Kommunikation mit der Balanced Scorecard unterstützt.

Die Anwendung der Instrumente, Informationsbeschaffung, -analyse und -interpretation ist schließlich die Aufgabe des Controllings im Rahmen der „systemkoppelnden Koordination" des Strategischen Managements. (vgl. *Horváth* 2009, S. 295 ff.)

Abb. 3.5 stellt die wesentlichen Merkmale des strategischen und operativen Controllings einander gegenüber.

Controlling-Typen Merkmale	Strategisches Controlling	Operatives Controlling
Orientierung	Umwelt und Unternehmung: Adaption	Unternehmung: Wirtschaftlichkeit betrieblicher Prozesse
Planungsstufe	Strategische Planung	Taktische und operative Planung, Budgetierung
Dimensionen	Chancen/Risiken, Stärken/Schwächen	Aufwand/Ertrag Kosten/Leistung
Zielgrößen	Existenzsicherung Erfolgspotenzial	Wirtschaftlichkeit, Gewinn, Rentabilität

Abb. 3.5: Strategisches und operatives Controlling (vgl. *Horváth* 2009, S. 222)

3.3.2 Ausgewählte Instrumente der strategischen Analyse

Das Controlling unterstützt die strategische Planung u. a. durch die Bereitstellung geeigneter Planungsinstrumente. Diese helfen bei der Situationsanalyse des Unternehmens und bei der anschließenden Erarbeitung von Strategien. Grundsätzlich existiert eine Vielzahl an strategischen Controlling-Instrumenten, von denen im Folgenden einige wenige beispielhaft dargestellt werden.

 Kennen Sie die Stärken, Schwächen, Chancen und Risiken Ihres Unternehmens?

Ein wichtiges Instrument ist die SWOT-Analyse.

Die **SWOT-Analyse** untersucht im Rahmen der strategischen Planung gegenwärtige Stärken (Strengths) und Schwächen (Weaknesses) sowie zukünftige Chancen (Opportunities) und Gefahren (Threats) eines Unternehmens.

Die Analyse von Stärken und Schwächen dient der Beurteilung des aktuellen Unternehmenszustandes. Häufig werden dazu Kriterienhecklisten eingesetzt, die sicherstellen sollen, dass die Beurteilung des Unternehmenszustandes aus einem ausreichend breiten Blickfeld erfolgt. Die Bewertung, ob ein Kriterium eher als Stärke oder als Schwäche des Unternehmens aufzufassen ist, erfolgt vielfach im Hinblick auf den bzw. die wichtigsten Konkurrenten. Die Fragestellung der Chancen-Gefahren-Analyse betont hingegen die Zukunftsperspektive. Sie lautet: Welche zukünftigen Chancen und Gefahren

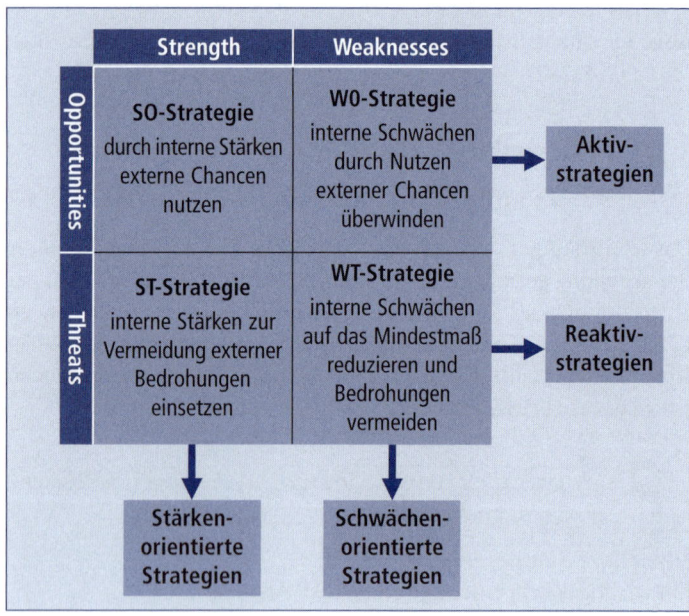

Abb. 3.6: SWOT-Analyse als Basis unterschiedlicher Strategien

leiten sich für das Unternehmen aus der möglichen Umweltentwicklung ab, wenn es seine bisherigen und bereits geplanten Strategien nicht verändert. Es werden also alternative Szenarien überdacht, wie sich die Umwelt entwickeln kann und welche Chancen bzw. Gefahren sich daraus für das Unternehmen ergeben können.

Die Aussagefähigkeit von SWOT-Analysen hängt vor allem von der Beurteilungsfähigkeit und Kreativität des Planungsteams ab. In Theorie und Praxis ist mittlerweile unumstritten, dass der Controller dem Planungsteam angehört. Ihm kommt die Aufgabe zu, einerseits durch eine möglichst gute Vorbereitung der Planungssitzungen (bspw. Fundierte Ist-Darstellung, Erarbeitung von Vorschlägen) die Effektivität des Planungsprozesses zu stärken. Er darf andererseits jedoch nicht die Richtung der kreativen Prozesse zu stark vorprägen.

 Erreicht Ihr Unternehmen die langfristigen Ziele?

Ein weiteres klassisches Analyseinstrument der strategischen Planung ist die Gap-Analyse. Sie basiert auf der Idee, dass zwischen den gesetzten Zielen der Planung und der Prognose der tatsächlichen Zielerreichung eine immer größer werdende Differenz (Gap = „Ziellücke") entstehen wird. Bei der Prognose der tatsächlichen Zielerreichung wird davon ausgegangen, dass die bisherigen Maßnahmen beibehalten werden und sich daraus Veränderungen bei Starken und Schwächen bzw. bei Chancen und Gefahren ergeben, die letztlich für die Ziellücke sorgen. Die Ziellücke gilt es dann durch geeignete Strategien aufzufüllen. **Abb. 3.7** verdeutlicht diesen Zusammenhang.

Abschließend stellen wir das Instrument der Portfolio-Analyse dar, das in der Praxis sehr weit verbreitet ist. Mit der Portfolio-Analyse werden einzelne, bedeutsame Teilbereiche des Unternehmens strategisch beurteilt mit dem Ziel, die Ressourcen in solche Teilbereiche zu lenken, in denen die Marktaussichten günstig erscheinen und das Unternehmen relative Wettbewerbsvorteile nutzen kann.

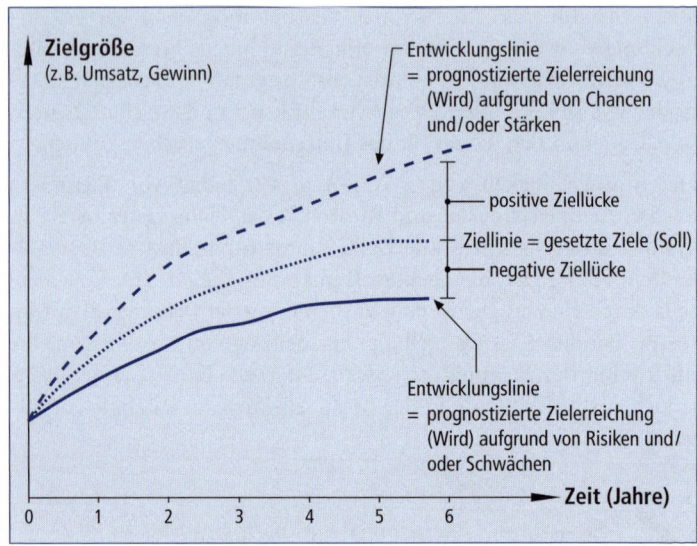

Abb. 3.7: Konzept der Gap-Analyse

Bei der Portfolio-Analyse werden zunächst die strategisch relevanten Teilbereiche des Unternehmens – auch strategische Geschäftsfelder genannt – abgegrenzt. Sie ergeben sich bspw. aus den Profitcentern des Unternehmens und sind in der Regel Produkt-/Marktkombinationen. Diese werden in eine Portfolio-Matrix eingeordnet, die bei der häufigsten Anwendungsform die Achsen „Relativer Marktanteil" und „Marktwachstum" besitzt (vgl. **Abb. 3.8**).

 Welche Geschäftsfelder Ihres Unternehmens sind auch in Zukunft profitabel?

Für jeden Teilbereich werden in Abhängigkeit seiner Lage sogenannte Normstrategien vorgeschlagen, die Strategieempfehlungen für die Felder darstellen. Diese Strategien sollen das Unternehmen vom Ist-Portfolio zu einem Soll-Portfolio führen.

Am wenigsten geschätzt sind Platzierungen im rechten unteren Quadranten. Die darin versammelten Produkte besitzen aufgrund

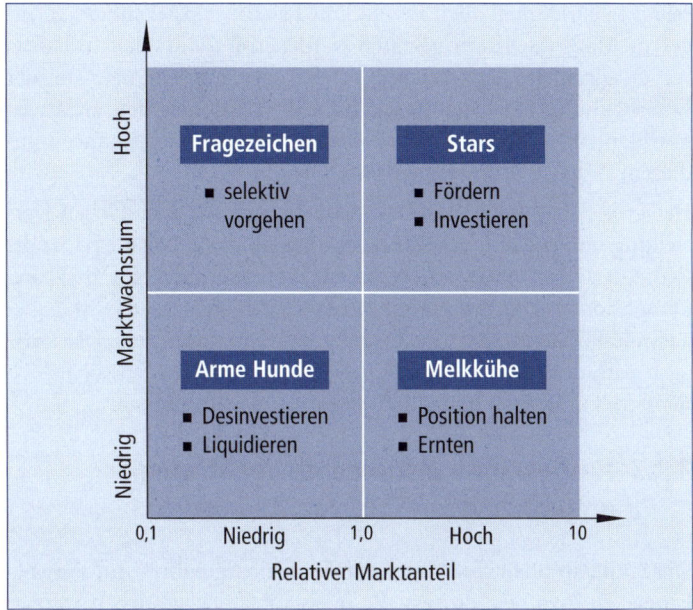

Abb. 3.8: Marktwachstum – Marktanteil – Portfolio

ihres niedrigen Marktanteils bei gleichzeitig geringem Marktwachstum eine schwache Wettbewerbsstellung. Sie wären nur unter hohen finanziellen Anstrengungen in günstigere Positionen zu bringen und sind deshalb aufzugeben.

Geschäftsfelder mit zwar niedrigem Marktwachstum, aber hohem relativem Marktanteil, sogenannte „Melkkühe", sind erheblich vorteilhafter zu beurteilen. Die Kostenvorteile durch den hohen relativen Marktanteil können ausgeschöpft werden. Große Investitionen sind hierzu nicht erforderlich; sie wären langfristig sogar ökonomisch unsinnig. Die entsprechenden Produkte sollten vielmehr „gemolken" werden. Der verbleibende Überschuss kann zur Unterstützung anderer Geschäftsfelder herangezogen werden.

Finanziell zu unterstützen sind in erster Linie die „Stars", aber auch die „Fragezeichen". Erstere sollen gefördert werden, weil der hohe

111

relative Marktanteil auch in Zukunft bei sich einstellendem geringerem Marktwachstum gehalten werden soll. Bei Geschäftsfeldern im Quadranten „Fragezeichen" steht das Unternehmen vor der Entscheidung, entweder durch hohe Investitionen den „relativen Marktanteil" zu verbessern oder wegen zu geringer Chancen aus diesem Geschäft auszusteigen.

Der große Vorteil der Portfolio-Ansätze liegt in der einfachen Darstellung und somit leichten Kommunizierbarkeit. Nachteilig ist die Reduktion der vielen strategischen Einflussgrößen auf nur zwei Dimensionen. Hierdurch wird der Eindruck erweckt, die Strategieauswahl könne in einem eindeutigen Schema stattfinden. Der Portfolio-Ansatz kann die Strategieauswahl nur unterstützen, sie jedoch nicht im Sinne einer mathematischen Formel bestimmen.

3.3.3 Ausgewählte Instrumente der Strategieentwicklung

Die Strategieentwicklung ist – wie bereits ausgeführt – im Wesentlichen ein kreativer Prozess. Er muss inhaltlich getrieben werden vom Management des Unternehmens bzw. des Geschäftsbereiches. Doch auch hier kann der Controller instrumentelle Unterstützung leisten.

Ein Geschäftsmodell weist eine Vielzahl von Parametern auf, für die es unterschiedliche Strategieoptionen als Ausprägung geben kann (vgl. Kapitel 1.6). Für den strukturierten Vergleich solcher Optionen steht als Methode der „morphologische Kasten" zur Verfügung, in dem Ist- und Zielposition verglichen werden können. **Abb. 3.9** zeigt dieses Instrument an einem Beispiel.

An der Ausprägung einzelner Handlungsfelder des Geschäftsmodells von bekannten Unternehmen wollen wir den Umgang mit Strategieoptionen exemplarisch aufzeigen. In **Abb. 4.9** finden Sie Entscheidungen im Rahmen der Strategieentwicklung von Unternehmen wie McDonalds, Disneyland Paris, Intel oder Microsoft. Auch hier muss nochmals betont werden, dass die Instrumente lediglich eine Strukturierungshilfe bei der Entscheidungsfindung sind – nie aber die Entscheidung selbst vorwegnehmen können.

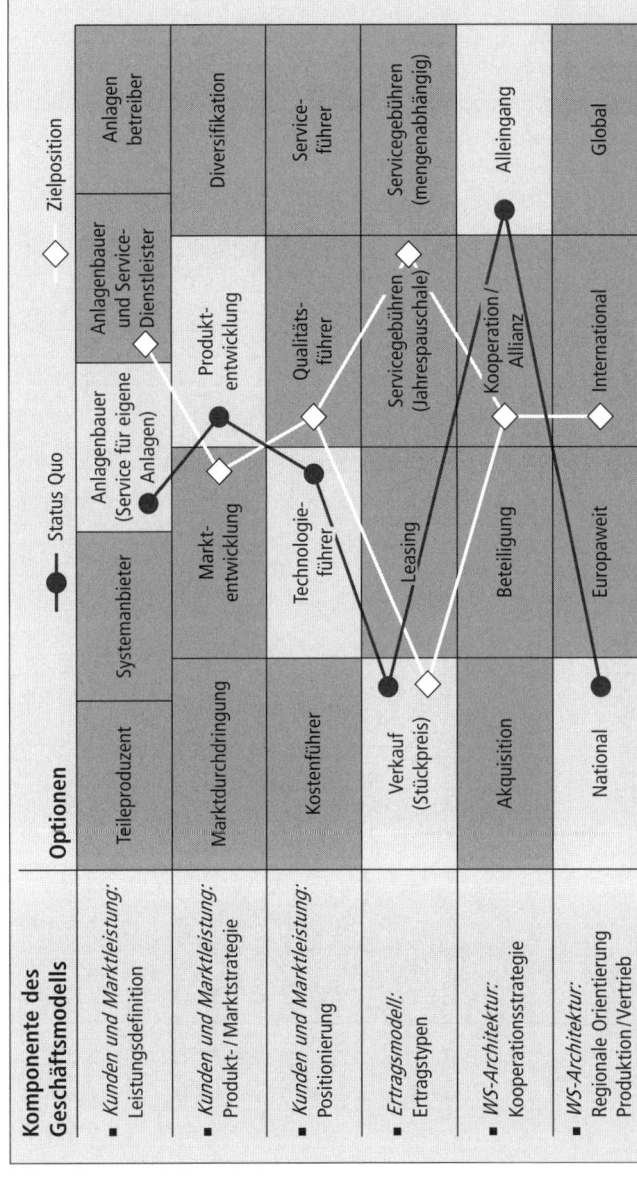

Abb. 3.9: Auswahl von Strategieoptionen

■ **Handlungsfeld:**
Lieferantenmanagement

■ **konkrete Strategie:**
gezielter Aufbau der
Lieferanten im
russischen Markt lange
vor Markteintritt gegen
exklusive Bezugsrechte

■ **Strategieoption:**
Stärkung der fremden
Glieder der eigenen
Wertschöpfungskette

■ **Handlungsfeld:**
Produktangebot

■ **konkrete Strategie:**
Konzentration auf das
Management des
Eurodisney Parks
während die assets
Dritten gehören

■ **Strategieoption:**
Transformation eigener
Handlungen in Wissen

■ **Handlungsfeld:**
Image / Bekanntheit

■ **konkrete Strategie:**
Verankerung im
Bewusstsein der Kunden
als führender Anbieter
durch *ingredient
branding*

■ **Strategieoption:**
Bewusstsein beim
Kunden stärken

■ **Handlungsfeld:**
Produktangebot

■ **konkrete Strategie:**
Parallele Besetzung der
Marktnischen:
Betriebssystem, Office-
Paket, Internet-Explorer
→ **Komplettlösung**

■ **Strategieoption:**
Schaffung eines *de
facto standards*, inte-
grierte Produktpalette
(alles aus einer Hand)

Abb. 3.10: Beispiele für Strategieoptionen bekannter Unternehmen

Eine wesentliche Entscheidung im Rahmen der Strategieentwicklung ist, ob ein Unternehmen

- eine höhere Marktdurchdringung im Kerngeschäft anstrebt, oder aber

- in neue Märkte (z. B. Südostasien) mit bestehenden Produkten bzw.

- mit neuen Produkten (Schlüsselhersteller expandiert in Chipkarten oder biometrische Zugangssysteme) in bestehenden Märkten wachsen möchte.

Die klassische Produkt-Markt-Matrix von Ansoff kann als Strukturierungshilfe für diese Frage eingesetzt werden (vgl. **Abb. 3.11**). Der wachstumsträchtigste Strategiepfad – und gleichzeitig der schwierigste – ist die Diversifikation, das heißt mit einem erweiterten Produktspektrum neue Märkte zu bearbeiten.

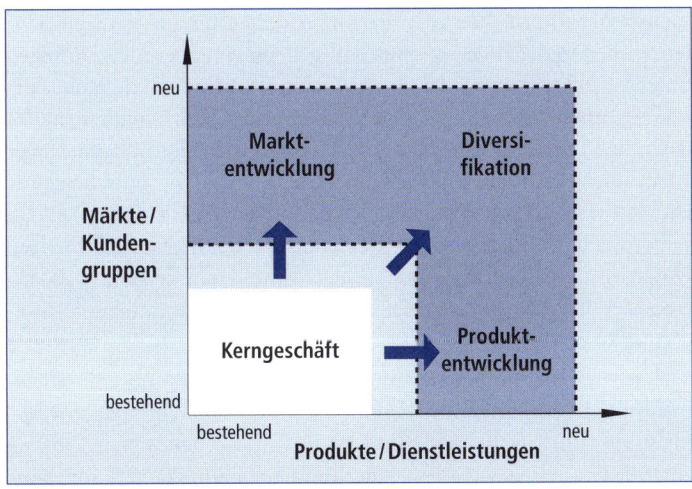

Abb. 3.11: Produkt-Markt-Matrix nach *Ansoff*

3.3.4 Strategiebewertung/-wahl mit den Instrumenten der wertorientierten Unternehmensführung

Ausgehend von den formulierten Strategiealternativen stellt sich im Rahmen der Strategiebewertung und -wahl die Frage, welchen wirtschaftlichen Erfolg ein Unternehmen langfristig mit den Alternativen erreichen könnte. Dabei greift die oftmalige Zielsetzung der Gewinnmaximierung heutzutage zu kurz. Begründet liegt dies darin, dass ein positiver Gewinnausweis längst nicht immer garantiert, in Zukunft erfolgreich bleiben zu können. Besonders mittelständische Unternehmen müssen verstärkt langfristige Investitionen tätigen, was jedoch zeitlich vorgelagerte hohe Investitionsvolumina erfordert, die den Periodengewinn um ein Vielfaches übersteigen können. Der Mittelstand hat diese Unzulänglichkeit der reinen Gewinnorientierung erkannt und wendet sich vermehrt der wertorientierten Unternehmenssteuerung zu. Wertorientierung bedeutet hierbei, dass ein Unternehmen in der Lage sein muss, ausgehend von operativen Erfolgen unter Berücksichtigung der zu tätigenden Investitionen in bspw. Forschung und Entwicklung, Produktion und Organisationsstruktur, auch die Verzinsungserwartungen der Eigen- und Fremdkapitalgeber zu erfüllen. Nur unter dieser Bedingung kann die entscheidende Unterstützung der Kapitalgeber langfristig gewährleistet werden. Im Zuge dieser Überlegungen ist das oberste Ziel der wertorientierten Unternehmenssteuerung nicht die Gewinnmaximierung, sondern eine angemessene und langfristig nachhaltige Unternehmenswertsteigerung zu erzielen.

Vielfach reichen die im Unternehmen vorhandenen Innenfinanzierungsmöglichkeiten – im Wesentlichen aus dem Umsatzprozess – nicht aus, um Investitionen und Wachstum im benötigten Umfang zu realisieren. Die Außenfinanzierung über Fremdkapital von Banken oder anderen Kapitalmarktinstitutionen und die Außenfinanzierung über Eigenkapital (Ausgabe zusätzlicher Geschäftsanteile oder Aktien an die Gesellschafter) gewinnt an Bedeutung. Die verstärkte Bedeutung von Banken-Ratings bei Kreditvergaben garantiert bspw. Mittelständlern eine gesicherte und günstige Mittelbeschaffung bei überschaubarem Risiko für die Fremdkapitalgeber.

Durch plausible, nachhaltig wertschaffende Strategien lässt sich die Vertretbarkeit des Risikos am besten begründen.

Eigenkapitalgeber gehen gegenüber den Banken ein noch deutlich höheres Risiko ein. Während die Banken aufgrund ihrer Gläubigerposition einen vertraglich garantierten – und im Konkursfalle bevorrechtigten – Anspruch auf Verzinsung und Kapitalrückzahlung haben, gilt dies für Gesellschafter oder Aktionäre nicht. Sie verlieren im schlechtesten Fall ihren gesamten Kapitaleinsatz und erhalten eine Verzinsung bzw. Dividende nur im Falle eines Gewinns. Folglich ist aufgrund des höheren Risikos auch ihre Verzinsungserwartung höher – Eigenkapital ist teurer als Fremdkapital. Gegen die Verwendung der in vielen Unternehmen häufig eingesetzten Spitzenkennzahl Gewinn spricht besonders die Nichtbeachtung der Kosten des eingesetzten Eigenkapitals in der erforderlichen Höhe. Diese Schwäche findet sich dementsprechend auch in Kennzahlen, die auf dem Gewinn aufbauen, bspw. der Gesamtkapitalrendite (Return on Investment, ROI). Ein „Mindestgewinn" aus Sicht der Eigenkapitalgeber wird dort nicht betrachtet. Zudem wird die gesamte Bilanzlänge für die Renditeberechnung herangezogen. Vernachlässigt wird, dass Teile der Passiva in der Bilanz nicht verzinslich sind, z. B. kurzfristige Rückstellungen oder Verbindlichkeiten aus Lieferung und Leistung.

Wie bewerten Sie verschiedene Strategiealternativen?

Es wird deutlich, dass das Controlling zur Bewertung von Strategien aus der Sicht der Kapitalgeber – die schließlich dafür die Finanzierungsmittel zur Verfügung stellen – ein anderes Instrumentarium braucht. Zunächst muss geklärt werden, wie hoch die durchschnittliche Verzinsungserwartung für das eingesetzte Kapital ist. Dazu ist die Verzinsungserwartung für die jeweilige Finanzierungsform (Eigenkapital und Fremdkapital) zu ermitteln und im Einsatzverhältnis zu gewichten. Im Ergebnis erhält man die gültige „Mindestrendite" – die durchschnittliche Verzinsungserwartung. Eine Unternehmenswertsteigerung entsteht erst dann, wenn Strategien im Rahmen der strategischen Planung so bewertet und ausgewählt werden, dass sie zu einer Verzinsung über der geforderten Mindestrendite führen. **Abb. 3.12** verdeutlicht den Unterschied zwischen der traditionellen gewinnorientierten und der unternehmenswertorientierten Sichtweise.

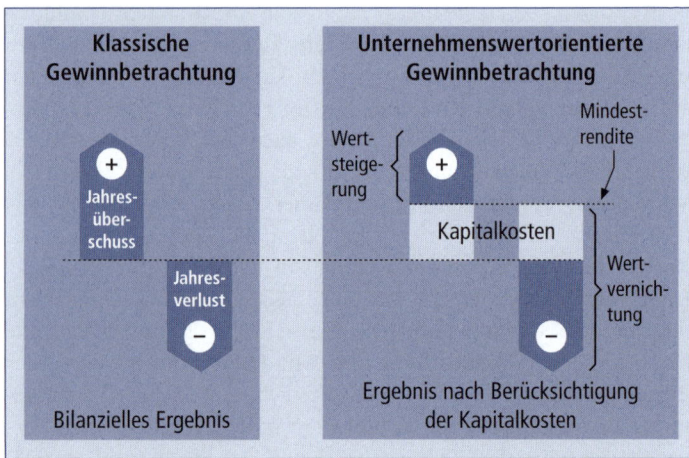

Abb. 3.12: Gewinnorientierte vs. unternehmenswertorientierte Betrachtung

Bei der Strategiebewertung auf Ebene des Gesamtunternehmens sind zunächst die bestehenden Geschäftsfelder und Geschäftsfeldstrategien zu untersuchen. Bei der wertorientierten Unternehmensführung muss das Unternehmen ein Portfolio von werterzeugenden Geschäftsfeldern auf- oder ausbauen und konsequent Geschäftsfelder veräußern, die nicht zu wertschaffenden Einheiten entwickelt werden können. Dabei kommt es auf eine langfristige Betrachtung an: Ein Geschäftsfeld, das sich aktuell in einer Investitionsphase befindet, wird auf kurze Sicht häufig nicht die von den Eigen- und Fremdkapitalgebern gewünschte Verzinsung erwirtschaften können. Langfristig werden dadurch aber Erfolgspotenziale für die Zukunft aufgebaut. Deshalb wird neben der aktuellen Verzinsung über oder unter der Mindestrendite vor allem auf die erwartete Veränderung in der Zukunft (Deltabetrachtung) Wert gelegt. Entsprechend der

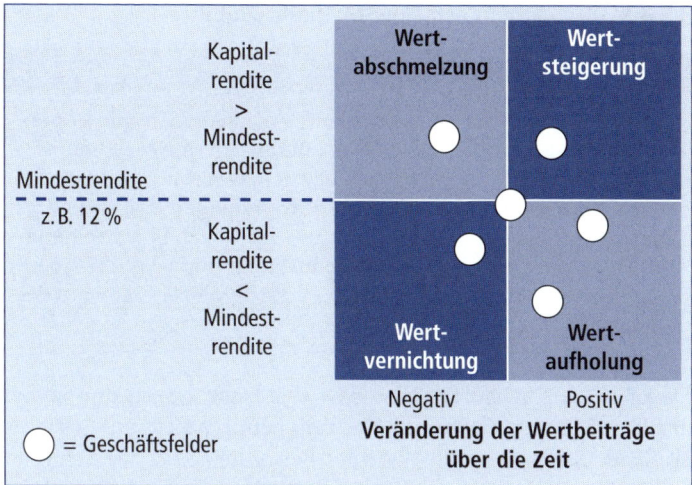

Abb. 3.13: Wertsteigerungsportfolio für Geschäftsfelder

Einordnung in das Wertsteigerungsportfolio wird primär in Wert-schaffer und Wertvernichter, aber auch in Wertaufholer und Wert-abschmelzer unterschieden (vgl. **Abb. 3.13**).

In der wertorientierten Unternehmensführung werden zwei we-sentliche Steuerungs- und Bewertungsverfahren unterschieden, auf die wir nachfolgend eingehen (vgl. *Currle* 2001). Zum einen die quantitative Bewertung von Unternehmenseinheiten, Investitio-nen, Produktprogrammen etc. in einer Totalbetrachtung über den ganzen Lebenszyklus mittels mehrperiodischen dynamischen In-vestitionsrechenverfahren. Hier kommt in aller Regel die soge-nannte Kapitalwert- oder Discounted-Cash-Flow-Methode (DCF) zur Anwendung. Zum anderen die periodische Erfolgsbetrachtung von Organisationseinheiten mit Wertbeitragsverfahren. Prominen-tester Vertreter dieser Verfahren ist das „Economic Value Added"-Konzept (EVA®)[1].

3.3.4.1 Discounted-Cash-Flow-Methode (DCF)

Die **DCF-Methode** ist ein an Ein- und Auszahlungsströmen orientiertes Verfahren. Die mit einer strategischen Entscheidung verbundene Investition wird danach beurteilt, welche Auszahlungen (Investitionssumme und laufende Aufwendungen) heute und in der Zukunft anfallen werden und welche Einzahlungsströme (in der Regel durch Umsätze, Lizenzeinnahmen und Ähnliches) dem gegenüberstehen. Die Methode berücksichtigt den Zeitwert des Geldes.

Dieser beschreibt die Tatsache, dass eine bspw. erst in drei Jahren anfallende Einzahlung von 1.000 € zum heutigen Zeitpunkt weniger als dieser Betrag Wert ist. Wäre der Betrag heute bereits verfügbar, so könnte er in den kommenden drei Jahren verzinslich angelegt werden und wäre dann – bei einem Zinssatz von bspw. 5% p.a. – in drei Jahren 1.157 € Wert. Als Zinssatz wird die zuvor bereits genannte Mindestrendite angesetzt. Mit dieser Mindestrendite werden zukünftige Zahlungsströme auf den heutigen Betrachtungszeitpunkt „diskontiert".

Die Mindestrendite errechnet sich aus den Eigen- und Fremdkapitalkosten, die mit ihren jeweiligen Anteilen am Gesamtkapital gewichtet werden. Die vereinfachte Formel lautet:

Mindestrendite = EK-Anteil × EK-Kostensatz + FK-Anteil × FK-Kostensatz

Für den Fremdkapitalkostensatz sind die aktuellen Marktkonditionen maßgebend. Sie ergeben sich z. B. aus Kreditverträgen, Leasingkonditionen oder der gesetzlich definierten Verzinsung für Pensionsrückstellungen, die regelmäßig von der Deutschen Bundesbank verbindlich festgesetzt wird. Daran ist erkennbar, dass auch die Pensionsrückstellungen als verzinsliches Fremdkapital zu betrachten sind.

Zur Ermittlung der Eigenkapitalkosten stehen verschiedene Modelle zur Verfügung. Allgemein akzeptiert – wenn auch methodisch nicht ohne Kritik – ist das Capital Asset Pricing Model (CAPM). Damit wird die Renditeforderung eines Eigenkapitalgebers unter Beachtung des systematischen Risikos berechnet. Beim Capital Asset Pricing Model entspricht die erwartete Eigenkapitalrendite der Summe aus der Rendite einer risikofreien Anlage (bspw. Rendite langfristiger festverzinslicher Wertpapiere von Emittenten erstklassiger Bonität) und einer sog. Marktrisikoprämie, die der Abgeltung des systematischen Risikos einer Aktienanlage in einer bestimmten Branche dient. Dieses kommt im sog. Beta-Faktor (β) zum Ausdruck, der angibt, wie stark der Wert einer Anlage im Verhältnis zum Wert des Marktportfolios schwankt und als das Risiko des Wertpapiers relativ zum Marktportfolio interpretiert werden kann. Im Einzelnen wird der geforderte Eigenkapitalkostensatz wie folgt berechnet:

r^A	$= i + [\mu (r^M) - i] \times \beta A$
r^A	= erwartete Rendite eines Investitionsobjektes A
I	= risikofreier Zinssatz
$\mu (r^M)$	= erwartete Rendite des Markportfolios
βA	= β -Faktor des Investitionsobjektes A

Die diskontierten Zahlungsströme können im Normalfall nur über einen begrenzten Zeitraum der Zukunft abgeschätzt, das heißt geplant werden. Da Unternehmen und häufig auch Investitionsprojekte eine längere Laufzeit besitzen, muss für den Zeitraum nach dem Planungshorizont eine Annahme über den „Endwert" getroffen werden. Auch hier gibt es unterschiedliche Ansätze, etwa die Abschätzung eines Liquidations-(Verkaufs-)wertes oder die Berechnung einer ewigen Rente auf Basis des letzten geplanten Cash-Flows. Auf eine Diskussion dieser Ansätze soll hier verzichtet werden. Der Endwert ist ebenfalls zu diskontieren.

Die Ermittlung des Kapitalwertes bzw. Discounted-Cash-Flow wird in **Abb. 3.14** im Anschluss nochmals grafisch veranschaulicht. Der Unternehmenswert bzw. Totalwert einer Investition ergibt sich formelmäßig als:

Unternehmenswert = Cash-Flow der 1. Periode + Barwerte der Cash-Flows der Planperioden + Barwert des Endwertes

Der in diesem Zusammenhang oft zitierte Shareholder Value oder Eigentümerwert ergibt sich aus dem Unternehmenswert abzüglich den Anteilen, die den Fremdkapitalgebern zustehen:

Shareholder Value (Eigentümerwert) = Unternehmenswert − Marktwert des Fremdkapitals

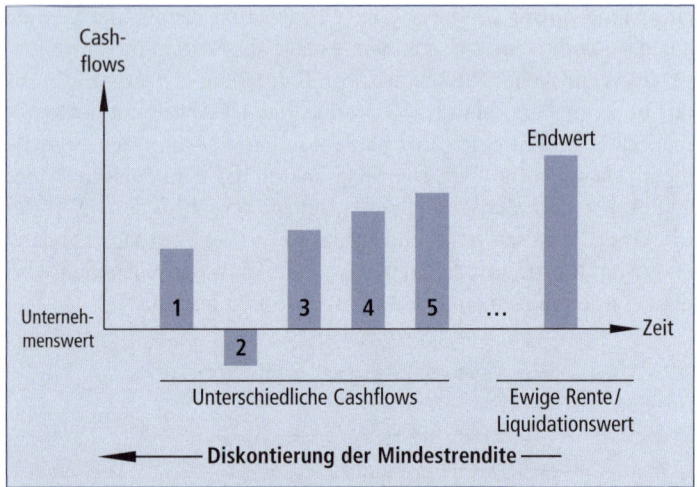

Abb. 3.14: Discounted-Cashflow-Methode

3.3.4.2 Economic Value Added Methode (EVA®)

Bereits bei der Darstellung des Wertsteigerungsportfolios in **Abb. 3.15** wurde auf den Begriff des „Wertbeitrags" Bezug genommen. Die Methode des Economic Value Added ist das bekannteste Verfahren zur Ermittlung dieses Wertbeitrags. In der laufenden Umsetzung einer Strategie ist die Bewertungsfrage: Wie viel Wert wurde durch die operative Realisierung der Strategie oder z. B. durch einen Geschäftsbereich in der laufenden Periode geschaffen?

Ziel des **Economic Value Added** ist es, aus ökonomischer Sicht die Ergebnisse pro Periode aus dem operativen Geschäft unter Berücksichtigung des betrieblich eingesetzten Vermögens und der Mindestrenditeerwartungen der Fremd- und Eigenkapitalgeber wiederzugeben. Dabei wird die Ergebnisrechnung u. a. von handels- und steuerrechtlichen Verzerrungen bereinigt (adjustiert), die betrieblichen Aktiva von sogenanntem „Abzugskapital" (nicht-verzinslichem Kapital, auf das wir bereits hingewiesen haben) und nichtbilanzierten Vermögensgegenständen bereinigt.

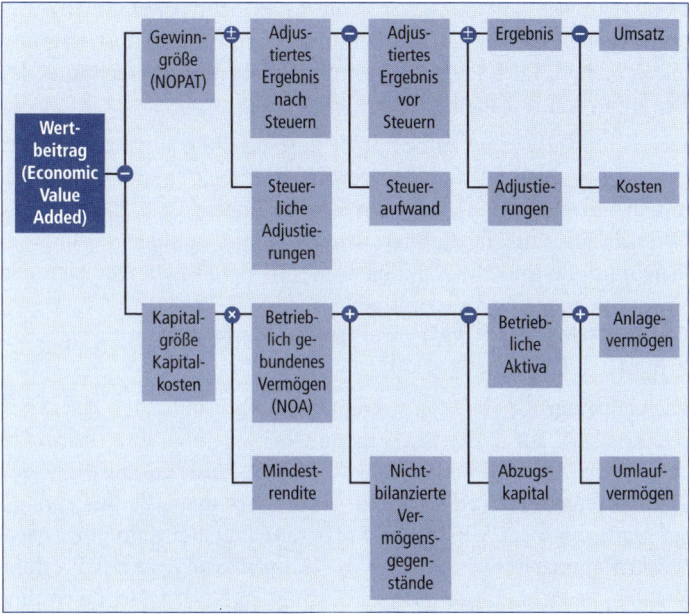

Abb. 3.15: Werthebelbaum zur Berechnung des Economic Value Added

Bei Unternehmen mit hohen Forschungs- und Entwicklungsaufwendungen können diese als Aufwendungen mit Investitionscharakter eingestuft werden. Es erfolgt dann in Ergänzung der handelsrechtlichen Buchführung eine zusätzliche Aktivierung und deren periodengerechte Abschreibung entsprechend der Laufzeit der Produkte. Diese Anpassungen finden sich im adjustierten Ergebnis und dem betrieblich gebundenen Vermögen wieder. Somit ist festzuhalten, dass die Berechnung des Economic Value Added unternehmensindividuell angepasst werden muss. Bei Anwendung der internationalen Rechnungslegung nach IFRS oder US-GAAP im Unternehmen spielen Adjustierungen fast keine Rolle mehr. Der Hintergrund ist, dass die internationalen Normen sehr stark an Marktwerten und nicht am Vorsichtsprinzip des deutschen Handelsrechts orientiert sind. Damit treten die oben angesprochenen

„Verzerrungen" auf die tatsächliche Marktsicht bereits in den ursprünglichen Zahlen der Bilanz und Gewinn- und Verlustrechnung kaum mehr auf. Im Folgenden wird beispielhaft die Berechnung des Economic Value Added erläutert.

Der Economic Value Added stellt eine absolute Finanzgröße dar und wird als betrieblicher Übergewinn (Wertbeitrag) auf Jahresbasis ausgewiesen. **Abb. 3.15** zeigt das Berechnungsschema, das auch als „Werthebelbaum" bezeichnet wird. Hauptkomponenten sind die Gewinngröße und die Kapitalkosten, aus deren Differenz sich der Economic Value Added ermittelt:

Economic Value Added (EVA®) = Gewinngröße – Kapitalkosten

= NOPAT – (NOA × Mindestrendite)

Die Gewinngröße (NOPAT = Net Operating Profit After Taxes) berechnet sich auf Basis des Ergebnisses, bereinigt um finanzielle Positionen aus nicht betrieblicher Tätigkeit – also nur auf Basis des „Betriebsergebnisses". Die Größe wird vor Zinsen (die im Verzinsungsanspruch der Mindestrendite bereits enthalten sind) aber nach Steuern ermittelt. Die Kapitalgröße (Kapitalkosten) ist das Produkt aus dem betrieblich gebundenen Vermögen (NOA = Net Operating Assets) und der Mindestrendite.

Das aufgezeigte Berechnungsschema erlaubt den periodenbezogenen Ausweis des Wertbeitrags des Unternehmens oder eines Geschäftsbereiches. Damit kann festgestellt werden, ob ein Unternehmen pro Periode den Unternehmenswert mehrt oder mindert, wie **Abb. 3.16** darstellt. Ist der Economic Value Added positiv, so konnte das Unternehmen aus den betrieblichen Tätigkeiten mehr erwirtschaften als zur Deckung der Eigen- und Fremdkapitalkosten notwendig war. Folglich hat das Unternehmen Mehrwert in dieser Periode geschaffen. Ein negativer Economic Value Added dagegen zeigt die Vernichtung von Unternehmenswert an, da die Gesamtkapitalkosten nicht gedeckt werden konnten und die Kapitalgeber mit einer Alternativanlage bei gleichem Risikoprofil eine höhere Rendite erzielt hätten.

Mit den dargestellten Methoden können Strategiealternativen unter dem Aspekt einer wertorientierten Unternehmensführung im Anschluss an die Strategieentwicklung bewertet werden. Das finanzielle

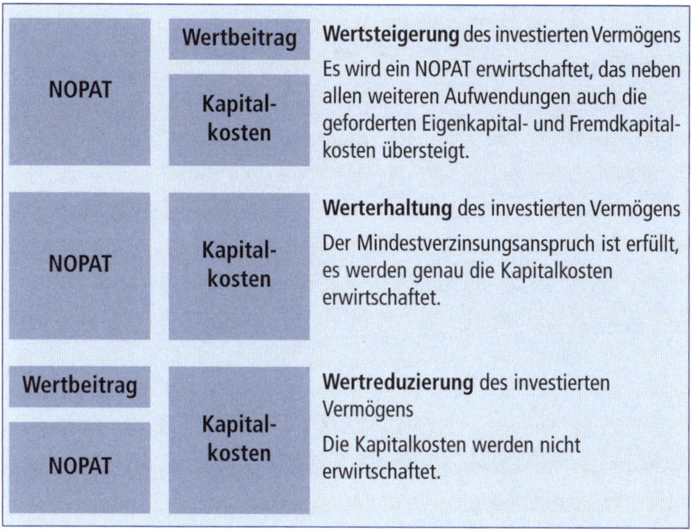

Abb. 3.16: Zusammenhang von Kapitalkosten, NOPAT und Wertbeitrag

Bewertungsergebnis wird ergänzt um qualitative Aspekte wie die Grundsatzentscheidungen für Durchdringung im Kerngeschäft oder Diversifikation (vgl. dazu **Abb. 3.11** oben). Auf Basis einer ganzheitlichen Bewertung erfolgt die Strategiewahl. Mit der periodischen Erfolgsmessung durch Wertbeiträge kann auch der laufende Erfolg der Umsetzung der Gesamtheit aller Strategien in einem Geschäftsbereich oder Unternehmen verfolgt werden.

3.3.5 Strategiebeschreibung und -kommunikation mit Strategy-Maps und der Balanced Scorecard

Folgt man der wertorientierten Unternehmensführung, sind die zentralen Wertsteigerungshebel des Unternehmens die Steigerung der Rentabilität und das rentable Wachstum. Die Operationalisierung dieser Hebel erfolgt durch die Identifizierung von sogenannten Werttreibern (vgl. **Abb. 3.17**).

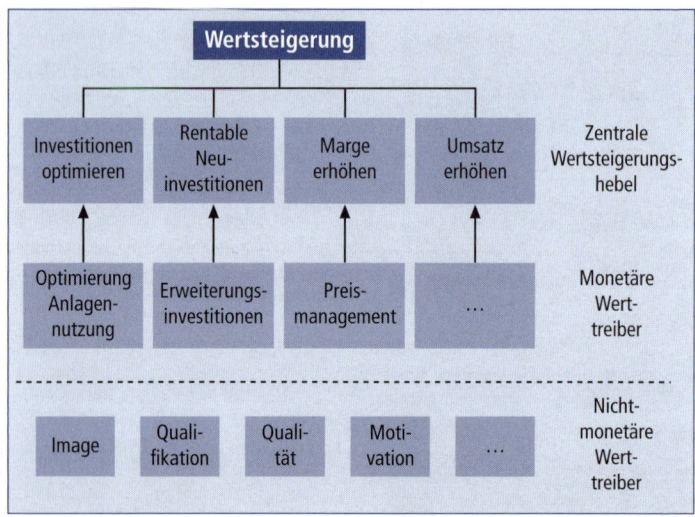

Abb. 3.17: Werthebelmodell mit nicht-monetären Werttreibern

Als Werttreiber werden all diejenigen Faktoren bezeichnet, die eine bedeutsame positive Wirkung auf die Unternehmenswertsteigerung haben. Diese können monetärer und nicht-monetärer Art sein. Letztere sind den monetären Werttreibern zeitlich vorgelagert und sichern bei aktiver Steuerung vorwiegend die Nachhaltigkeit der Wertsteigerung. Zur Identifizierung, Aktivierung und Verfolgung von Werttreibern, d. h. der konsequenten Umsetzung einer wertorientierten Strategie mit dem Ziel der langfristig nachhaltigen Unternehmenswertsteigerung bis auf operative Ebenen, muss die Strategie in einer ausgewogenen Art und Weise beschrieben sein und den Führungskräften und Mitarbeitern verständlich kommuniziert werden.

 Welches sind die Werttreiber in Ihrem Unternehmen?

Als wichtigstes Instrument hierzu hat sich die Balanced Scorecard (BSC) etabliert. Wiederholte empirische Studien seit dem Jahr 2000

weisen nach, dass das Instrument immer mehr zum Standardvorgehen der Strategieumsetzung gehört und Anwender damit überdurchschnittlich erfolgreich sind (vgl. *Horváth & Partners*, Hrsg. 2005c). Die Balanced Scorecard konkretisiert die Strategie, indem unterschiedliche Perspektiven betrachtet und ein rein finanzieller Fokus vermieden werden. Die Perspektiven beantworten im Allgemeinen folgende Fragen:

- **Finanzen:** Welche finanziellen Ziele müssen wir erreichen, um unsere Strategie erfolgreich umzusetzen?

- **Kunden:** Wie sollen wir in den Augen unserer Kunden erscheinen, um unsere Strategie erfolgreich umzusetzen?

- **Prozesse:** Bei welchen Prozessen müssen wir Hervorragendes leisten, um unsere Strategie erfolgreich umzusetzen?

- **Potenziale:** Wie erreichen wir die Fähigkeit zum Wandel und zur Verbesserung, um unsere Strategie zu realisieren?

Durch die ausgewogene Darstellung wird berücksichtigt, dass der finanzielle Erfolg nur erreicht werden kann, wenn für die Kunden hervorragende – das heißt im Wettbewerb differenzierende – Produkte oder Leistungen erstellt werden. Solche Produkte oder Leistungen können nur bei optimalen Prozessen einerseits wirtschaftlich und andererseits qualitätsoptimal erbracht werden. Für funktionierende Prozesse ist schließlich eine Verfügbarkeit optimaler Ressourcen bzw. Potenziale erforderlich. Dies können bspw. Mitarbeiterqualifikation und -zufriedenheit, Innovationskraft, Rechte und Patente oder etwa das Management von Unternehmensnetzwerken sowie IT-Ressourcen sein.

Ein vollständiges – und damit erfolgversprechendes – Balanced-Scorecard-Konzept enthält eine begrenzte Zahl klar fokussierter strategischer Ziele für die vier Perspektiven. Diese werden zur Erfolgsmessung mit Kennzahlen, Ist- und Zielwerten sowie Maßnahmen zur Sicherstellung der Strategieumsetzung hinterlegt (vgl. **Abb. 3.18**).

Die leicht kommunizierbare grafische Aufbereitung des Zielsystems mit priorisierten inhaltlichen Zusammenhängen wird als „Strategy-Map" oder strategische Landkarte bezeichnet. Die Strategy-Map ist

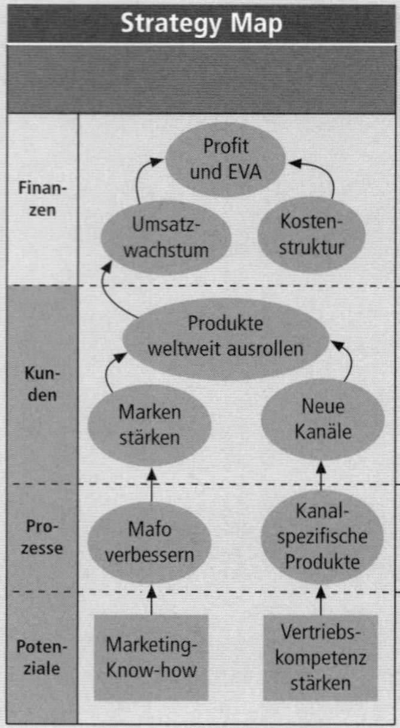

Strategy Map	Balanced Scorecard				
	Strategische Ziele	Messgrößen (KPI)	Zielwerte	Maßnahmen (Actions)	Budget
Finanzen (Profit und EVA, Umsatzwachstum, Kostenstruktur)	■ Wirtschaftlichkeit ■ Umsatzwachstum ■ Kostenstruktur	■ EVA ■ Rel. Umsatzwachstum ■ Strukturkosten, DYMAX	■ 54 Mio. € ■ 550 Mio. € ■ 550 Mio. € / 110 %		
Kunden (Produkte weltweit ausrollen, Neue Kanäle, Marken stärken)	■ Internationalisierung ■ Starke Marken ■ Neue Kanäle	■ Anteil Umsatz Ausland ■ Markenwert, Bekanntheitsgrad ■ Anzahl neuer Kanäle	■ 70 % ■ 345 Mio. € / 80 % ■ 4	■ ISM etablieren ■ Marketingangaben für Marken A und C erstellen ■ Zielkundenliste	■ XX € ■ XX € ■ XX €
Prozesse (Kanalspezifische Produkte, Mafo verbessern)	■ Marktforschung ■ Kundengruppenspezifische Produkte	■ Mafo-Assessment ■ Portfolio-Score	■ 2 Punkte ■ 90 %	■ Panel in LEH einführen ■ USA und Asien-Produkte definieren	■ XX € ■ XX €
Potenziale (Vertriebskompetenz stärken, Marketing-Know-how)	■ Vertriebskompetenz ■ Marketing Know-how	■ Strategische Jobbereitschaft ■ Anzahl Mafo-Experten	■ 90 Punkte ■ 5	■ Qualifikationsprogramm Vertrieb ■ 2 weitere MA rekrutieren	■ XX € ■ XX €
				Budget gesamt	■ XX €

Abb. 3.18: Vollständiges Balanced-Scorecard-Konzept (in Anlehnung an *Kaplan, Norton* 2004, S. 47)

integraler Bestandteil eines vollständigen BSC-Konzeptes (vgl. *Gaiser, Wunder* 2004). Die Ziele auf der Strategy-Map werden entsprechend dem über Kennzahlen ermittelten Realisierungsgrad der Strategie mit Ampeln zur transparenten Berichterstattung über den aktuellen Status versehen (vgl. **Abb. 3.19**).

Welcher Ursache-Wirkungs-Zusammenhang besteht zwischen den strategischen Zielen Ihres Unternehmens?

Die Inhalte der Balanced Scorecard basieren auf Vision und Strategie. Im Mittelpunkt steht die Strategieausrichtung sämtlicher unternehmerischer Ziele und Aktivitäten bis hinunter auf die Ebene der Mitarbeiter. Durch die Verknüpfung der Ziele mit der Unternehmensstrategie wird sichergestellt, dass jeder einzelne Mitarbeiter seinen Beitrag zur Zielerreichung leistet. Den Führungskräften soll ermöglicht werden, schnell und umfassend den Leistungsstand ihres Unternehmens zu beurteilen. Dabei kommen zwar auch finanzielle Kennzahlen zum Zuge, welche die Ergebnisse vergangener Aktionen wiedergeben. Diese werden jedoch ergänzt um operative Kennzahlen zur Kundenzufriedenheit, zu betriebsinternen Abläufen und um mögliche Aktionen zur Leistungssteigerung und zur Innovationsförderung. Wichtig ist allerdings, dass die strategischen Ziele auf einer Balanced Scorecard nicht isoliert nebeneinanderstehen, sondern dass sie – wie in der Abbildung gezeigt – untereinander sowie mit der Vision des Unternehmens verknüpft sind.

Das folgende **Phasenmodell** zeigt den Ablauf einer Implementierung sowie die dabei zu beachtenden zentralen Aktivitäten beim Aufbau einer Balanced Scorecard (vgl. *Horváth & Partners* 2007, S. 74 ff.):

Zunächst muss der organisatorische Rahmen geschaffen werden, um eine erfolgreiche Implementierung gewährleisten zu können. Hierzu gehören u. a. die Definition von Einsatzbereichen sowie die Gestaltung von Projektorganisation und -ablauf.
Strategische Grundlagen müssen geklärt sein, d. h. das Top Management muss zumindest ein einheitliches Verständnis der strategischen

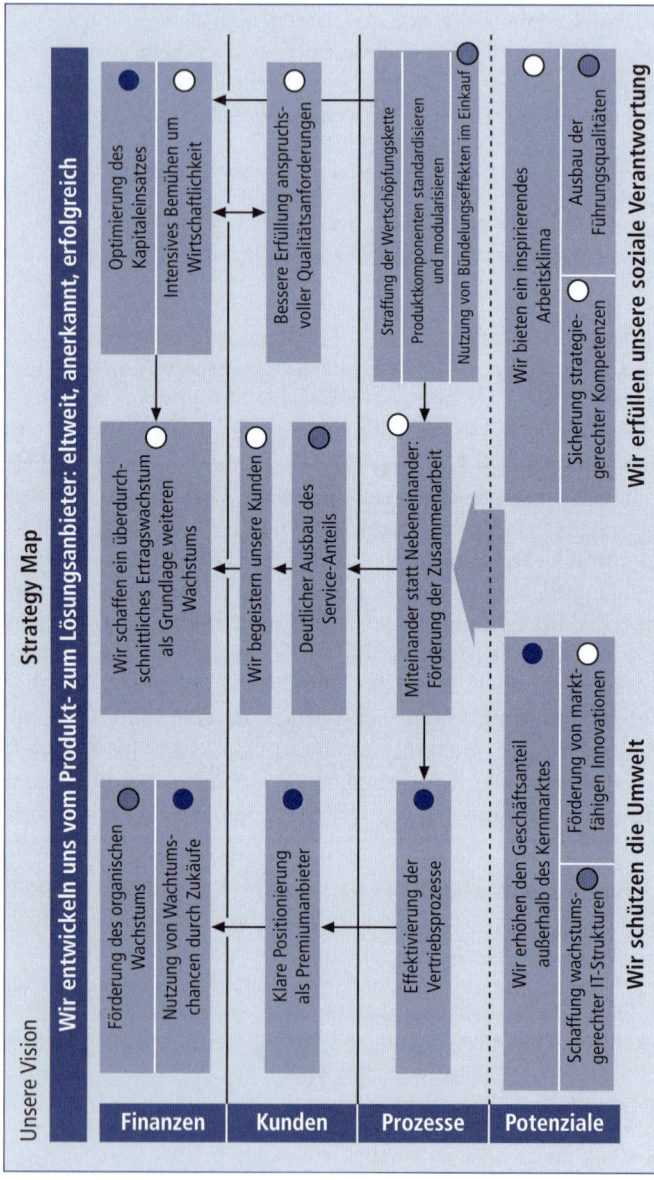

Abb. 3.19: Beispiel einer Strategy-Map mit Statusinformation durch Ampeln

Stoßrichtung besitzen und die BSC in der Strategieentwicklung verankern.

Nun erst beginnt die eigentliche Entwicklung der Balanced Scorecard mit dem Ableiten strategischer Ziele und einer darauf aufbauenden Strategy Map, der Definition von Messgrößen, Zielwerten und Aktionen.

Der Roll-Out der BSC beginnt mit der Definition einer Struktur, die das Herunterbrechen auf untergeordnete Einheiten sowie die Koordination der in der BSC nebeneinander stehenden Einheiten regelt.

Letztlich muss der kontinuierliche Einsatz der BSC sichergestellt werden. Dies geschieht u. a. durch die Integration in bestehende Systeme des Managements und der Steuerung sowie der Planung und des Berichtswesens.

Die Mitwirkung der Führungskräfte bei der BSC-Erarbeitung ist zentraler Bestandteil des Konzeptes. Es erscheint oft als sinnvoll, ergänzend externe, erfahrene Berater einzuschalten, da ihnen häufig mehr Offenheit und Deutlichkeit in den Interviews und Workshops entgegengebracht wird und wichtige, praxisrelevante Erfahrungen aus anderen Balanced-Scorecard-Projekten genutzt werden können.

Inzwischen haben viele erfolgreiche Praxisbeispiele gezeigt, dass die Verknüpfung von wertorientierter Unternehmensführung mit der Balanced Scorecard einen durchgängig wertorientierten Prozess der Strategiefindung, -formulierung und -umsetzung realisieren lässt. Die Balanced Scorecard macht die Strategie des Unternehmens für alle greifbar und erlebbar, während der wertorientierte Ansatz die Wirkung strategischer Entscheidungen auf den Unternehmenswert deutlich macht und sie mit harten Fakten unterlegt. Der wertorientierte Ansatz schafft dabei die strategische Grundlage, welche die Balanced Scorecard aufgreift, konkretisiert, in das Unternehmen kommuniziert und operativ umsetzt. Auf diesem Weg werden wertsteigernde Potenziale durch die gesamte Organisation hindurch erschlossen, wobei der stark finanziell geprägte unternehmenswertorientierte Ansatz durch ein in sich konsistentes und ausgewogenes Konzept komplettiert wird.

Im Rahmen der wertorientierten Ausrichtung der Balanced Scorecard werden vorerst die finanzwirtschaftlichen Werttreiber mit dem größten Einfluss auf die Steigerung des Unternehmenswertes auf

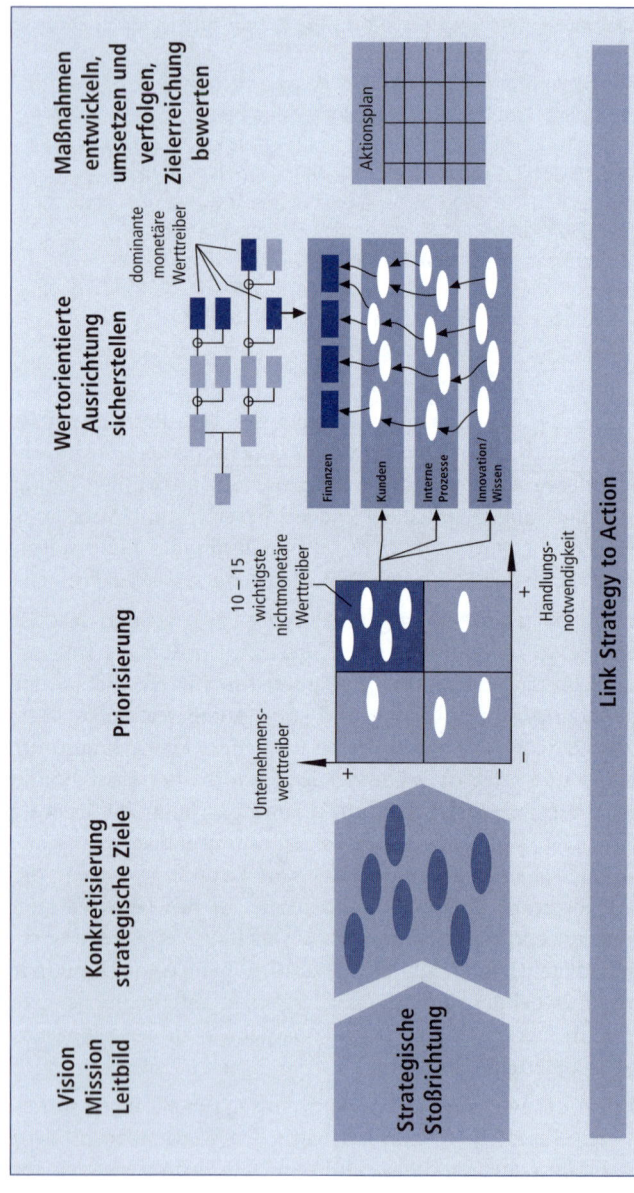

Abb. 3.20: Vorgehensweise zur wertorientierten Unternehmensführung mit der Balanced Scorecard (vgl. *Voggenreiter, Jochen* 2002, S. 619)

Basis des vorgestellten Werthebelmodells und Sensitivitätsanalysen identifiziert. Diese finden auf der Finanzperspektive der Balanced Scorecard unmittelbaren Eingang. Voraussetzung für das Erarbeiten weiterer Werttreiber ist die Existenz einer wertorientierten strategischen Stoßrichtung des Unternehmens. Ausgehend von dieser Stoßrichtung erfolgt eine Konkretisierung über die eindeutige Formulierung strategischer Ziele. Diese werden auf ihre Werttreiberrelevanz hin analysiert und priorisiert. Dabei wird jedes konkretisierte strategische Ziel nach seiner Unternehmenswertrelevanz (Welchen Einfluss hat das Ziel in Bezug auf die Steigerung des Unternehmenswertes?) und seiner Handlungsnotwendigkeit (Sind Veränderungen notwendig, um relevante, wertorientierte Ziele zu erreichen bzw. muss der Status quo unbedingt gehalten werden?) bewertet. Genießt das strategische Ziel hohe Priorität, so handelt es sich um einen BSC-relevanten Werttreiber. Ihre Anzahl sollte 15 nicht überschreiten, um eine Fokussierung der Geschäftssteuerung auf die wesentlichsten zu gewährleisten. **Abb. 3.20** veranschaulicht die Vorgehensweise zur Erarbeitung der wichtigsten strategischen Werttreiber.

3.3.6 Strategieverankerung und Strategiecontrolling

Die Erarbeitung von Balanced Scorecards und deren Verknüpfung mit dem Werttreibermanagement sowie die Festlegung von Aktionsplänen sind erste wichtige Schritte zur Strategieverankerung. Diese Instrumente dürfen aber nicht einen Einmaligkeitscharakter in der Phase der Erarbeitung behalten, sondern müssen in die Managementment-Systeme des Unternehmens und in einen laufenden Prozess integriert werden. Dem Controlling kommt dabei eine besonders wichtige Rolle zu.

Sowohl für Wertmanagement als auch Balanced Scorecard bedeutet dies, dass sie Bestandteile eines „wertorientierten Controllings" werden. Dieses steht im Spannungsfeld zwischen Unternehmensumfeld (z. B. Kunden, Arbeitnehmervertretung, Fiskus, Öffentlichkeit) auf der einen und den Kapitalgebern (insbesondere den Anteilseignern) auf der anderen Seite (vgl. **Abb. 3.21**). Ziele zur Steigerung des Eigentümerwertes und der Erfolgspotenziale kommen aus der Strategie und müssen in den Prozess der strategischen und operativen Planung integriert werden (vgl. *Greiner* 2004 und *Gaiser, Greiner* 2003). Die Finanzierungsplanung über Eigen- und Fremdkapital hat – wie beschrieben – einen wesentlichen Einfluss auf die erwartete Mindestrendite. Über den Prozess der Berichterstattung und Kontrolle wird die Strategieumsetzung systematisch nachgehalten. Dazu gehört auch die Zielrevision im Rahmen von Balanced Scorecard Reviews.

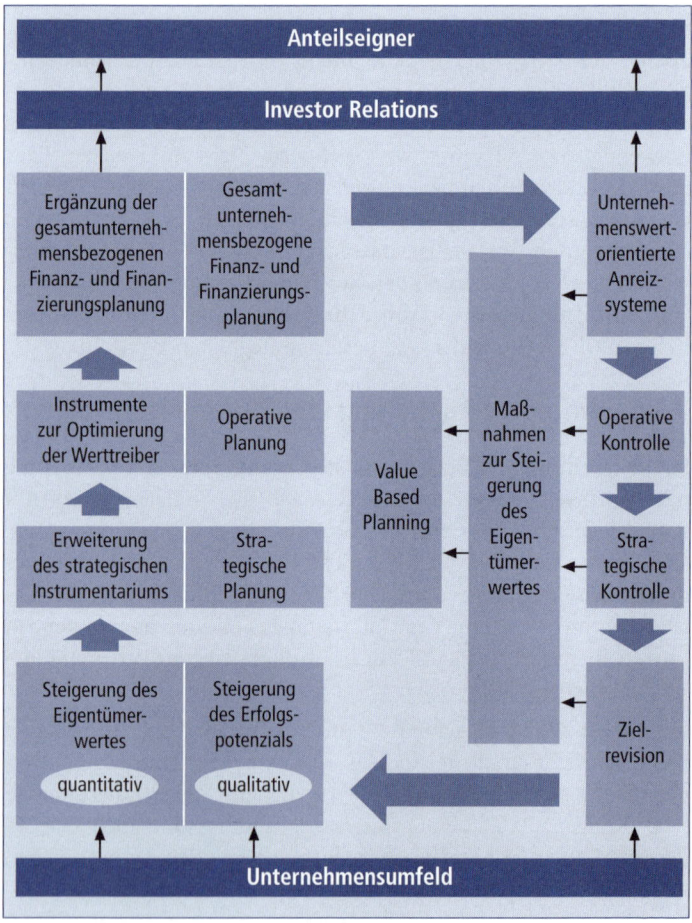

Abb. 3.21: Wertorientiertes Controlling

Häufig ist für die strategische Planung bereits ein Prozess definiert. Bei Einsatz der Balanced Scorecard ist dieser zu modifizieren. Die strategischen Ziele werden durch Aufbau oder Überarbeitung der BSC festgelegt und mit Zielwerten quantifiziert.

In der Mehrjahresplanung werden die strategischen Ziele in konkrete Programme und Aufgaben in Form von Schlüsselgrößen umgesetzt.

Eine Aussage der Mehrjahresplanung wäre bspw., dass bis zum Jahr N+3 eine spezielle Produktlinie für die USA eingeführt wird. Dazu muss bis zum Jahr N+1 die Entwicklung abgeschlossen sein, und bis zum Jahr N+2 müssen die erforderlichen Fertigungskapazitäten fertig gestellt werden.

Eine Mehrjahresplanung ist in der Regel als rollierende Planung aufgebaut. Das bedeutet, dass in jedem Jahr die Planung überarbeitet und der Planungshorizont um ein Jahr in die Zukunft verschoben wird. Diese revolvierende Planungssystematik führt zu einer jährlichen Aktualisierung der Planungsgrößen und stellt sicher, dass die Planung jeweils dem neuesten Informationsstand entspricht.

Aus dem Jahr 1 der Mehrjahresplanung wird im nächsten Planungsschritt die detaillierte Jahresplanung abgeleitet. Die Mehrjahresplanung nimmt somit eine Mittlerfunktion zwischen der strategischen Planung und der Jahresplanung ein. Ihre Aufgabe ist die Umsetzung der strategischen Vorhaben und der mittelfristigen Schlüsselgrößen in konkrete Maßnahmen für das nächste Geschäftsjahr. Durch die Ableitung der Jahresplanung aus den strategischen und längerfristigen Überlegungen wird erreicht, dass in der operativen Tätigkeit eines Geschäftsjahres auf die Erreichung der strategischen Zielsetzungen hingearbeitet wird.

Für jeden Verantwortungsträger werden in der Jahresplanung eindeutige Zielsetzungen für seine Arbeit im nächsten Geschäftsjahr vorgegeben. Die Jahresplanung ist eine Planungsrechnung, d. h. die Planungen der übergeordneten Stufen werden in konkrete Zahlen umgesetzt. Erwartete Ergebnisse für das Geschäftsjahr werden detailliert festgelegt.

In der Regel sind die verfügbaren Mittel für die Budgetierung in ihrer Verwendung weitgehend festgelegt – durch die vorhandenen

Personalkosten und Abschreibungen bspw. Damit die Strategieumsetzung stattfinden kann, müssen Teile des Budgets (z. B. 10–15 %) für strategische Maßnahmen aus der BSC und notwendige Investitionen reserviert werden. Daher ist es auch wichtig, dass in der BSC-Erarbeitung tatsächlich die notwendigen Aufwendungen und Investitionen abgeschätzt und notiert werden. Die Parameter der wertorientierten Unternehmensführung, also Wertbeitrag, Kapitalbindung z. B. im Umlaufvermögen und Mindestrendite müssen ebenfalls in der Planung berücksichtigt werden. Das Controlling hat hier die Aufgabe, für die rechnerische Plausibilität und Vollständigkeit dieser Punkte zu sorgen.

Die erfolgreiche Umsetzung von Strategie und Wertmanagement muss unterjährig sichergestellt werden. Dazu bieten sich eine regelmäßige Berichterstattung über die Kennzahlen des operativen Geschäfts und die Abweichungsanalyse zur Planung an (operative Kontrolle). Diese erfolgt typischerweise monatlich. Eine regelmäßige Berichterstattung über den Fortschritt bei Zielen, Messgrößen und Maßnahmen aus der Balanced Scorecard erfolgt typischerweise quartalsweise, falls zweckmäßig in Teilen auch monatlich. Dadurch wird die Strategieumsetzung nachgehalten (strategische Kontrolle). Auch die Entwicklung der wertorientierten Spitzenkennzahlen und finanziellen Werttreiber wird überwiegend quartalsweise einer Kontrolle unterzogen. Dabei ist eine wesentliche Restriktion, dass Bilanzzahlen – also Daten in Bezug auf das betrieblich gebundene Vermögen und die Kapitalkosten – bestenfalls über Quartalsbilanzen, kaum jedoch monatlich verfügbar gemacht werden können. Im Rahmen von Berichterstattung und Kontrolle hat das Controlling die Aufgaben der Informationsbeschaffung, -aufbereitung und häufig auch der Informationsinterpretation für das Management. Zunehmend ist der Controller auch als kreativer Sparringspartner und Ideengeber bei der Entwicklung von Gegensteuerungsmaßnahmen gefragt. Ebenfalls nicht unterschätzt werden darf die Bedeutung einer managementorientierten – d. h. grafisch unterstützten und kompakten – Aufbereitung der Informationen. Im Regelfall wird dadurch eine deutliche Akzeptanzerhöhung der Controllingfunktion im Unternehmen bewirkt. In vielen Unternehmen muss der

Controller – zusammen mit der IT-Abteilung – erst einmal „system-bildend" tätig werden. Es sind die Anforderungen an eine IT-Lösung z. B. für das BSC-Reporting herauszuarbeiten und geeignete Tools auszuwählen (vgl. *Bange et al.* 2004) (vgl. Kapitel 2.7.7 zum Aus-wahlprozess von Standard-Software). Die Abdeckung aller Anforderungen des Balanced Scorecard Konzeptes durch Softwarelösungen ist durchaus unterschiedlich. Diese Tatsache hat auch Horváth & Partners bewogen, zusammen mit der MIS AG eine Applikation zur Verfügung stellen, die dem Konzept umfassend gerecht wird.

Inhalte der Balanced Scorecard sind – einmal aufgebaut – nicht für ewig gültig. Im Rahmen von BSC-Reviews als Einstieg in die jähr-liche strategische Planung ist zu prüfen, ob veränderte Rahmenbe-dingungen, neue strategische Prioritäten oder Erledigung von tem-porär im Fokus stehenden Zielen nunmehr andere Inhalte erfordern (Zielrevision). In diesem Prozess muss der Controller einerseits sicherstellen, dass ein BSC-Review überhaupt stattfindet. Anderer-seits stellt er die notwendigen Informationen bereit und agiert gele-gentlich auch als Moderator des BSC-Review.

Wie begleiten Sie die Strategieumsetzung?

„Mache Strategie zur täglichen Aufgabe für jedermann!" – so lautet eine Kernaussage der BSC-Erfinder *Kaplan* und *Norton*. Soll dies ge-lingen, reicht es nicht aus, dass wenige Führungskräfte (Vorstand oder Geschäftsführung, Unternehmensentwicklung, Controlling) verstehen, was gemeint ist. Die mittlere Führungsebene bis hin zu Abteilungs- und Gruppenleitern, Technikern und Meistern, und schließlich alle Mitarbeiter müssen auf dem „Weg zum Ziel" mit-genommen werden. Dazu finden zwei wesentliche Komponenten Anwendung:

- Kommunikation und Schulung zu Zweck, Nutzen, Methodik und möglichen eigenen Beiträgen der Mitarbeiter in Bezug auf die Konzepte Balanced Scorecard und wertorientierte Unterneh-mensführung.

- Verbindung von strategischen Unternehmens- oder Bereichs-zielen mit den individuellen Zielen der Mitarbeiter durch Anreizsysteme und Zielvereinbarungen (vgl. *Horváth & Partners*, Hrsg., 2005b und *Currle, Witzemann* 2004).

Regelmäßig ist bei diesen Themenstellungen die Personalabteilung als Koordinator gefragt. Der Controller sollte aber aufgrund seiner profunden Kenntnis von Methoden und Inhalten ebenfalls einen wesentlichen Beitrag leisten. Die Reihenfolge der Komponenten ist dabei nicht zufällig. Erst „Fördern", dann „Fordern" heißt die Devise.

In einem ersten Schritt müssen Verständnis und Akzeptanz geschaffen werden. Das erfolgt primär durch direkte Kommunikation des Managements an die Mitarbeiter, z. B. im Rahmen von Betriebsveranstaltungen/Roadshows. Schließlich sind es Vorstand oder Geschäftsführung, die die Strategie verantworten und glaubhaft vertreten müssen. Eine Vielzahl weiterer Kommunikationsmedien haben sich in der Praxis bewährt: Artikel in Mitarbeiterzeitschriften, Plakate im Betriebsrestaurant, die Strategy-Map als Mousepad und vieles mehr. Nehmen Sie sich Zeit für die Auswahl klarer, zielgruppenspezifischer Maßnahmen. Der „erste Eindruck" in der Übermittlung vermeintlich schwer verständlicher betriebswirtschaftlicher Konzepte ist einer der kritischsten Erfolgsfaktoren überhaupt.

Erst im zweiten Schritt – also nach Vermittlung des „Warum" und „Wie" – ist es sinnvoll und notwendig, die Ziele der Organisation in das Anreizsystem zu integrieren. Zum Anreizsystem gehören die Zielvereinbarung, sowie die monetäre und nicht-monetäre Vergütung. In der Regel sind Zielvereinbarungen und nicht-monetäre Belohnungen auch dort möglich, wo Sanktionierung durch Tarifverträge oder das Personalrecht des öffentlichen Dienstes schwierig ist. In persönliche Zielvereinbarungen gehen einerseits strategische Ziele und Maßnahmen des jeweiligen Verantwortungsbereiches ein – im Regelfall jene aus der Finanz-, Kunden- und Prozessperspektive. Die Ziele der Potenzialperspektive lassen sich gut mit individuellen Zielen des Mitarbeiters in Bezug auf Qualifizierung und Karriereentwicklung verbinden. Schließlich spielen ergänzend operative Ziele und Aufgaben, etwa aus der Stellenbeschreibung oder dem Budget, eine Rolle. Durch Verbindung dieser Ziele mit monetärer und nicht-monetärer Vergütung wird ein ganz persönlicher Anreiz geschaffen, sich strategiekonform zu verhalten. Im Ergebnis kann die Strategieverankerung darüber sichergestellt oder zumindest wesentlich gefördert werden.

3.4 Praxisbeispiel

3.4.1 Die Prints GmbH*

Die „Prints GmbH" ist eine strategische Geschäfteinheit des Elektrokonzern Electronics AG. Sie beschäftigt sich mit der Entwicklung, Herstellung und dem Vertrieb von Kopiergeräten.

Das Mutterunternehmen, der Elektrokonzern Electronics AG, operiert vom Stammhaus Hamburg aus vor allem in Europa und Amerika und beschäftigt weltweit über 45.000 Mitarbeiter. Zum Produkt- und Leistungsprogramm gehören insbesondere die Entwicklung, Produktion und Vermarktung audiovisueller Hardware, Beleuchtungstechnik, Installations- und Automobiltechnik, Nachrichten- und Sicherungstechnik, Kommunikationstechnik und eine Reihe weiterer verwandter Geschäftsfelder. Aufgrund einer schwerfälligen Organisationsstruktur wurde das Unternehmen in 2011 grundlegend reorganisiert. Hieraus ging auch die Prints GmbH als eigenständiges Unternehmen hervor.

Die Prints GmbH mit Sitz in München führt alle Aktivitäten der Kopierer-Entwicklung, -Fertigung, und -Vermarktung zusammen und hat 2.300 Mitarbeiter. Das Produktspektrum der Prints GmbH ist breit gefächert und reicht von Kopierern im Massensegment (z. B. Tischkopierer für Sekretariate) bis hin zu anspruchsvollen Industrieanwendungen. Der Umsatz stieg inzwischen auf ca. 700 Millionen Euro.

---

* Das Praxisbeispiel spiegelt die Praxiserfahrungen aus vielzähligen Beratungsprojekten zur Umsetzung von Balanced Scorecards wider. Die Angaben zum Unternehmen und zur Branche sind bewusst fiktiv.

Das Management der Prints GmbH hatte sich seit der Reorganisation ambitionierte Ziele gesetzt. Aufgrund unbefriedigender Ergebnisse in den vergangenen Jahren, entschied sich das Management, zur konsequenten Realisierung der strategischen Positionierung, das Konzept der Balanced Scorecard anzuwenden.

3.4.2 Projekt: Entwicklung einer Balanced Scorecard

Zur Entwicklung der Balanced Scorecard folgte die Prints GmbH einem systematischen Vorgehen. Hierfür wurde die strategische Stoßrichtung der Prints GmbH bestimmt, bevor die strategischen Ziele abgeleitet wurden. Ausgehend von den relevanten strategischen Zielen wurden diese in einer Strategy- Map zusammengefasst sowie die Ursache-/Wirkungsbeziehungen bestimmt. Zur Operationalisierung und Verankerung im Unternehmen wurden Messgrößen ausgewählt, Zielwerte für die Messgrößen festgelegt und strategische Aktionen bestimmt:

Aufgrund des bedeutsamen Wandels der Prints GmbH im Rahmen der Restrukturierung war eine Klärung der strategischen Stoßrichtung zunächst sehr wichtig. Die Geschäftsführung entschied einen Workshop sowie persönliche Interviews zur strategischen Klärung durchzuführen.

Die diskutierten Erkenntnisse zeigen die strategische Stoßrichtung der Prints GmbH:

- Klares Bekenntnis zu einer **Doppelstrategie** auf Kundenseite. Die Prints GmbH verfolgt das erfolgreiche Angebot von Kopierern nicht nur im Massengeschäft, sondern auch im Hochpreissegment.

- Die Entwicklung soll in Richtung höher gepreister Segmente gehen. In den Bereichen der Doppelstrategie soll durch eine strikte Anpassung der Produkte an die Kundenbedürfnisse sowie durch eine **Imageverbesserung** bezüglich der Funktionssicherheit der Kopierer ein höheres **Preisniveau** gerechtfertigt werden.

- Im **Massengeschäft** soll die Prints GmbH zum **Kostenführer** werden.

- Die Prozessorientierung der Prints GmbH soll **Vorbildcharakter** haben.

- Die Prints GmbH soll **nachhaltig** mit seinen Mitarbeitern wachsen.

Nach den Workshops zur strategischen Klärung traf sich das Prints Management zur Ableitung eines strategischen Zielsystems für die Balanced Scorecard. Anhand eines Brainstormings mit den Führungskräften wurden anfangs deren Ideen für strategische Ziele gesammelt. Insgesamt wurden 135 Zielvorschläge zusammengetragen. Um die Ziele auf eine überschaubare Anzahl von etwa 20 Zielen zu reduzieren, wurden die Vorschläge intensiv diskutiert. Eine anschließende Kategorisierung der Ziele erlaubt die Auswahl der Ziele und somit einer Fokussierung auf die wichtigen Ziele. Hierfür wurden vier Kategorien gebildet:

- **„Grundsätzliche Ziele"** (falls der Zielvorschlag für die Balanced Scorecard zu pauschal war)

- **„Strategische Ziele"** (für die Ziele, die in der Balanced Scorecard aufgenommen werden sollten)

- **„mögliche strategische Aktionen"** (für Zielvorschläge, die zu konkret erschienen) sowie

- **„Operative Ziele"** (für Ziele, die eher der Aufrechterhaltung des laufenden Geschäftes dienten).

Die Kategorisierung dient dabei der Erhöhung der Wirksamkeit und der Qualität der Balanced Scorecard, da nur Ziele im weiteren Verlauf aufgenommen werden, welche tatsächlich strategieadäquat sind. Nach der Kategorisierung der, im Brainstorming gesammelten Ziele, werden diese in die vier Dimensionen (Finanzen, Kunden, Prozesse und Potenziale) einer Balanced Scorecard gruppiert. Es wurden 16 Ziele bestimmt.

Auf Grundlage der strategischen Ziele erarbeitete die Prints-Geschäftsführung die Ursache-/Wirkungskette ihrer Strategie. Die entstehenden Ursache-/Wirkungsketten sollen die Kausalität der strategischen Überlegungen widerspiegeln.

Für die Diskussion bereitete das Projektteam Unterlagen vor, in welchen die Ziele in den Dimensionen angeordnet waren, um die Diskussion im Workshop zu erleichtern.

Die einzelnen Wirkungszusammenhänge der einzelnen Ziele wurden intensiv diskutiert. Das Ergebnis des Workshops stellt die Strategy-Map dar, in der die Ziele bildlich mit ihren Zusammenhängen dargestellt werden (siehe Pfeile). Diese wurde abschließend mit den strategischen Stoßrichtungen der Prints GmbH abgeglichen und angepasst. Anregungen und Bedenken der Mitarbeiter wurden jederzeit erfasst und diskutiert, um eine möglichst präzise Darstellung der Ziele und deren Wirkungszusammenhänge zu erhalten. Die finale Strategy-Map, der die Workshop-Teilnehmer zustimmten, zeigt **Abb. 3.22.**

Die im Rahmen der Strategy Map verbildlichten Ursache-/Wirkungszusammenhänge wurden zeitnah in einer „Story of the Strategy" festgehalten. Beispielhaft werden die Zielverbindungen im Rahmen des Ziels „Schaffung einer konkurrenzfähigen Kostenstruktur" der Prints GmbH erläutert:

Der Aufbau einer konkurrenzfähigen Kostenstruktur, als erstem strategischem Hebel wird durch drei wesentliche Elemente erreicht:

- Produkte standardisieren, modularisieren und entfeinern

- Synergien nutzen

- Fertigungstiefe an Kerntechnologien anpassen

Standardisierung, Modularisierung und Entfeinerung bedeutet eine erhebliche Reduzierung der verwendeten Einzelteile sowie einen intensiveren Gebrauch von Gleichteilen. Zusätzlich sollen künftig stärker Module definiert und in allen Geräten genutzt werden. Entfeinerung bedeutet vor allem für Geräte des Massensegments Funktionalitäten und Produkteigenschaften zu überprüfen, um vergangenes Overengineering zu erkennen und zurückzuführen.

Die Umstellung des Unternehmens bietet gute Möglichkeiten, Synergiepotenziale durch das Vermeiden von Doppelarbeit zu nutzen. Dazu muss aber die Zusammenarbeit zwischen den Bereichen den Ansprüchen einer prozessorientierten Unternehmung gerecht werden. Dies sollte durch eine stärkere interne Prozessorientierung gewährleistet sein.

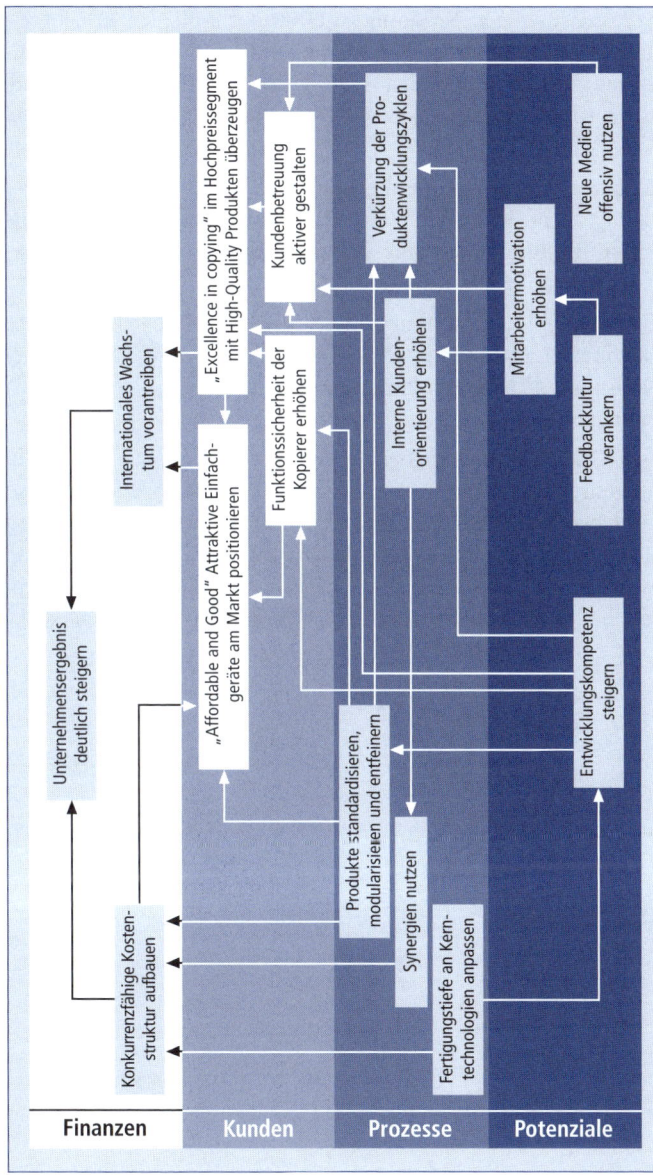

Abb. 3.22: Strategy Map der Prints GmbH

Eine Anpassung der Fertigung auf Kerntechnologien erlaubt es, Kostenvorteile alternativer Hersteller zu nutzen. Eine genaue Definition dieser Kerntechnologien steht noch aus. Darauf aufbauend, muss geprüft werden, ob einzelne Produktionsschritte ins Ausland verlagert werden können

Eine Konzentration auf Kerntechnologien sollte nicht nur in der Fertigung zu positiven Effekten führen, sondern auch in der Entwicklung. Dadurch wäre eine Fokussierung auf weniger Entwicklungsschwerpunkte als bisher möglich.

Ungeachtet der Hervorhebung dieser drei wesentlichen Hebel zur Anpassung der Kostenstruktur der Prints GmbH gilt es aber wie bisher, kontinuierlich Kostensenkungsmöglichkeiten in allen Bereichen auszuloten und umzusetzen.

Auf der Grundlage des erarbeiteten Zielsystems legte die Prints-Geschäftsführung Messgrößen für die Balanced Scorecard fest. Nur so kann sichergestellt werden, dass die strategischen Ziele klar und unmissverständlich sind. Durch das Festlegen einer Messgröße und eines Zielwertes ist das strategische Ziel vollständig beschrieben. Beispielhaft wird an dieser Stelle die Dimension „Kundenperspektive" dargestellt:

Kundenperspektive				
Strategisches Ziel	Messgröße	Einheit	Ist-Wert	Zielwert (3 Jahres-Horizont)
„Affordable but good": Attraktive Einfachgeräte am Markt positionieren	Marktanteil im Massensegment (Kernmärkte)	%	9	15
	Bewertung Händler (Punktskala 0–120)		69	110
	% Kopierer, dessen Funktionen innerhalb von einem halben Tag erlernt werden können	%	30	80
„Excellence in Copying": Im Hochpreissegment mit High-Quality Produkten überzeugen	Marktanteil Hochpreissegment (Kernmärkte)	%	9	17
	Imagewerte Kunden	Indexpunkte	45	80
	Bekanntheitsgrad	%	28	60
Funktionssicherheit der Kopierer erhöhen	Durchschnittliche Anzahl Störungsfälle je Kopierer pro Monat	#	18	5
Kundenbetreuung aktiver gestalten	Wiederverkaufsquote im Hochpreissegment	%	55	75
	Besuche/Zielkunde		1,3	2,5

Abb. 3.23: Zielwerte der Dimension „Kundenperspektive" der Prints GmbH

Die Geschäftsführung der Prints GmbH erarbeitete zur Umsetzung der strategischen Ziele aus ihrer Sicht nötigen strategischen Aktionen. Nach erfolgter Ressourcenabschätzung und Priorisierung legte das Management einen Aktionsplan vor. **Abb. 3.24** zeigt diesen beispielhaft für die Kundendimension.

Kundenperspektive					
Strategisches Ziel	**Strategische Aktionen**	**Start-termin**	**End-termin**	**Zuständig**	**Status**
„Affordable but good": Attraktive Einfachgeräte am Markt positionieren	Marketingkampagne „Der Kopierer, der nicht kopiert werden kann" (inkl. neues Informationsmaterial für Händler)	01/2015	05/2000 (Vorlagen) 12/2015 (Kam-pagne)	Hr. Krug	Genehmigt
	Händlerforum durchführen	03/2015	05/2015	Hr. Kriger	Genehmigt
	Rabattsystem erneuern	01/2015	06/2015	Hr. Kriger	Genehmigt
„Excellence in Copying": Im Hochpreissegment mit High-Quality Produkten überzeugen	Designoffensive	06/2015	06/2016	Hr. Mayer	Genehmigt
	Neues Marketingmaterial „Der Mercedes unter den Kopierern"	03/2015	06/2015	Hr. Krug	In Abstim-mung
	Direct Mailing an Ziel-kunden Anzeigeoffensive in Wirtschaftsmagazinen	06/2015	07/2015	Fr. Silblinger	In Abstim-mung
Funktionssicherheit der Kopierer erhöhen	Projektgruppe „No Excuses" einrichten	03/2015	03/2016	Dipl. Ing. Hoffmann	Genehmigt
	Technikumstellung RCP	01/2015	06/2016	Dipl. Ing. Huber	In Abstim-mung
Kundenbetreuung aktiver gestalten	Key Account Management aufbauen	06/2015	12/2016	Fr. Brommel	Genehmigt
	Vertriebsjahresmeeting unter das Motto „After Sales – our lost opportu-nities" stellen	01/2015	05/2015	Hr. Sale	Genehmigt
	Schulungsoffensive 2015	05/2015	06/2016	Hr. Sale	Genehmigt
	Entlastung des Vertriebes von Innendiensttätigkei-ten (siehe „Prints 2018" Projekt)	07/2014	08/2015	Hr. Sale	Genehmigt (laufendes Projekt)

Abb. 3.24: Strategische Aktionen der Prints GmbH für die Kundenperspektive

3.4.3 Lessons Learned

Aus vergleichbaren Projekten zur Erarbeitung einer Balanced Score-card konnten die folgenden Lessons Learned abgeleitet werden:

- Um eine hohe Qualität und Wirksamkeit der Balanced Scorecard zu gewähren, ist ein mehrmaliges Überprüfen und Anpassen bei der Balanced Scorecard Entwicklung sehr wichtig. Dementsprechend kommt bereits der Ableitung der strategischen Ziele eine hohe Bedeutung zu.

- Da die Ursache-/Wirkungsbeziehungen als wichtigstes Kommunikationsinstrument dienen, sollten diese übersichtlich und stichhaltig sein. Das Unternehmen sollte sich auf wenige, aber relevante Ursache-/Wirkungsbeziehungen fokussieren.

- Idealerweise werden innovative Messgrößen in die Balanced Scorecard aufgenommen, auch wenn der Implementierungsaufwand hoch sein kann. Häufig bieten diese Größen jedoch den Vorteil, das zu messende Ziel besser zu erfassen.

- Mitarbeiter sollen durch die Zielvorgaben zwar gefordert, aber nicht überfordert sein. Idealerweise erfolgt die Zielbildung daher unter Einbeziehung der Mitarbeiter.

- Keine strategische Aktion darf ohne Zuordnung von Verantwortlichkeiten festgelegt werden. Nur so kann das Verhalten beeinflusst werden und die Wirksamkeit der strategischen Aktionen garantiert werden.

3.5 Gestaltungscheckliste für Manager und Controller

 Schaffen Sie Klarheit über die Strategiealternativen Ihres Unternehmens!

 Verknüpfen Sie Ihre strategischen Unternehmensziele mittels Strategy Map und Balanced Scorecard!

 Verknüpfen Sie Ihre strategische mit der operativen Planung über die Mehrjahresplanung!

Vertiefende Lektüre

Wenn Sie mehr über das Gesamtgebiet der strategischen Planung wissen möchten, lesen Sie

Coenenberg, A., Salfeld, R. (2007), Wertorientierte Unternehmensführung, 2. Aufl., Stuttgart 2007.

Wenn Sie mehr über die Strategiebeschreibung durch die Balanced Scorecard wissen möchten, lesen Sie

Horváth & Partners (Hrsg., 2007), Balanced Scorecard umsetzen, 4. Aufl., Stuttgart 2007.

4. Kapitel

Operative Planung, Budgetierung & Forecast

4.1 Ziele des Kapitels

Ziel des Kapitels ist es, dem Leser die Gestaltung einer wirkungsvollen operativen Planung, Budgetierung und Forecast vorzustellen. Am Ende des Kapitels soll der Leser die Funktionen und Aufgaben dieser drei Instrumente verstehen und anwenden können.

Abb. 4.1: Ziele des Kapitels Operative Planung, Budgetierung & Forecast

4.2 Einführung

Der betriebswirtschaftliche Erfolg wird zwar von den Unternehmen als zentrale Zielgröße aufgefasst, betrachtet man jedoch die Unternehmensplanung, so fällt auf, dass in vielen Unternehmen eine durchgängige und systematische Erfolgsplanung nicht existiert. Vielmehr konzentriert man sich auf die Aktionsplanung (bspw. Investitionsmaßnahmen). Es fehlen häufig Vorgaben für die einzelnen

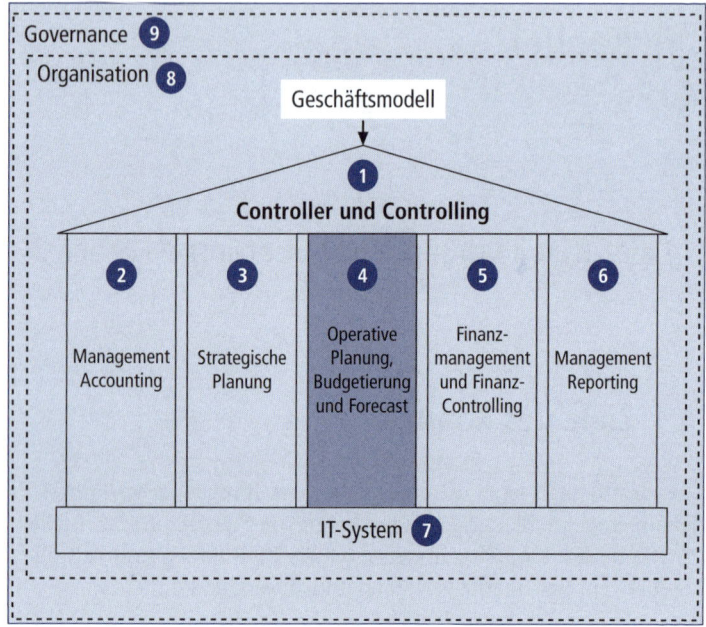

Abb. 4.2: Einordnung des Kapitels in das „House of Controlling"

Bereiche, die den erforderlichen Erfolgsbeitrag aufzeigen. Damit kann weder eine erfolgsorientierte Kontrolle und Abweichungsanalyse stattfinden, noch können Erfolgskonsequenzen von Entscheidungen überprüft werden. Gerade aber die Erfolgssicherung bzw. die Effizienzsteigerung des Unternehmens stellen, neben der Risikoerkenntnis und -reduzierung, der Flexibilitätserhöhung sowie der Komplexitätsreduktion, die Grundfunktionen der operativen Planung dar. Ein Erfolgsplanungssystem (Budgetierung) – abgestimmt mit einer klaren Gestaltung der Aktionsplanung – muss daher das zentrale Element eines wirksamen Controllingsystems sein.

Eine wirkungsvolle Gestaltung der operativen Planung, Budgetierung und Forecast wird im Folgenden beschrieben.

4.3 Gestaltung einer wirkungsvollen operativen Planung

Im Rahmen der **operativen Planung** werden Ziele für die Planungsperiode definiert und unterschiedliche Handlungsalternativen zu ihrer Erreichung erarbeitet.

Die Erarbeitung der zum Erreichen der Ziele erforderlichen Detailmaßnahmen und ihre Quantifizierung bilden den Kern der operativen Planung. Für jede Unternehmenseinheit wird ein Plan entwickelt, der die von ihr zu erreichenden Ziele in Form von Leistungen, Kosten, Erlösen etc. eindeutig quantitativ festlegt. Die Zusammenfassung aller Einzelplanungen führt zu den Planergebnissen des nächsten Geschäftsjahres.

Leiten Sie die operative Planung aus der strategischen Planung ab?

Verknüpfen Sie die operative Planung mit der Finanzplanung?

Berücksichtigen Sie Forecastwerte bei der Planung?

Gemäß State of the Art beginnt die operative Planung mit Zielvorgaben oder zumindest mit Orientierungsgrößen („Frontloading"). Auf Basis dieser Ziele werden Absatz- und Umsatzpläne erstellt. Dazu werden vom Vertrieb die im nächsten Jahr voraussichtlich absetzbaren Mengen je Produktart geplant. Neben der operativen

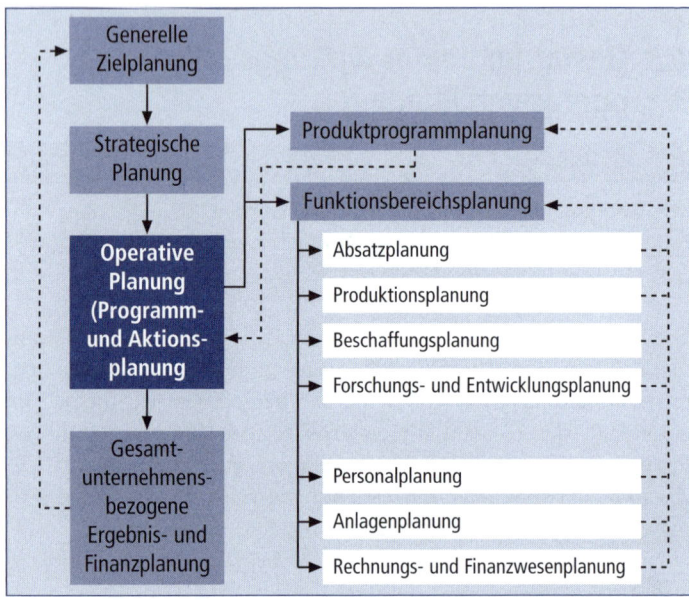

Abb. 4.3: Beispielhafter Zusammenhang von Einzelplänen in einem Unternehmen

Planung der Absatzmengen sind die Planpreise für die einzelnen Produkte zu bestimmen. Der Absatzplan ist die wesentliche Eingangsgröße für die Erstellung des Produktionsplans. Aufgrund des geplanten Endbestands und des Istbestands errechnet sich die Erhöhung bzw. Verminderung der zu produzierenden Stückzahlen durch die geplanten Bestandsveränderungen.

Das so gebildete Produktionsprogramm wird im Kapazitätslauf über Stücklisten und Arbeitspläne aufgelöst. Die Auflösung über die Stücklisten führt zu den erforderlichen Rohstoffen und Zukaufteilen zur Fertigung des vorgesehenen Produktionsprogramms. Diese Informationen sind die wesentlichen Eingangsgrößen für die Ableitung des Beschaffungsplans. Auch hier muss natürlich ein Abgleich mit den geplanten Beständen an Fertigungsmaterial erfolgen.

Die Auflösung des Produktionsprogramms über die Arbeitspläne ergibt den rechnerischen Bedarf an direkten Lohn- und Maschinenminuten. Durch einen Abgleich mit den laut Personalplanung verfügbaren Mitarbeiterkapazitäten und der verfügbaren Maschinenkapazität je Arbeitsplatz werden Kapazitätsüber-/-unterdeckungen festgestellt. Über-/Unterdeckungen können zu Konsequenzen bei der Personal- und Investitionsplanung führen. Sollten festgestellte Engpässe kurzfristig nicht zu beseitigen sein, kann eine Veränderung des Produktionsprogramms zwingend notwendig werden.

Der Produktionsplan ist der Ausgangspunkt für die Kostenplanung. Es wird die Planung von Einzel- und Gemeinkosten unterschieden. Die Gemeinkosten werden i. d. R. kostenartenweise je Kostenstelle geplant. Im ersten Schritt werden die primären Kostenstellenkosten ermittelt, anschließend erfolgt über die Interne Leistungsverrechnung die Belastung mit sekundären Kostenstellenkosten.

Nach Vorlage aller Einzelpläne können die Ergebnispläne abgeleitet werden. Hierzu zählt zunächst das Betriebsergebnis, in dem die betriebsbedingten Aufwendungen und Erträge häufig in Form einer Deckungsbeitragsrechnung dargestellt werden. Durch Einbeziehung des geplanten neutralen Ergebnisses wird die finanzwirtschaftliche Gewinn- und Verlustrechnung abgeleitet. Zur Abbildung der Auswirkungen der geplanten Geschäftstätigkeit auf die Vermögens- und Kapitalstruktur der Unternehmung wird eine Planbilanz erstellt. Zur Beurteilung der finanziellen Wirkungen der Planung dient der Finanzplan. Hier werden die geplanten Aufwendungen und Erträge in Ein-/Auszahlungen umgerechnet.

4.4 Gestaltung einer wirkungsvollen Budgetierung

Budgetierung bedeutet die Ausrichtung aller unternehmerischen Aktivitäten auf die wertmäßigen Unternehmensziele. In der amerikanischen Praxis wird häufig von „Profit Planning" gesprochen.

In einer effektiven Erfolgsplanung werden konsequent für alle Unternehmensteile die von ihnen zu erbringenden Erfolgsbeiträge festgelegt. Im Gesamtsystem der Planung ist die Budgetierung auf die Formalziele, die in Geldgrößen ausgedrückten Zielsetzungen des Unternehmens, ausgerichtet. Im Gegensatz dazu stehen bei der Aktionsplanung die Sachziele im Vordergrund. In der Praxis sind die Übergänge zwischen Aktionsplanung und Budgetierung fließend, denn eine inhaltlich fundierte Planung von wertmäßigen Zielgrößen ist nur bei gleichzeitiger Planung der hierzu erforderlichen Maßnahmen möglich.

Budgetierung wird in der Literatur unterschiedlich definiert. Hier soll unter Budgetierung der gesamte Budgetierungsprozess verstanden werden, d. h. insbesondere Aufstellung, Verabschiedung, Kontrolle und Abweichungsanalyse von Budgets. Das Budgetierungssystem ist damit jenes Subsystem des Planungs- und Kontrollsystems, dem die formalzielorientierte Planung und Kontrolle zugeordnet werden kann.

4.4.1 Budgetsystem

> Ein **Budget** ist ein in wertmäßigen Größen formulierter Plan, der einer Entscheidungseinheit für eine bestimmte Zeitperiode mit einem bestimmten Verbindlichkeitsgrad vorgegeben wird.

In Anlehnung an diese Definition lassen sich Budgets nach folgenden Merkmalen unterscheiden:

- Merkmal **Entscheidungseinheit**:
  - Horizontale Differenzierung nach Funktionen, Produkten, Regionen oder Projekten
  - vertikale Differenzierung nach Ebenen der Unternehmenshierarchie
- Merkmal **Geltungsdauer**, bspw.:
  - Monatsbudget
  - Quartalsbudget
  - Jahresbudget
  - Mehrjahresbudget

- Merkmal **Wertdimension**, bspw.:
  - Ausgabenbudget
  - Kostenbudget
  - Deckungsbeitragsbudget
  - Umsatzbudget

Außerdem unterscheidet man noch starre und flexible Budgets. Bei starren Budgets wird von einer bestimmten Beschäftigung ausgegangen, während flexible Budgets die Vorgaben nach der Höhe der Beschäftigung differenzieren. Flexible Budgets sind vor allem bei Fertigungskostenstellen anzutreffen. Klassische Budgettypen sind bspw. das Jahresbudget für eine Werbeabteilung oder das Monatsbudget für eine Fertigungskostenstelle.

Die Gesamtheit aller aufeinander abgestimmten Einzelbudgets wird schließlich als Budgetsystem bezeichnet.

Zum Budgetsystem gehören auch verdichtete Einzelbudgets.

Die Verdichtung erfolgt in drei Richtungen:

- budgetierte GuV-Rechnung,
- Budget der Finanzmittel (Finanzplan),
- budgetierte Bilanz.

Im Rahmen der Gestaltung des Budgetsystems muss der Zusammenhang zwischen den Einzelbudgets sowie den jeweiligen Budgetinhalten bestimmt werden. Die Budgetstruktur sollte nach dem Prinzip der Budgetverantwortung festgelegt werden. Es darf kein Budget existieren, das nicht eindeutig in die Verantwortung einer bestimmten Person fällt. Aus Gründen der Akzeptanz und Geschlossenheit des Budgetsystems sollte es alle Unternehmensteile und -funktionen abdecken. Die Geschlossenheit des Budgetsystems ist gleichzeitig Voraussetzung für die rechnerische Konsolidierbarkeit der Einzelbudgets zu den Gesamtbudgets GuV, Bilanz und Liquiditätsrechnung. Man spricht hierbei auch von der integrierten Finanzplanung, also der Integration von Planbilanz, Plan-GuV sowie Plan-Cashflow-Rechnung. Diese sollten Teil des Budgetsystems sein, damit die Wirkungen auf die übergeordneten Erfolgs- und Liquiditätsziele sichtbar werden. In der Praxis lehnt sich die Struktur des Budgetsystems häufig an die Organisationsstruktur an. So wird die Plan-GuV i. d. R. durch das Controlling erstellt, wohingegen die Erstellung der Plan-Bilanz und Plan-Cashflow-Rechnung im externen Rechnungswesen angesiedelt sind.

Zur Frage der Budgetstruktur gehören auch die Bestimmung der adäquaten Gliederungstiefe der Budgets und die Bestimmung ihrer zeitlichen Differenzierung. Eine allgemein gültige Antwort kann es hier nicht geben. Stattdessen muss die Festlegung vor dem Hintergrund der individuellen Unternehmenscharakteristika erfolgen. Bei erheblichem Produktionsanteil wird bspw. häufig unterhalb der Produktionsbudgets nach den Produktionsstufen in Budgets der Fertigung, Vormontage und Endmontage gegliedert. Unternehmen, deren Umsatz während des Budgetjahres starken Schwankungen unterworfen ist, stellen häufig echte Monatsbudgets auf, während bei konstantem Umsatzverlauf i. d. R. lediglich der Jahresumsatz durch zwölf dividiert wird.

Die wichtigsten Gestaltungsmerkmale beim Aufbau eines Budgetsystems sind in **Abb. 4.4** nochmals zusammengefasst.

 Welche Gestaltungsmerkmale berücksichtigen Sie in Ihrem Budgetsystem?

Elemente der Budgetierung	Beschreibung
Kern der Budgetierung (i. e. S.)	
Budgetfahrplan	Schriftliche Richtlinien zur Standardisierung des Budgetierungsprozesses: Standardisierte Begriffe und Zusammenhänge, Verantwortung (personell), allgemeiner und aktueller Zeitplan, Kostenarten- und Kostenstellenplan (inkl. Kostenartengruppen), Anweisungen zur Ermittlung der funktionalen Pläne (z. B. Standardisierung der Personalplanung, der Kalkulationsstundenermittlung), Instrumente (z. B. Formulare, Dateien), Vorgaben, Vorjahresergebnisse & Hochrechnungen etc.
Funktionale Pläne	Pläne der einzelnen Funktionsbereiche/-Abteilungen zur Erreichung der selbst/top down definierten Ziele (mengenorientiert).
Leistungsbudget	Auf GuV/Deckungsbeitragsrechnung basierende Erfolgsplanung je Aufwands-/Kostenart und Kostenstelle.
Finanzplan	Geplante Vermögens- und Kapitallage aus Leistungsbudget und Finanzplan.
Erweiterte Budgetierung (i. w. S.)	
Budgetverhandlungen	Ein bis mehrere „Verhandlungsschlaufen" zur Abstimmung bzw. Koordinierung der Teilpläne-/Budgets und Erreichung von erwünschten Gesamtzielen/-Budgets.
Klassische Abweichungsanalyse	Analyse der Plan-Ist-Abweichungen (Gesamtabweichung) bzw. der Soll-Ist-Abweichungen (Preis-, Absatz-, Verbrauchs-, Beschäftigungs- bzw. Spezialverbrauchsabweichungen (z. B. Stücklisten-, Intensitäts-, Verfahrensabweichung).
Zukunftsorientierte Abweichungsanalyse (Forecasting)	Hochrechnung von kumulierten Istwerten (z. B. Januar bis Mai) innerhalb eines Jahres auf den voraussichtlichen Endwert des Jahres (Zeitpunkt). Zeigt voraussichtliche Entwicklung und „verstärkt" bisherige Abweichung und somit Handlungsdruck. Wird auch Vorschau-, Wird-Rechnung genannt; Verfahren sind vergangenheits-, prognose- oder planorientiert.
Rolling Forecast	Laufende planungsorientierte Ermittlung eines Forecast über einen fixierten Zeitraum anstatt bis zu einem fixierten Zeitpunkt (z. B.: immer auf ein Jahr oder sechs Quartale in die Zukunft); oft quartalsweise, wobei nähere Quartale genauer geplant werden. Kann traditionelle Planung/Budgetierung (teilweise) ersetzen.

Abb. 4.4: Elemente der Budgetierung (vgl. *Gleich et al.* 2009, S. 62)

Abb. 4.5 zeigt im Folgenden das Budgetsystem eines Unternehmens (vgl. dazu das Zahlenbeispiel in den **Abb. 4.6 bis 4.10**).

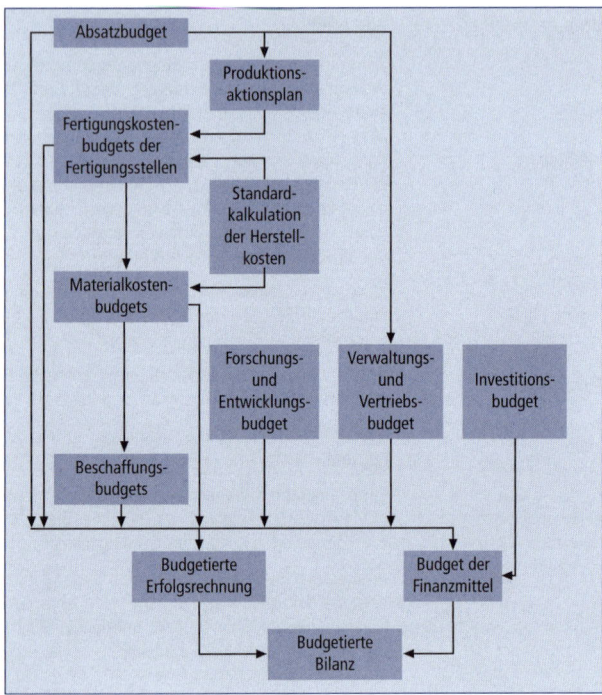

Abb. 4.5: Beispielhafte Struktur des Jahresbudgetsystems eines Unternehmens

Produkt	Absatzmenge	Preis	Verkaufserlöse
A*	7.000	80	560.000
B*	5.000	120	600.000
C*	4.000	110	440.000
			1.600.000

Produktionsaktionsplan

Produkt	Absatz-menge	Soll-Endbestand	Anfangs-bestand	zu produzie-rende Menge
A*	7.000	700	900	6.800
B*	5.000	500	200	5.300
C*	4.000	400	400	4.000

Fertigungskostenbudgets der Fertigungsstellen

| | Fertigungsstelle 1 | | | | Fertigungsstelle 2 | | | | Fertigungsstelle 3 | | | |
| | Standard-std. | | Standard-kosten | | Standard-std. | | Standard-kosten | | Standard-std. | | Standard-kosten | |
	p. St.	total	fix	variabel	p. St.	total	fix	variabel	p. St.	total	fix	variabel
1		11.000	66.000	44.000		14.000	56.000	56.000		13.000	260.000	65.000
2			6.-	4.-			4.-	4.-			20.-	5.-
3	1.-	6.800	40.800	27.200	1.2	8.160	32.640	32.640	0.1	680	13.600	3.400
4	0.6	3.180	19.080	12.720	0.8	4.240	16.960	16.960	1.2	6.360	127.200	31.800
5	0.2	800	4.800	3.200	0.2	800	3.200	3.200	0.5	2.000	40.000	10.000
6		10.780	64.680	43.120		13.200	52.800	52.800		9.040	180.800	45.200
7		220	1.320			800	3.200			3.960	179.200	

Abb. 4.6: Beispiel eines Budgetsystems I (*Ulrich et al.* 1994, S. 87 ff.)

Materialkostenbudget

	Zu produzierende Menge in Stück	Sorte I			Sorte II			Sorte III			Sorte IV			Total Material- kosten
		Standardmenge in kg		Standardwert	Standardmenge in kg		Standardwert	Standardmenge in kg		Standardwert	Standardmenge in kg		Standardwert	
		pro St.	Total	(1.– pro kg)	pro St.	Total	(2.– pro kg)	pro St.	Total	(3.– pro kg)	pro St.	Total	(4.– pro kg)	
A *	6.800	4	272.000	27.200	1	6.800	13.600	1	6.800	20.400	0	0	0	61.200
B *	5.300	0		0	2	10.600	21.200	3	15.900	47.700	1	5.300	21.200	90.100
C *	4.000	2	8.000	8.000	0	0	0	0	0	0	4	16.000	64.000	72.000
Materialverbrauch der Produktion				35.200		17.400	34.800		22.700	68.100		21.300	85.200	223.300

Beschaffungsbudget

	Materialmengen und -werte								
	Sorte I		Sorte II		Sorte III		Sorte IV		Total Beschaffungs-budget
	Standard-menge in kg	Standard-wert	Standard-menge in kg	Standard-wert	Standard-menge in kg	Standard-wert	Standard-menge in kg	Standard-wert	
	Total	(1.– pro kg)	Total	(2.– pro kg)	Total	(3.– pro kg)	Total	(4.– pro kg)	
Materialverbrauch der Produktion	35.200	35.200	17.400	34.800	22.700	68.100	21.300	85.200	223.300
+ Soll-Endbestand 2-mal Monatsverbrauch	5.866	5.866	2.900	5.800	3.783	11.349	3.550	14.200	37.215
– Anfangsbestand	12.000	12.000	1.000	2.000	8.000	24.000	10.000	40.000	78.000
	29.066	29.066	19.300	38.600	18.483	55.449	14.850	59.400	182.515

Abb. 4.7: Beispiel eines Budgetsystems II (*Ulrich et al.* 1994, S. 87 ff.)

Zeile	Fertigungsstelle 4 Standard-std. p. St.	Fertigungsstelle 4 Standard-std. total	Fertigungsstelle 4 Standard-kosten fix	Fertigungsstelle 4 Standard-kosten variabel	Fertigungsstelle 5 Standard-std. p. St.	Fertigungsstelle 5 Standard-std. total	Fertigungsstelle 5 Standard-kosten fix	Fertigungsstelle 5 Standard-kosten variabel	Gesamtbudget der Fertigungskosten fix	Gesamtbudget der Fertigungskosten variabel	Gesamtbudget der Fertigungskosten Total
1		8.000	80.000	80.000		12.000	48.000	144.000	510.000	389.000	899.000
2			10.–	10.–			4.–	12.–			
3	0.3	2.040	20.400	20.400	0.5	3.400	13.600	40.800	121.040	124.040	245.480
4	0.8	4.240	42.400	42.400	0.1	530	2.120	6.360	207.760	110.240	318.000
5	0.2	800	8.000	8.000	2.0	8.000	32.000	96.000	88.000	120.400	208.400
6		7.080	70.800	70.800		11.930	47.720	143.160	416.800	355.080	771.880
7		920	9.200			70	280		93.200		93.200

Zeile 1 = Standardkosten bei Normalbeschäftigung

Zeile 2 = per Stunde

Zeile 3 = Standardzeiten und -kosten für die Produktion von 6800A*

Zeile 4 = Standardzeiten und -kosten für die Produktion von 5300B*

Zeile 5 = Standardzeiten und -kosten für die Produktion von 4000C*

Zeile 6 = Total Standardstunden und Standard-Fertigungskosten*

Zeile 7 = Beschäftigungsabweichung der Fixkosten

Standardkalkulation der Herstellkosten

Materialkosten

Produkt		A*			B*		C*	
Material-sorte	Standard-preis per kg	Standard-menge per kg	Stan-dard-wert	Standard-menge per kg	Stan-dard-wert	Standard-menge per kg	Stan-dard-wert
I	1.–	4	4.–	–	–	2	2.–
II	2.–	1	2.–	2	4.–	–	–
III	3.–	1	3.–	3	9.–	–	–
IV	4.–	–	–	1	4.–	4	16.–
Total			9.–		17.–		18.–

Fertigungskosten

Ferti-gungs-stelle	Standard-kostensatz per Std.		Stan-dard-zeit (Std)	Standard-kosten A*			Stan-dard-zeit (Std)	Standard-kosten B*			Stan-dard-zeit (Std)	Standard-kosten C*		
	fix	var.		f	v	t		f	v	t		f	v	t
F¹	6.–	4.–	1.0	6.–	4.–	10.–	0.6	3.6	2.4	6.–	0.2	1.2	0.8	2.–
F²	4.–	4.–	1.2	4.8	4.8	9.6	0.8	3.2	3.2	6.4	0.2	0.8	0.8	1.6
F³	20.–	5.–	0.1	2.–	0.5	2.5	1.2	24.–	6.–	30.–	0.5	10.–	2.5	12.5
F⁴	10.–	10.–	0.3	3.–	3.–	6.–	0.8	0.8	8.–	16.–	0.2	2.–	2.–	4.–
F⁵	4.–	12.–	0.5	2.–	6.–	8.–	0.1	0.4	1.2	1.6	2.0	8.–	24.–	32.–
Total			–	17.8	18.3	36.1	–	39.2	20.8	60.–		22.–	30.1	52.1
Standardherstellungskosten per Stück						45.1				77.–				70.1

Abb. 4.8: Beispiel eines Budgetsystems III (*Ulrich et al.* 1994, S. 87 ff.)

Forschungs- und Entwicklungsbudget

Total (fixe) Kosten	. . . .	180.000.–
verteilt auf:	Produkt A*	25.000.–
	B*	10.000.–
	C*	35.000.–
nicht verteilbar:	Projekt D*	40.000.–
	E*	70.000.–

Verwaltungs- und Vertriebsbudget

Total (fixe) Kosten	. . . .	140.000.–
verteilt auf:	Produkt A*.	10.000.–
	B*	30.000.–
	C*	20.000.–
nicht verteilbar:	. . . .	80.000.–
variable Kosten (Provisionen, Frachten, diverse) . . . 10 % vom Verkaufserlös		

Budgetierte Erfolgsrechnung

	Total	A*	B*	C*
Verkaufsmenge		7.000	5.000	4.000
Verkaufspreis		80.–	120.–	110.–
Verkaufserlös	1.600.000.–	560.000.–	600.000.–	440.000.–
produzierte Menge		6.800	5.300	4.000
Standardherstellkosten per Stück		45.10	77.–	70.10
Standardherstellkosten per Produktion	995.680.–	306.680.–	408.100.–	280.400.–
Bestandsänderung (Menge)		– 200	+ 300	0
Standardherstellkosten der Bestandsveränderung	– 14.080.–	+ 9.020.–	– 23.100.–	0
Standardherstellungskosten der verkauften Produkte	981.100.–	315.700.–	385.000.–	280.400.–
verteilbare Forschungskosten	70.000.–	25.000.–	10.000.–	35.000.–
verteilbare Verwaltungs- und Vertriebskosten (fix)	60.000.–	10.000.–	30.000.–	20.000.–
verteilbare variable Verwaltungs- u. Vertriebskosten (10% vom Erlös)	160.000.–	56.000.–	60.000.–	44.000.–
Total zurechenbare Kosten	127.1 00.–	406.700.–	485.000.–	379.400.–
Bruttogewinn (DB)	328.900.–	153.300.–	115.000.–	60.600.–

Abb. 4.9: Beispiel eines Budgetsystems IV (*Ulrich et al.* 1994, S. 87 ff.)

nicht verteilbare Forschungskosten	./.	110.000.–
nicht verteilbare Verwaltungs- und Vertriebskosten	./.	80.000.–
Beschäftigungsabweichung der Fertigungskosten	./.	93.200.–
Nettogewinn	./.	45.700.–

Investitionsbudget

Gebäude	50.000.–
Maschinen und Einrichtungen	160.000.–
Total	210.000.–

Budget der Finanzmittel

Anfangsbestand	Kasse, Postscheck, Bank		120.000.–
+ *Einnahmen*	Verkaufserlös	1.600.000.–	
	+ Anfangsbestand Debitoren	200.000.–	
	– Endbestand Debitoren		
	(= 1/6 des Verkaufserlöses)	267.000.–	1.533.000.–
– *Ausgaben:*	Materialeinkauf		182.515.–
	+ Fertigungskosten total	771.880.–	
	+ Beschäftigungsabweichung	93.200.–	
	+ Forschung und Entwicklung	180.000.–	
	+ Verwaltung und Vertrieb fix	140.000.–	
	+ Verwaltung und Vertrieb var.	160.000.–	
		1.345.080.–	
	– Abschreibungen Maschinen	90.000.–	
	Gebäude	60.000.–	1.195.080.–
	+ Investitionsausgaben		210.000.–
	+ Abbau der Kreditoren		10.200.–
	Total Ausgaben		1.597.795.–
Endbestand			55.205.–

Budgetierte Bilanz

Aktiva	Anfang	±	Schluss
Geld (Kasse, Postscheck, Bank)	120.000.–	– 64.795.–	55.205.–
Debitoren	200.000.–	+ 67.000.–	267.000.–
Material	78.000.–	– 40.785.–	37.215.–
Fertigprodukte	84.030.–	+ 14.080.–	98.110.–
Einrichtungen, Maschinen	540.000.–	+ 70.000.–	610.000.–
Gebäude	600.000.–	– 10.000.–	590.000.–
	1.622.030.–	+ 35.500.–	1.657.530.–
Passiva	Anfang	±	Schluss
Kreditoren	170.000.–	– 10.200.–	159.800.–
Darlehen	450.000.–	–.–	450.000.–
Eigenkapital einschließlich Reserven	1.002.000.–		1.002.030.–
Gewinn	600.000.–	+ 45.700.–	45.700.–
	1.622.030.–	+ 35.500.–	1.657.530.–

Abb. 4.10: Beispiel eines Budgetsystems V (*Ulrich et al.* 1994, S. 87 ff.)

Die Planung beginnt wiederum beim Absatzbudget. Es werden drei verschiedene Produkte produziert und abgesetzt. Unter Berücksichtigung von Lagerbeständen ergibt sich ein Aktionsplan für die Produktion, welcher die Grundlage für die Fertigungskostenbudgets und – unter Betrachtung der Standard-Materialmengen je Produkteinheit – das Materialkostenbudget ergibt. Das Beschaffungsbudget wird unter Berücksichtigung von Anfangs- und Endbeständen vom Materialkostenbudget abgeleitet. Die Fertigungsstellen werden mit Maschinenstundensätzen nach dem System der flexiblen Plankostenrechnung geplant. Die Material- und Fertigungskosten je Stück ergeben in ihrer Summe die Standardkalkulation der Herstellkosten. Die fixen Forschungs- und Entwicklungskosten sowie Verwaltungs- und Vertriebskosten werden pauschal geplant, wobei sie teilweise den Produkten, teilweise dem Unternehmen als Ganzes zugeordnet werden. Unter Berücksichtigung sämtlicher geplanter Kosten ist nun die Verdichtung zur budgetierten Erfolgsrechnung möglich. Mit der Planung der Investitionsmittel erfolgt der Übergang der Budgetierung von der kalkulatorischen Rechnung zur pagatorischen, also an Zahlungsvorgängen ausgerichteten Rechnung. Die pagatorische Rechnung umfasst die Budgetierung der Finanzmittel und die Aufstellung einer Planbilanz.

4.4.2 Budgetierungsprozess

Nach der prinzipiellen Ableitungsrichtung der Budgets können das Top-down-, das Bottom-up- und das Gegenstromverfahren unterschieden werden. Beim Top-down-Verfahren („Retrograde Planung") leiten sich im Laufe des Budgetierungsprozesses aus den übergeordneten Budgets die jeweils untergeordneten ab. Im Gegensatz dazu ergeben sich beim Bottom-up-Verfahren („Progressive Planung") die übergeordneten Budgets aus der Zusammenfassung der Planungen der tiefsten Budgetierungsebene. Während im ersten Verfahren die eindeutige Ausrichtung des Budgetierungsprozesses auf die Unternehmensziele als besonders vorteilhaft anzusehen ist, werden als Vorteile des zweiten Verfahrens die höheren Detailkenntnisse und die verbesserte Motivation der hierarchisch tieferen Ebenen angeführt. Im Gegenstromverfahren wird versucht, die Vorteile beider Verfahren zu verbinden.

Das Gegenstromverfahren mit einer Top-down-Eröffnung ist die am meisten verbreitete Vorgehensweise. Im Verfahren werden von der Unternehmensleitung die Zielgrößen des Budgetierungsprozesses in Form von Eckwerten und Planungsprämissen vorgegeben und die Budgets auf Basis dieser Vorgaben in den verschiedenen Ressorts erstellt werden. Dieser Ablauf ist in **Abb. 4.11** schematisch dargestellt.

Die Festlegung der Eckwerte erfolgt aufgrund der strategischen Planung und der daraus abgeleiteten Schlüsselgrößen der Mehrjahresplanung. Zusätzlich können besondere Zielvorgaben der Geschäftsführung für das Planjahr in die Eckwertbestimmung einfließen. Berücksichtigt wird i. d. R. zusätzlich die Hochrechnung des laufenden Jahres, um die aktuelle Geschäftssituation einzubeziehen.

Die Eckwerte sind letztlich die Übersetzung der strategischen Vorstellungen der Geschäftsführung in Zielvorgaben für das nächste Geschäftsjahr. Daher ist auch die strategische Planung eine unbe-

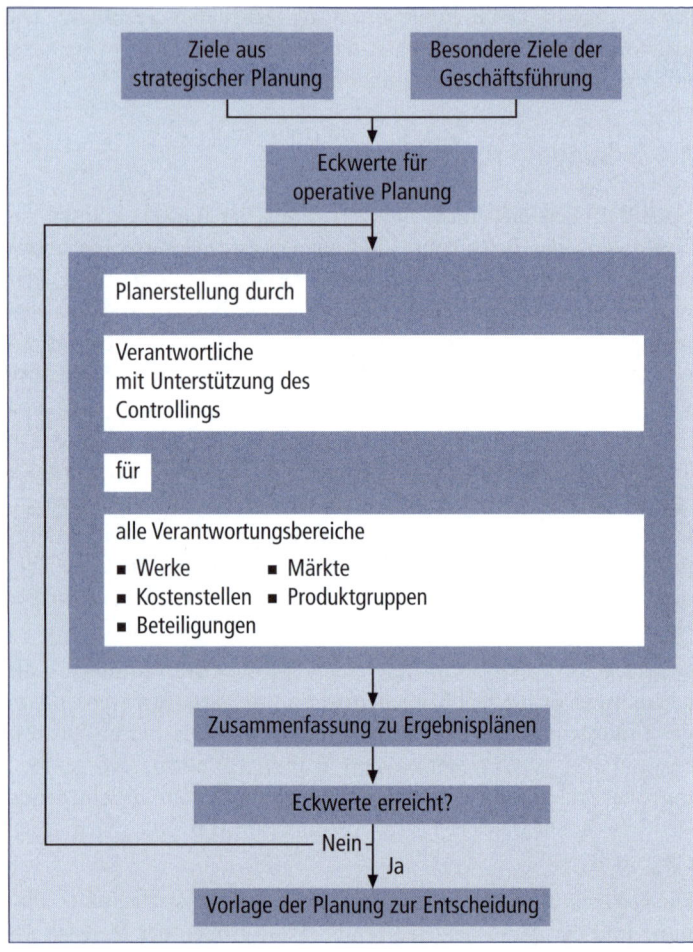

Abb. 4.11: Entwicklung der Operativen Planung

dingte Voraussetzung für die fundierte Festlegung von Planungseckwerten. In der Praxis lässt sich die Verknüpfung von strategischen Unternehmenszielen und operativen Plänen häufig sehr effektiv durch die Implementierung einer Balanced Scorecard (BSC) verwirklichen. Es werden so die strategischen Unternehmensziele definiert, die in der Folge die Ausgangsbasis für die Vorgabe operativer Schlüsselgrößen darstellen und die Integration der operativen Planung in die strategische Planung sicherstellen.

Auf dieser Grundlage erfolgt die Erstellung der Einzelplanungen durch die Sparten und Hauptabteilungen. Als Planungsziel gelten die von der Geschäftsführung festgelegten Planungseckwerte. Soweit möglich und sinnvoll, wird zunächst mengenmäßig geplant. Anschließend werden die Mengengrößen in Wertgrößen umgesetzt. Wegen der vielfältigen Beziehungen und Abhängigkeiten zwischen den Einzelplanungen ist bei der Planerstellung eine intensive gegenseitige Abstimmung erforderlich. Das Controlling berät die planenden Einheiten in Planungsfragen, stellt Planungsinformationen und -instrumente zur Verfügung, stimmt die Einzelpläne aufeinander ab und wirkt auf die Erreichung der Planungsziele hin. Eine entscheidende Rolle spielt dabei auch der Einsatz einer entsprechenden Planungssoftware, ohne die in vielen Unternehmen die im Rahmen der Planung und Budgetierung auftretende Komplexität nicht mehr zu bewältigen wäre (zu dieser Thematik vgl. insbesondere *Meier et al.* 2002).

Nach Erstellung der Einzelplanungen fasst das Controlling die Einzelpläne zu Ergebnisplänen zusammen. Dadurch wird unmittelbar deutlich, inwieweit die Eckwerte nach dem bisherigen Planungsstand erreicht werden. Falls die Eckwerte nicht erreicht wurden, muss die Planung nochmals „geknetet" werden, um alle Möglichkeiten zur Erreichung der vorgegebenen Eckwerte auszuschöpfen. Das bedeutet, dass das Controlling zusammen mit den Planungsverantwortlichen alle Teilplanungen nochmals dahingehend überprüft, ob eine Umsatzsteigerung bzw. Kostensenkung über zusätzliche Maßnahmen erreicht werden kann.

Sofern die Eckwerte erreicht werden oder aber trotz aller Bemühungen aufgrund der konkreten Situation nicht erreicht werden können, wird die Planung vom Controlling für die Geschäftsführung aufbereitet. Die Geschäftsführung entscheidet über die Verabschiedung der Planung in der vorgelegten Form. Insbesondere bei Nichterreichen der Eckwerte wird zu prüfen sein, ob die vorgesehenen Werte zu hoch angesetzt waren und korrigiert werden müssen oder ob doch noch Möglichkeiten für Verbesserungen gesehen werden.

Der herkömmlichen Planung und Budgetierung liegt die Prämisse zugrunde, dass die Umwelt gut vorhersehbar und einschätzbar ist; darüber hinaus, dass die Planer Informationen zur Verfügung haben, um präzise planen zu können. Dies ist heute bei den immer kürzer werdenden Produktlebenszyklen und zunehmendem Wettbewerb oftmals nicht mehr gegeben. Es gibt eine Vielzahl externer Faktoren, die die Entscheidung der Unternehmen und somit Planung und Budgetierung beeinflussen. Die wichtigsten externen Faktoren sind Komplexität und Dynamik.

- Komplexität des Umfeldes: Zahl und Verschiedenheit der externen Faktoren, die bei der Entscheidungsfindung zu berücksichtigen sind,
- Dynamik des Umfeldes: Häufigkeit, Regularität und Stärke von Änderungen der Faktoren.
- Treffen Komplexität und Dynamik zusammen, und sind sie stark ausgeprägt, spricht man von Turbulenz. Andernfalls von einem stabilen, simplen Umfeld.

Der Turbulenzgrad ist maßgeblich für die Planungstiefe und den Planungshorizont. Insbesondere in diversifizierten Unternehmen gibt es folglich nicht die einzig richtige Planungstiefe. Geschäftsbereiche sind regelmäßig in ihr Umfeld (statisch, komplex, dynamisch, turbulent) einzuordnen, um den sinnvollen Detaillierungsgrad zu bestimmen. In stabilen Märkten, mit geringer Komplexität und Dynamik, ist eine detaillierte Planung wenig sinnvoll, da sie keine zusätzlichen Informationen bereitstellt. Ist/Ist-Vergleiche unter Einbezug der Vorjahre sind hier völlig ausreichend. In turbulenten Märkten ist eine detaillierte Planung über einen Zeitraum von 12 Monaten, zuzüglich einer Planungszeit von durchschnittlich vier Monaten, d. h. ein Gesamtplanungszeitraum von 16 Monaten, wünschenswert, aber kaum möglich, da sie in Kürze überholt wäre.

Mit der Planverabschiedung wird die Planung zur gültigen Handlungsgrundlage für das nächste Geschäftsjahr. Genehmigt die Geschäftsführung die Planung nur unter Auflagen, werden diese vom Controlling in die bestehende Planung eingearbeitet. Bei einer vollständigen Ablehnung der Planung muss der Planungszyklus neu durchlaufen werden.

Voraussetzung für eine dezentrale Budgetierung ist die termingerechte Verfügbarkeit der erforderlichen Ausgangsinformationen für die Budgeterstellung. Da aufgrund der Interdependenzen in viele Budgets Informationen aus anderen eingehen, ist theoretisch zwar eine simultane Budgetierung erforderlich, in der Praxis stellt sich die Budgetierung jedoch wegen der damit verbundenen Komplexität als sukzessiver Prozess dar. Das wichtigste Instrument zur zeitlichen Koordination ist der Budgetierungskalender. Darin sind die einzelnen Budgetierungsschritte terminlich und verantwortungsmäßig exakt definiert. Nur bei termingerechtem Abschluss der Teilplanungen ist trotz des Ineinandergreifens der Teilpläne ein reibungsloser Budgetierungsablauf möglich. Bei starken Budgetinterdependenzen empfiehlt es sich, in den Budgetierungsablauf Prüfstellen einzubauen, um den nachträglichen Koordinationsaufwand zu reduzieren.

Zur Erstellung der Budgets stehen zahlreiche Budgetplanungsinstrumente zur Verfügung. Wegen des Zukunftsbezugs jeder Planung sind Prognosemethoden, die bspw. zur Bestimmung der Umsätze in der Budgetperiode eingesetzt werden können, von besonderer Bedeutung.

Für die meisten Budgets bilden die verschiedenen Instrumente des Rechnungswesens die wesentliche informatorische und instrumentelle Grundlage:

- Zur Bestimmung des Investitionsbudgets werden häufig Verfahren der Investitionsrechnung eingesetzt.

- Im Produktionsbereich werden die Kostenstellenbudgets i. d. R. mit Hilfe der flexiblen Plankostenrechnung erstellt.

- Im FuE-Bereich wird schwerpunktmäßig mit Projektplanungsmethoden gearbeitet (z. B. der Earned Value Analyse).

- Artikelerfolgs- und Marktsegmentrechnungen sind typische Beispiele für Instrumente zur Generierung von Marketingbudgets.

- Die verschiedenen Verfahren der kurzfristigen Erfolgsrechnung werden zur Ableitung der budgetierten Gewinn- und Verlustrechnung eingesetzt.

Die Überwachung der Einhaltung von Budgets ist Gegenstand der Budgetkontrolle. Mit Hilfe von Soll-/Ist-Vergleichen lassen sich Abweichungen vom Plan feststellen und den Budgetverantwortlichen aufzeigen. Die Budgetkontrolle darf sich aber keinesfalls in der bloßen Feststellung von Abweichungen erschöpfen, ihre Hauptaufgabe liegt vielmehr in der Aufdeckung der Abweichungsursachen. Die wesentlichen Budgetkontrollinstrumente sind daher die verschiedenen bereits genannten Formen der Abweichungsanalyse, denn erst bei Kenntnis der Abweichungsursachen lassen sich sinnvoll Gegenmaßnahmen ergreifen. So wird auch der Regelkreis aus Planung, Kontrolle und Korrektur geschlossen.

Das einsetzbare Analyseinstrumentarium hängt in starkem Maße von den Vorsystemen der Kosten- und Erlösrechnung ab. Wird die Kostenrechnung bspw. nach dem System der flexiblen Plankostenrechnung durchgeführt, steht vor allem im Produktionsbereich ein sehr differenziertes Analysesystem zur Verfügung. Nach der rechnerischen Ableitung von Teilabweichungen lassen sich diese bspw. über in Checklisten festgehaltene Ursachenschlüssel detaillierter untersuchen.

Neben der Ursachenermittlung von Abweichungen ist die Einschätzung ihrer Bedeutung von besonderer Wichtigkeit. Besondere Aufmerksamkeit sollte den Abweichungen gewidmet werden, die Ergebnis oder Liquidität nachhaltig beeinflussen. Eine Möglichkeit ist die Gewichtung der Einzelabweichungen nach ihrer „Ergebniswertigkeit". Für die Budgetkontrolle sind auch verschiedene Methoden der Statistik von Bedeutung. Sie können bspw. zur Beurteilung der Signifikanz von Abweichungen eingesetzt werden. Außerdem lassen sich mit Hilfe statistischer Methoden Erkenntnisse über künftige Entwicklungen bspw. mit Hilfe von Trendanalysen gewinnen.

Um den Aufwand von Planung und Budgetierung zu begrenzen und den Nutzen zu steigern, kann der Planungsprozess um Elemente von „Better Budgeting", „Beyond Budgeting" und „Advanced Budgeting" erweitert werden (vgl. **Abb. 4.12**).

Vertreter des Better Budgeting stellen das Instrument der herkömmlichen Budgetierung an sich nicht in Frage. Die Kernziele, die mit

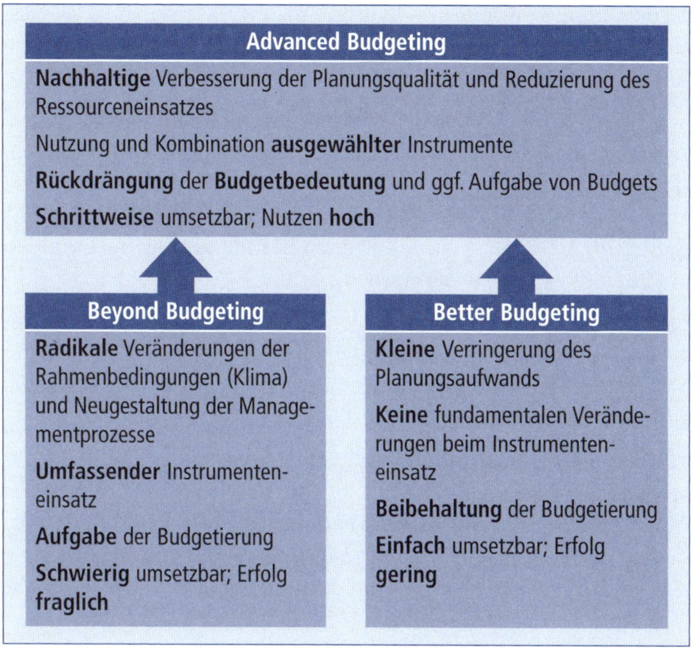

Abb. 4.12: Das Advanced Budgeting

diesem Ansatz verfolgt werden, sind eine Effizienzsteigerung und Vereinfachung von Planung und Budgetierung. Inkrementelle, permanente Veränderungen von Planung und Budgetierung in kleinen Schritten kennzeichnen diesen evolutionären Ansatz.

Ganz anders hingegen denken die Vertreter des Beyond Budgetings. Das „Consortium for Advanced Manufacturing International (CAM-I)" hat sich 1998 im Rahmen des „Beyond Budgeting Round Table Projects" die Aufgabe gegeben, ein neues Managementmodell für den Übergang vom Industriezeitalter zum Informationszeitalter zu entwickeln (vgl. *Bunce et al.* 2002, S. 5 ff.). Eine bessere Unternehmenssteuerung ohne Budgets ist ihr Ziel. An ihre Stelle treten folgende Instrumente: Balanced Scorecard, Prozessorientiertes Performance Measurement, Benchmarking und Rollierende Planung. Der Fokus des Beyond Budgeting liegt jedoch auf der veränderten

Denkhaltung von Führungskräften. Adaptive Managementprozesse und Subsidiarität von Entscheidungen prägen diese Unternehmenskultur.

Trotz aller Kritik, die an der herkömmlichen Planung und Budgetierung geäußert wird, hat sich dieses Instrument in der Vergangenheit bewährt, so dass eine völlige Abschaffung, insbesondere unter dem Aspekt der Anforderungen an eine veränderte Unternehmenskultur, die sich i. d. R. nur allmählich beeinflussen lässt, zumindest auf kurze Frist fragwürdig erscheint.

Der Ansatz des Advanced Budgeting zielt daher auf eine abnehmende Bedeutung von Budgets auf mittlere Frist bei kurzfristiger Steigerung der Planungsqualität und Verringerung des Budgetierungsaufwandes ab.

Die Gestaltung einer modernen Budgetierung erfolgt anhand sechs wesentlicher Empfehlungen, die im Rahmen des Fachkreises Moderne Budgetierung des Internationalen Controller Vereins erarbeitet wurden (vgl. *Gleich et al. 2009*). Die Empfehlungen gliedern sich in die Bereiche Prozesse und Strukturen sowie Planungsinhalte (vgl. **Abb. 4.13**).

Die Empfehlungen im Bereich Prozesse und Strukturen umfassen Empfehlungen für die Gestaltung von Planungsprozessen und -ebenen sowie die Auswahl von Planungsinstrumenten. Im Kern geht es um

- **Einfachheit:** Unternehmen sollten sich auf steuerungsrelevante Inhalte beschränken, effiziente Abläufe einsetzen und nur effektive IT-Instrumente und Methoden umsetzen. Konkret sollte die Planung daher auf wenigen Eingangsgrößen, wie z. B. Auslastungsquote im Dienstleistungsbereich basieren, aus denen viele weitere Größen abgeleitet werden können.

- **Flexibilität:** Unternehmen sollten eine Unternehmens- und Führungskultur etablieren, die auf Offenheit, Realismus und der Bereitschaft, Änderungen unterjährig durchzuführen und aus Fehlern zu lernen, gründet. Dies kann bspw. durch Szenarienrechnungen, den Einsatz relativer Ziele oder rollierenden Forecasts realisiert werden. Wichtig ist bspw. auch die Möglichkeit

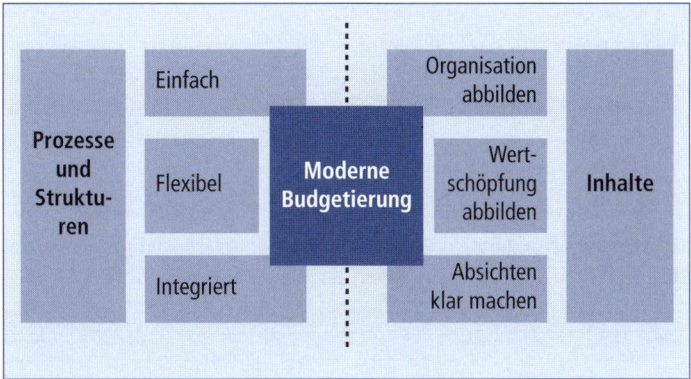

Abb. 4.13: Moderne Budgetierung

unterjährig Budgets ohne aufwendige und langwierige Abstimmungsprozesse an aktuelle Gegebenheiten anzupassen.

- **Integration:** Unternehmen sollten zentrale Planungssysteme, -ebenen und -fristigkeiten gemeinsam betrachten und aufeinander abstimmen. Dies kann bspw. dadurch erreicht werden, indem man sich auf wenige, möglichst konkrete Vorgaben beschränkt, die jedoch voneinander ableitbar sind.

Die Empfehlungen für eine moderne Budgetierung im Bereich der Planungsinhalte umfassen:

- Die **Abbildung der Wertschöpfung:** Unternehmen sollten dazu die einzelnen Schritte der Wertschöpfungskette in der Planung berücksichtigen. Den Ausgangspunkt dazu bilden Ziele, erkannte Engpässe und Restriktionen im Hinblick auf Erfolg und Wachstum des Unternehmens.

- Die **Abbildung der Organisation:** Unternehmen sollten die Aufbau- und Ablauforganisation in Planung und Budgetierung abbilden. Dazu sind je Organisationseinheit konkrete und eindeutige Ziele und Pläne zu entwickeln. Bereichsziele und -pläne müssen sich aber am Gesamtziel des Unternehmens und nicht an Bereichsoptima orientieren.

■ Das **Klarmachen von Absichten:** Unternehmen sollten Ziele so konkretisieren, dass die damit verfolgten Absichten klar sind und von allen verstanden werden. Die Umsetzungsverantwortung sollte bei den Mitarbeitern liegen, weshalb nicht einzelne Schritte oder Maßnahmen geplant werden sollten, sondern lediglich Top-Down-Ziele und Prämissen.

Die Umsetzung einer modernen Budgetierung im Rahmen der Gestaltung des Budgetierungssystems und -prozesse bietet Antworten auf die Herausforderungen vieler Unternehmen (vgl. **Abb. 4.14**).

Herausforderungen	Antworten der Modernen Budgetierung
„Nutzen gegen Aufwand abwägen"	• Komplexität reduzieren: „einfacher werden" in Bezug auf IT-Instrumente, Methoden, Prozesse • Sich auf wesentliche, steuerungsrelevante Planungsinhalte beschränken
„Der Dynamik und den ständigen Veränderungen einen flexiblen Rahmen geben"	• Neue Instrumente einführen: „flexibler werden" beispielsweise durch Szenarien, rollierende Planung und Forecasts oder relative Ziele • Gröber werden: Jahresziele als Rahmen; kurzfristig konkrete Ziele vergeben • Maßgeschneidert: Rhythmus und Umfang von Plananpassungen unternehmensindividuell festlegen
„Verhaltenssteuerung und Entscheidungsunterstützung abwägen"	• Budgetierung soll auf Entscheidungsunterstützung fokussieren • Variable Vergütung auf Basis einer ausbalancierten Mischung von kurz- und langfristigen persönlichen, Bereichs- und Unternehmenszielen. Es ist aber zu berücksichtigen, dass Motivation eher durch nicht-monetäre Instrumente wirkt
„Planung und Budgetierung in das gesamte Führungssystem einbetten"	• Berücksichtigen der Kontextfaktoren (z. B. Branche, Organisation, Wertschöpfung, Marktsituation) bei der Gestaltung der Planung und Budgetierung • Kurz- und mittelfristige Planung stärker strategisch ausrichten; Integration der Maßnahmenplanung: „integrierter werden"

Abb. 4.14: Die Antworten der Modernen Budgetierung

4.4.3 Budgetierungsorgane

Bei der Festlegung der Budgetierungsorganisation ist die Frage zu beantworten, wer welche Aufgaben im Rahmen des Budgetierungsprozesses wahrnimmt.

Dabei ist primär zwischen den Aufgaben der Budgeterstellung und dem Budgetierungsmanagement zur Aufrechterhaltung und Weiterentwicklung des Budgetierungssystems zu unterscheiden.

Die Budgeterstellung gehört zum Tätigkeitsfeld des Linienmanagements, wobei i. d. R. dieselben Personen für die Aktionspläne und Budgets zuständig sind. Die Budgeterstellung ist noch aufbauorganisatorisch in der Form zu differenzieren, dass hierarchisch untergeordnete Stellen Budgetvorschläge erarbeiten, die den Vorgesetzten zur Verabschiedung vorgelegt werden. Das Linienmanagement ist vor allem während des Planungszeitraums mit Budgetierungsaufgaben beschäftigt. Demgegenüber wird für die zahlreichen Aufgaben des Budgetierungsmanagements i. d. R. ein spezielles Organ geschaffen. Dem Controller kommt dabei eine zentrale Bedeutung zu. Aufbau und Steuerung des Budgetierungssystems sowie die Informationsversorgung der budgetierenden Einheiten gehören zu seinen wesentlichen Aufgaben. Die skizzierte Aufgabentrennung wird in der Praxis nicht durchgängig eingehalten. Spezielle Budgetierungsorgane nehmen teilweise auch materielle Aufgaben wahr und das Linienmanagement beschäftigt sich in manchen Unternehmen auch mit formalen Aufgaben. Mit zunehmender Unternehmensgröße nähert sich die Aufgabentrennung jedoch wie oben beschrieben an.

4.5 Gestaltung eines wirkungsvollen Forecast

Der Forecast bietet eine gute Planungsbasis für turbulente Märkte. Eine dynamische Alternative zum herkömmlichen Forecast ist der „Rollierende Forecast". Beide Methoden werden im Folgenden dargestellt.

4.5.1 Herkömmlicher Forecast

Unternehmensziele bzw. Zielwerte werden i. d. R. nur einmal im Jahr, nämlich zum Zeitpunkt der Planung, unter Beachtung der dann gültigen bzw. angenommenen Planungsprämissen, festgelegt. Unterjährige Veränderungen der Rahmenbedingungen resultieren folglich in Abweichungen von den Zielwerten. Auf unterjährige Änderungen der Umwelt reagieren Unternehmen daher üblicherweise mit einem Forecast.

> Beim **herkömmlichen Forecast** handelt es sich um einen Budgetbericht, der die erwarteten Istwerte zum Periodenende nach dem jeweils aktuellen Kenntnisstand prognostiziert.

Aus dieser zukunftsorientierten Information lassen sich notwendige Steuerungsmaßnahmen fundierter ableiten als auf Grundlage eines ausschließlichen Plan/Ist-Vergleichs (vgl. *Horváth, Reichmann* 2003, S. 98). Ein Forecast hat somit die Funktion, zu bestimmten Zeitpunkten – i. d. R. quartalsweise oder halbjährlich (Beginn der Mittelfristplanung und Beginn der operativen Planung) – Aussagen über die zum Erstellungszeitpunkt zu erwartende Zielerreichung in Bezug auf das jeweilige Restbudgetjahr zu treffen.

Es wird die Frage beantwortet: Werden wir zum Jahresende unsere Budgetziele unter den derzeitigen Bedingungen erreichen?

Die an sich sinnvolle Absicht eines herkömmlichen Forecast – nämlich die Vorausschau auf die Geschäftsentwicklung – kann in der betrieblichen Praxis allerdings häufig nicht effektiv erfüllt werden.

- Eine bedeutende Schwachstelle ergibt sich bzgl. der Prognosefähigkeit. Der Forecast ist oft als Planüberarbeitung oder Budgetrevision positioniert und ähnelt einer Neuplanung.

- Der originäre Forecast ist infolge seiner Detaillierung häufig mit einer Reihe von Abstimmungen verbunden. Das führt bei der Erstellung neben einem hohen Ressourcenaufwand auch zu einer für Entscheidungszwecke viel zu langen Erstellungszeit.

- Der herkömmliche Forecast bezieht sich ausschließlich auf das Planjahr, so dass sich die Zeitspanne der Vorausschau mit Ablauf des Jahres verkürzt. Man tut gerade so, als wenn das Unternehmen zur Jahreswende zu Ende wäre und alle dann nach Hause gingen.

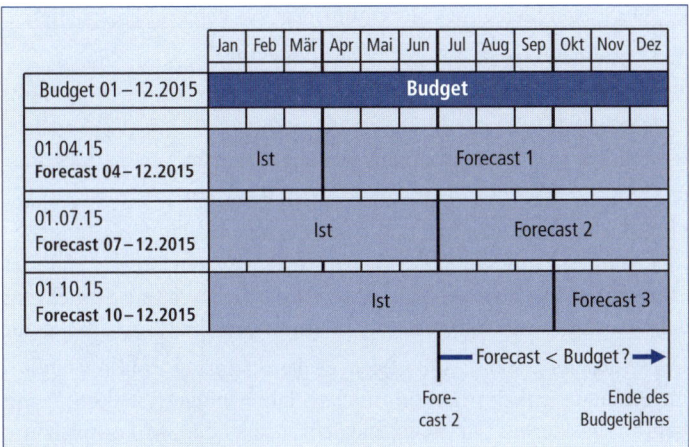

Abb. 4.15: Herkömmlicher Forecast

4.5.2 Rollierender Forecast

Der **rollierende Forecast** lässt sich als ein System definieren, das sich durch eine regelmäßige Anpassung an den verbesserten Informationsstand bei gleichzeitig zunehmender Detaillierung auszeichnet (vgl. *Horváth, Reichmann* 2003, S. 547) (vgl. **Abb. 4.16**).

Der „rollierende Gedanke" ist an sich nichts Neues. In der Praxis werden für bestimmte Teilpläne schon seit geraumer Zeit rollierende Verfahren verwendet (vgl. *Hahn* 2003, S. 98). Der bekannteste Teilplan ist ohne Zweifel die Liquiditätsplanung, die i. d. R. monatlich oder quartalsweise durchgeführt wird. Auch die Mittelfristplanung ist im Allgemeinen eine rollierende Planung. In Verbindung mit der operativen Budgetplanung ist ein rollierender Ansatz in der Praxis leider immer noch selten anzutreffen.

Die wesentlichen Merkmale des rollierenden Forecast lassen sich in Abgrenzung zum herkömmlichen Forecast wie folgt zusammenfassen:

- stets gleich bleibender Horizont (losgelöst vom Geschäftsjahr),
- Periodizität: i. d. R. quartalsweise Erstellung,
- ggf. kombinierter Detaillierungsgrad aus Fein- und Grobberichterstattung,
- wichtige monetäre und nicht-monetäre Inhalte.

Die Anzahl der zu prognostizierenden Quartale wird in Abhängigkeit von der Dynamik und Komplexität des Umfelds festgelegt (vgl. *Buchner et al.* 2000, S. 130 ff.). In der Regel erstreckt sich der Horizont auf mindestens fünf Quartale und zumeist nicht mehr als acht, da ab diesem Zeitpunkt die Prognosegüte deutlich zurückgeht.

Die Untergrenze von 5 Quartalen ist darauf zurückzuführen, dass – im Einklang mit der herkömmlichen Jahresbudgeterstellung – mit Beginn des vierten Quartals das nächste Kalenderjahr komplett mit Budget- und Forecastwerten abgedeckt sein soll. Darüber hinaus erlauben 5 Quartale einen Vergleich zweier gleicher Quartale unterschiedlicher Jahre, z. B. das Quartal 1 2005 mit dem Quartal 1 2006. Dies ist insbesondere in einem stark saisonalen Geschäft eine wichtige Unterstützung bei der Unternehmenssteuerung.

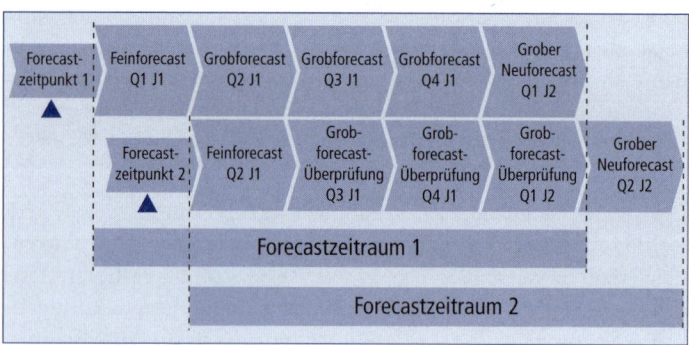

Abb. 4.16: Rollierender Forecast

Durch die rollierende Überarbeitung wird sichergestellt, dass mit fortschreitenden Erstellungszeitpunkten des Forecast der Zeitraum konstant gehalten wird und neue Informationsstände in den jeweiligen Forecast integriert werden. Dabei kann eine Staffelung hinsichtlich des Detaillierungsgrades vorgenommen werden: Das jeweils nächste Quartal (Q1 im Forecast Januar 2009) wird detaillierter berücksichtigt als die später folgenden Quartale (Q2 2009, Q3 2009, Q4 2009 und Q1 2010).

 Wie oft führen Sie in Ihrem Unternehmen einen Forecast durch?

Im dargestellten Planungssystem erfolgt in jedem Quartal ein Forecast der folgenden Quartale. Zum Forecastzeitpunkt 1 wird nur das Quartal 1 des Jahres 1 detailliert, bzw. fein betrachtet. Die anderen 4 Quartale unterliegen einem gröberen, d. h. aggregierterem Forecast. Zum Forecastzeitpunkt 2 wird das zuvor grob berücksichtigte Quartal 2 des Jahres 1 fein betrachtet, drei Quartale (Q3 J1, Q4 J1, Q1 J2) werden auf der aggregierten Ebene überprüft, und das Quartal 2 des Jahres 2 unterliegt zum ersten Mal einem Forecast.

Der rollierende Forecast bietet einen deutlichen Zugewinn an Steuerungsinformationen gegenüber dem Budget (Planung als Einmalereignis) und dem herkömmlichen Forecast. Dies betrifft insbesondere den Vertrieb, aber auch die Produktionsplanung und -steuerung als nachfolgende Teilplanung. Der rollierende Forecast ist durch einen hohen Grad an Aktualität gekennzeichnet, da er stets auf dem zuletzt verfügbaren Informationsstand aufsetzt. Dies ist insbesondere für börsennotierte Unternehmen nicht unerheblich, da sich der Kurs einer Aktie unter anderem an den Erwartungen über die zukünftige Entwicklung festmacht. So kann zum Forecastzeitpunkt 2 bereits eine Aussage über die ersten zwei Quartale des Folgejahres gemacht werden. Die Erwartungen werden entsprechend gesteuert. Darüber hinaus verlangt der rollierende Forecast keinen höheren Ressourceneinsatz, wenn der Detaillierungsgrad richtig bestimmt wird. Außerdem kann die Liquiditätsplanung mit dem Quartalsfeinforecast zusammengeführt werden, so dass Doppelarbeiten entfallen.

Anzumerken ist noch, dass der hier dargestellte rollierende Forecast in idealtypischer Form skizziert wurde. Bei der Konzeption eines derartigen Systems sind folgende Ausgestaltungsmerkmale unternehmens- und empfängerspezifisch zu berücksichtigen:

- Eine der wesentlichen Fragen in Bezug auf die Ausgestaltung des rollierenden Forecast ist die nach der Frequenz und dem Forecasthorizont. Hierauf eine pauschale Antwort zu geben, ist aufgrund der Fokussierung auf die spezifischen Steuerungsansprüche von Unternehmen bzw. verschiedenen Empfängern innerhalb der Unternehmen nicht möglich. Grundsätzlich gilt: Je höher die Dynamik und Komplexität, desto kürzer sollten die Forecasthorizonte sein bzw. desto häufiger sollte die Erstellung stattfinden. Wird der Forecastzeitraum zu lang festgelegt, bekommt der Forecast den Charakter einer rollierenden Mittelfristplanung und unterliegt der Gefahr, zu viel Pflegeaufwand zu verursachen. Ähnliches gilt für die Festlegung des Zeitraums des Feinforecast, der durchaus auch mehr als ein Quartal umfassen kann.

- Ein Teilaspekt der empfängerorientierten Konzeptionierung ist die Detaillierungstiefe des rollierenden Forecast. Es müssen lediglich die erfolgskritischen Schlüsselinformationen im Forecast abgebildet werden. Es darf in keinem Fall ein vierfacher (Jahres-) Planungsaufwand erzeugt werden. Es ist permanent die Frage zu stellen, ob die jeweils vorgeschlagene Verfeinerung unter Steuerungsgesichtspunkten notwendig ist und eben nicht andersherum.

Ein rollierender Forecast ist ein wichtiges Instrument eines modernen Planungsansatzes und fester Bestandteil einer integrierten Planung. Diese verbindet die strategische Planung mit der operativen Planung („vertikale Integration der Planung"). Die Balanced Scorecard (BSC) als Instrument zur Integration von strategischer und operativer Planung erfüllt die folgenden Kriterien am besten:

- Sicherstellung der Strategieumsetzung durch konkrete Aktionsprogramme,

- Einbezug von Nicht-finanziellen Performance-Größen,

- Berücksichtigung aller Leistungsebenen.

Zur Erreichung der gesetzten strategischen Ziele werden im Rahmen des Balanced-Scorecard-Prozesses Maßnahmen, sog. strategische Aktionen, festgelegt. Zur Sicherstellung der Maßnahmenumsetzung werden dieselben mit Verantwortlichkeiten verknüpft, mit einem Budget ausgestattet und unterliegen einem permanenten Maßnahmen-Controlling im Rahmen des rollierenden Forecasts.

Ziele aus der Prozess- oder der Finanzperspektive stellen eindeutige Zielvorgaben (Top-Down Ansatz) für die operative Planung dar. Im Gegensatz zum weit verbreiteten Bottom-up Ansatz, der die Frage beantwortet: „Was kann erreicht werden", bekommt die operative Planung auf diese Weise einen stärkeren Zielcharakter und beantwortet die Frage: „Was soll erreicht werden?". Benchmarking, verstanden als „Lernen von den Besten", flankiert die strategischen Zielvorgaben. Dabei muss es sich nicht immer um ein externes Benchmarking handeln. Internes Benchmarking, also der Vergleich mit anderen Organisationseinheiten innerhalb desselben Unternehmens kann ebenso herangezogen werden. So bietet bspw. der Handel mit seiner ausgeprägten Filialstruktur eine gute Möglichkeit, einzelne Filialen in ihrer Performance miteinander zu vergleichen. Top-Down Budgets auf aggregiertem Level können prinzipiell bereits ausreichend sein. Sie müssen nicht stets weiter detailliert werden. Ein Herunterbrechen von Budgets auf viele Kostenarten, Kostenstellen, Merkmalskombinationen der Marktsegmentrechnung etc. erfolgt nur, wo es zur Geschäftssteuerung absolut notwendig, aber auch sinnvoll möglich ist. Die Umfeldturbulenz ist dabei unbedingt zu berücksichtigen.

Um sicherzustellen, dass eine Strategie auch umgesetzt wird, reicht es nicht aus, dieselbe nur für die Gesamtunternehmensebene zu formulieren. Eine BSC ist, unter Berücksichtigung der individuellen Zielbeiträge, für alle Leistungsbereiche herunter zu brechen. Durch das Instrument der Zielvereinbarungen, für welche die im Zuge des BSC-Prozesses festgelegten Maßnahmen und Verantwortlichkeiten die Basis bilden, wird die Ausrichtung des individuellen Handelns an der Strategie und nicht am operativen Budget sichergestellt.

Die Leistungsbewertung aufgrund fixer Budgetvorgaben in marktnahen Einheiten erfolgt auf einer falschen Basis, da dadurch keine

Umfeldentwicklungen (Marktentwicklung, Entwicklung der wichtigsten Wettbewerber) in die Beurteilung einbezogen werden. Vermeintlich positive Überreichung von Plänen verleiten oftmals zu falschen und voreiligen Schlüssen, speziell dann, wenn die relevanten Umfeldfaktoren keine Berücksichtigung finden. So führt bspw. ein 10% höherer Ist-Umsatz gegenüber dem Plan-Umsatz zu einer Bonuszahlung. Berücksichtigt man aber die gleichzeitige Erhöhung des Markvolumens um 25%, und dass der wichtigste Wettbewerber im gleichen Zeitraum sogar um 32% zugelegt hat, lässt dies die Leistung der eigenen Vertriebsmitarbeiter in einem anderen Licht erscheinen. Um die Probleme einer absoluten Planvorgabe zu umgehen, empfiehlt sich eine Planvorgabe auf der Grundlage relativer Zielwerte, die an die Entwicklung relevanter Umfeldfaktoren zu koppeln sind und sich somit selbst adjustieren (vgl. *Gleich, Kopp* 2001, S. 431).

Abschließend sei noch angemerkt, dass speziell durch geeignete Softwarelösungen nachhaltige Verbesserungen des Planungs- und Budgetierungsprozesses erzielbar sind. Besonders die Abschaffung der weit verbreiteten Tabellenkalkulationsunterstützung verspricht Vorteile. Hoher Wartungsaufwand, fehlende Multiuser-Fähigkeiten, geringe Verarbeitungsgeschwindigkeit und inkonsistente Datenstrukturen etc. wiegen häufig schwerer, als die Vertrautheit im Umgang mit Tabellenkalkulationsprogrammen.

Bei der Auswahl des richtigen Planungswerkzeugs ist auch hier die Berücksichtigung des Planungsumfeldes wichtig. Nur in simplen Geschäftsbereichen (geringe Komplexität) ist der Einsatz von Tabellenkalkulationsprogrammen noch sinnvoll. In komplexeren Märkten bietet sich der Einsatz von Planungsstandardsoftware an. Diese kennzeichnet sich durch einen integrierten Ansatz, der alle Schritte von der Plandateneingabe bis zu Ausgabe von Berichten in einem Paket zusammenfasst (vgl. *Dahnken, Banges* 2002, S. 20 f.). Der Einführungsaufwand und die damit verbundenen Kosten halten sich in überschaubaren Grenzen. Für Geschäftsbereiche, die sich häufig verändernde externe Faktoren zu berücksichtigen haben (dynamisch, turbulentes Umfeld) und daher auf Simulationen angewiesen sind, bietet sich der Einsatz von Softwarelösungen an. Der größeren Flexibilität in der Gestaltung der Planung steht der deutlich höhere Einführungsaufwand gegenüber.

Eine IT-gestützte, rollierende, sich an Zielen orientierende, integrierte strategische und operative Planung unter Berücksichtigung des Unternehmensumfeldes bilden die Basispfeiler des Advanced Budgetings. Selbst adjustierende Ziele, Prozessorientierung und Benchmarking runden den Horváth & Partners-Ansatz ab.

 Nutzen Sie auch nicht-monetäre Inhalte in Ihrem Forecast?

4.6 Praxisbeispiel

4.6.1 Die Sicherheits AG

Das Unternehmen „Sicherheits AG" ist ein internationaler Anbieter von Brandschutz- und Gas-Detektions-Systemen für Privat- und Geschäftskunden. In dem letzten Geschäftsjahr erwirtschaftete das Unternehmen einen Umsatz von 1,5 Mrd. Euro. Davon entfielen 70 Prozent auf Brandschutz- und 30 Prozent auf Gas-Detektions-Systeme.

Die Produktion erfolgt aus 3 Werken, die sich in Deutschland, Tschechien sowie Südamerika befinden. Der Großteil des Umsatzes wird mit Produkten erzielt, die anhand der diskreten Standardfertigung hergestellt werden, ein geringer Anteil des Umsatzes wird durch Kundeneinzelfertigung erwirtschaftet. Der weltweite Verkauf der Produkte erfolgt über 40 Vertriebsniederlassungen in Europa, Amerika und Asien.

Das Unternehmen ist vor 40 Jahren als Spezialist für Brandlöschmittel entstanden und über die Jahre stark gewachsen, was unter anderem auch auf diverse Unternehmensakquisitionen zurückzuführen ist. Durch den Kauf von Unternehmen im Bereich Gas-Detektions-Systeme ist vor 20 Jahren ein weiterer Geschäftsbereich gegründet worden, der im Rahmen der divisionalen Konzernsteuerung weitestgehend autark ausgesteuert wurde. Das Unternehmen ist vor einem

Jahr von einer divisionalen auf eine funktionale Konzernsteuerung übergegangen, um besser Synergien und Skaleneffekte zu nutzen.

Die Planung und das Forecasting der Sicherheits AG wurden vom Management und selbst von Teilen des Controllings als aufwendig und wenig bis gar nicht steuerungsrelevant empfunden. Negative wie positive Abweichungen wurden vor der Neukonzeption selten frühzeitig signalisiert. Der größtenteils politisch geprägte Forecast induzierte praktisch nie eine Definition von Gegensteuerungsmaßnahmen und trug de facto nicht zur Unternehmenssteuerung bei. Vom Horizont war der Forecast (bzw. die „Jahresend-Verpflichtung") als Jahresend-Forecast ausgerichtet, d. h., es wurde immer der Jahresendwert prognostiziert. Eine Periodisierung in einzelne Quartale oder eine Vorausschau ins Folgejahr fand nicht statt. Die Nutzung der gleichen Strukturen für Plan, Forecast wie für das Ist-Reporting hatte den Nachteil, dass beim Forecasting eine starke Orientierung an den Budgetvorgaben erfolgte.

Eine Neugestaltung des Forecastings wurde erst im Zuge größerer Umweltveränderungen beschlossen, welches die Sicherheits AG höherer Unsicherheit und Dynamik unterwarf. Dies ließ einer konsequenten Maßnahmensteuerung und einer dynamischeren Planung eine höhere Bedeutung zukommen.

4.6.2 Projekt: Entwicklung eines neuen Forecast-prozesses

Zur Neugestaltung des Forecastprozesses wurde ein Zielbild entworfen, welches die wesentlichen Eigenschaften des neuen Ansatzes zusammenfasst:

- Klare Zielorientierung auf Basis der Strategie
- Kurze, schlanke Planung mit geringem Aufwand
- Kontinuierliche Aktualisierungen von Zukunftsinformationen durch einen rollierenden Forecast
- Konsequente Maßnahmenorientierung in der Steuerung durch Integration der Top-Maßnahmen in Planung und Forecasting

Durch den Ansatz sollte sowohl der Aufwand beim Forecasting verringert als auch die Steuerungswirkung gesteigert werden. Um die starke Budgetorientierung des bisherigen Forecasts zu überwinden, musste eine Neugestaltung des Forecasts erfolgen. Zweck und Rolle des Forecasts waren neu zu definieren.

Damit der Forecast nicht mehr als „Budgetbestätigungs-Instrument", sondern als ehrliche Vorhersage der erwarteten, voraussichtlichen Entwicklung verstanden wird, musste über Kommunikationsmaßnahmen („Change Management") das Verhalten der Beteiligten geändert werden. Den Ausgangspunkt für die Verhaltensänderung bildete dabei eine Veränderung der Reaktion des Top-Managements (Vorstand und zweite Management-Ebene) auf die gemeldeten Forecast-Ergebnisse. Statt wie bisher negative Abweichungen gegenüber den Budgetzielen abzustrafen, wurde nun das Augenmerk auf die Prognosegüte gelegt: Nicht die Abweichung vom Plan- bzw. Budgetwert ist als kritisch anzusehen, sondern die zu späte Meldung absehbarer Entwicklungen. Auf diese Weise wurden die (dezentralen) Forecast-Verantwortlichen dazu ermuntert, frühzeitig erkennbare Abweichungen gegenüber den Planannahmen aufzuzeigen und zu melden. Die Prognosegüte und damit der Nutzen und die Bedeutung des Forecasting erhöhten sich dadurch in starkem Maße. **Abb. 4.17** fasst die wesentlichen Veränderungen im Vergleich zu dem bestehenden Forecast zusammen.

Um der erhöhten Umfeld-Dynamik gerecht zu werden, sollte der bisher auf das Jahresende ausgerichtete Forecast-Horizont mit einer rollierenden Komponente versehen werden. Dabei sollte ursprünglich ein „klassischer" rollierender Forecast mit einem Horizont von jeweils 6 Quartalen installiert werden. Auf diese Weise sollte der Forecast stärker die Mittelfristperspektive, wie sie für die Betrachtung der Maßnahmenwirkung notwendig ist, integrieren. Im Zuge der Diskussionen wurden jedoch auch die Nachteile eines solchen Ansatzes deutlich. Insbesondere wurde kritisch hinterfragt, welchen Nutzen die Betrachtung einzelner Quartale des Folgejahres in der ersten Jahreshälfte bringt. Wenn die bezüglich dieser Quartale generierten Informationen keinen Adressaten finden, kann auf diese verzichtet werden.

Aus diesem Grund fiel die Entscheidung auf den sog. teil-rollierenden Ansatz. Dabei wird nicht kontinuierlich ein zusätzliches Quartal

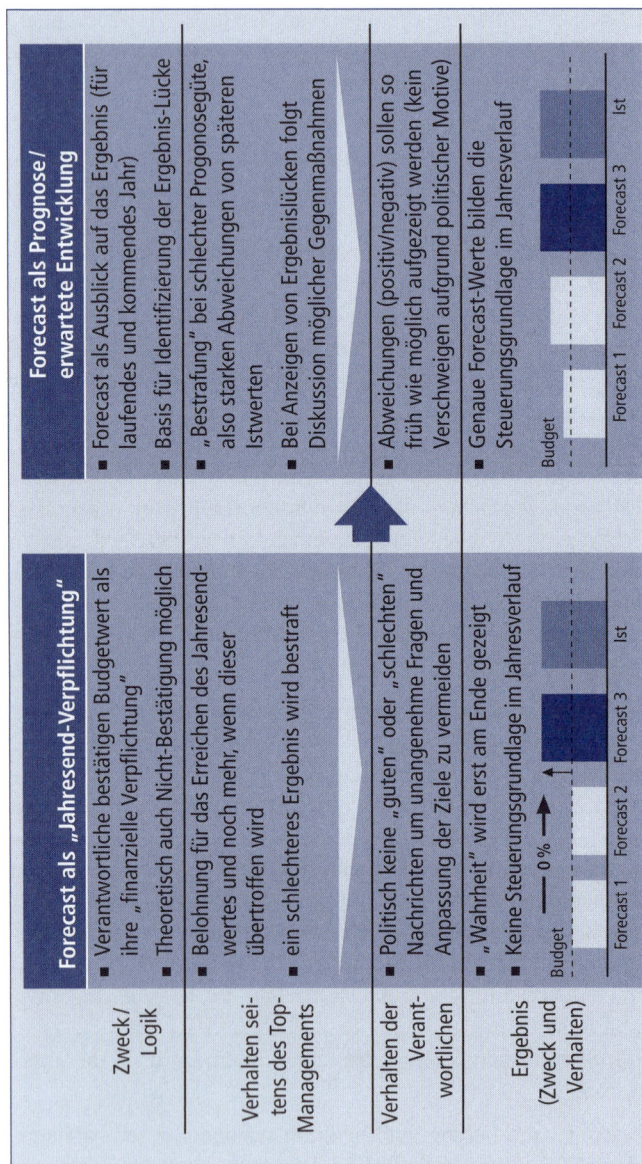

Abb. 4.17: Rollierende Neupositionierung des Forecast in der Organisation

mit prognostiziert, sondern es wird immer das Folgejahr mitbetrachtet. Aufgrund beschränkter Kapazitäten am Jahresanfang sowie der zeitlichen Überlappung mit dem Jahresabschluss beruht der Forecast 1 allein auf verfügbaren Daten aus dem Forecast 4 des Vorjahres und der Mittelfristplanung (hier „Business Planning" genannt). Im Forecast 2 erfolgt dann eine Aktualisierung der drei Quartale des laufenden Jahres sowie des Folgejahres in Summe. Zum Forecast 3 wird das Folgejahr dann in zwei Quartale und das verbleibende Halbjahr periodisiert. Erst mit dem letzten Forecast 4 erfolgt schließlich eine vollständige Periodisierung des Folgejahrs in vier Quartale. Grundsätzlich werden dabei immer die existierenden Informationen aus dem vorherigen Forecast (oder alternativ aus der Mittelfristplanung) als Vorschlagswerte übernommen.

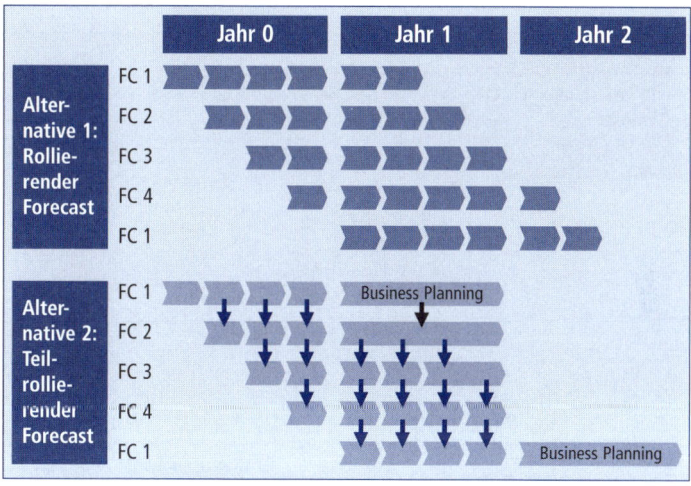

Abb. 4.18: Rollierender Forecast-Horizont vs. teil-rollierender Horizont

Der bisher für Produktion und Vertrieb weitestgehend parallel gestaltete Forecastprozess sollte nun sequentiell gestaltet werden, dass die zentrale Abstimmung zwischen den Vertriebs- und Produktionseinheiten mittels zweier hintereinandergeschalteter Prozessschritte erfolgt (vgl. **Abb. 4.18**). Im ersten Schritt prognostizieren die Vertriebs- und Service-Einheiten die Außenumsätze, die zugehörigen Standard-Herstellkosten und ihre Funktionskosten. Diese Forecast-Informationen werden – nach einem kurzen Review durch die Leitung der jeweiligen Vertriebsregion – an die Produktionsbereiche als Bericht zur Verfügung gestellt, die nun ihrerseits Innenumsätze und Herstellkosten prognostizieren. Parallel erfolgt ein Forecast durch die weiteren Einheiten (insbesondere F&E und Zentralfunktionen), der nicht auf dem kritischen Pfad liegt. Die verschiedenen Forecasts werden schließlich im Rahmen einer einfachen Management-Konsolidierung zusammengeführt zum Gesamtunternehmens-Forecast. Der dargestellte Forecastprozess nimmt knapp drei Wochen in Anspruch. Er endet nicht mit der Erstellung der Forecast-Informationen, sondern führt zu einem sog. Forecast-Review, in welchem die Ergebnisse diskutiert und Gegensteuerungsmaßnahmen beschlossen werden.

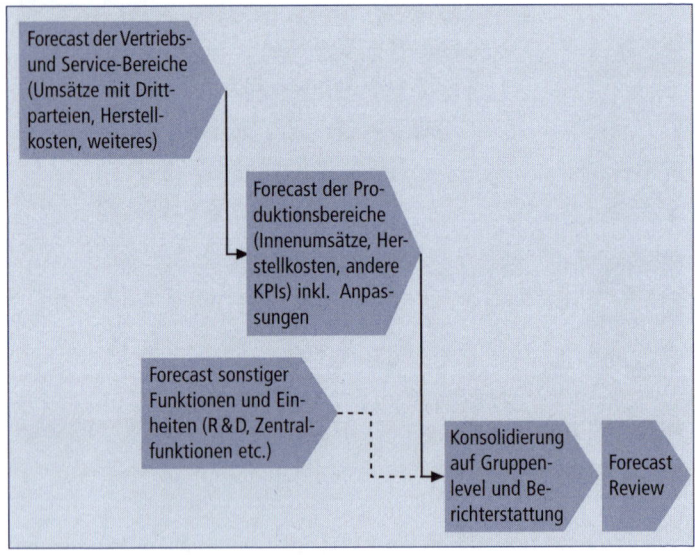

Abb. 4.19: Neuer, sequentieller Forecastprozess (vereinfachte Darstellung)

Das bisherige Budget in Form einer „ausgehandelten" Jahresplanung wird im Wesentlichen abgeschafft; an seine Stelle treten

- zum einen die aus der Zielwertfestlegung linear abgeleiteten Jahresziele („was soll erreicht werden?"),

- zum anderen die Prognosewerte aus dem teil-rollierenden Forecast („was werden wir voraussichtlich erreichen?").

Statt in einem Instrument den Spagat aus Ambition/Motivation und Prognose/Realismus zu vereinen, werden die beiden Budgetfunktionen nun von zwei Instrumenten übernommen. Geblieben ist die „Business Plan" genannte Mittelfristplanung, die einmal jährlich zusammen mit dem letzten Forecast im Oktober erstellt wird und die, auf den teilrollierenden Forecast folgenden, Jahre 2–4 umfasst.

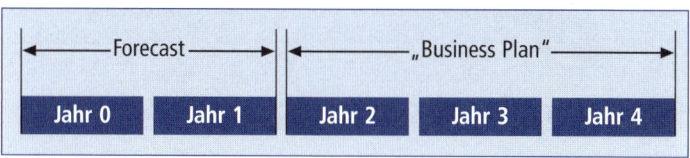

Abb. 4.20: Horizont des „Business Plan" in Abgrenzung zum Forecast

Die Aufgabe dieser Mittelfristplanung besteht darin, einerseits die (mittelfristige) finanzielle Wirkung der definierten Top-Maßnahmen und andererseits die verbleibende Ziellücke zu den (linearisierten) Zielwerten aufzuzeigen. Die neben der Integration der Maßnahmen (siehe dazu unten) notwendige Fortschreibung des existierenden Geschäfts kann dabei mit minimalem Aufwand erfolgen.

Die Definition und Umsetzung von Maßnahmen erfolgt nicht mehr nur zu bestimmten Zeitpunkten (wie beispielsweise zu Beginn der Planung), sondern kontinuierlich. Dadurch wird sichergestellt, dass Potenziale zur Verbesserung des Unternehmens jederzeit umgesetzt werden können. Zudem kann auf Änderungen der wirtschaftlichen Situation kurzfristig mit einer Umpriorisierung in dem bereits definierten Maßnahmenportfolio reagiert werden.

Um die kontinuierliche Maßnahmenorientierung effizient steuern zu können, wird der Umfang des Maßnahmenportfolios stets auf eine überschaubare Anzahl an Maßnahmen begrenzt, um Organisation und Management nicht zu überfordern. Dazu werden Maßnahmen unterhalb bestimmter Wesentlichkeitsgrenzen in einem Maß-

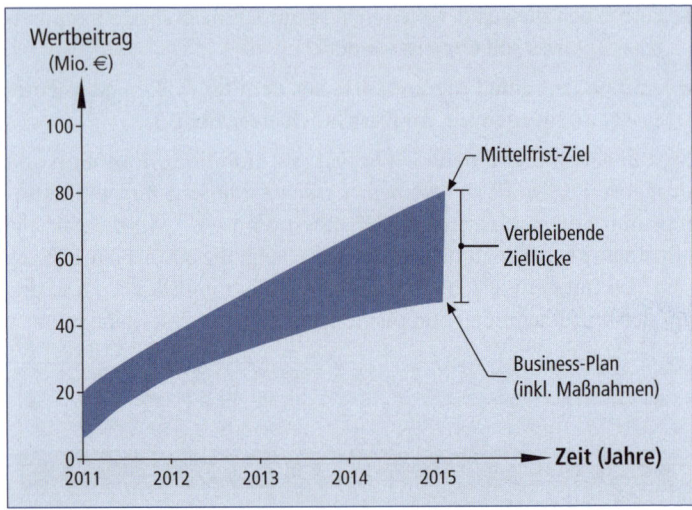

Abb. 4.21: Der „Business Plan" zeigt Ziellücke auf

nahmenbündel zusammengefasst oder weiterhin separat (losgelöst von dem Planungs- und Forecastprozess) gesteuert.

Zudem werden sämtliche Maßnahmen aus Gründen der Vergleichbarkeit anhand standardisierter Templates geplant. Die Definition von Maßnahmen kann in einer der folgenden Kategorien erfolgen: Profitables Wachstum, operative Effizienz und Kapitaleffizienz. Für jede Kategorie werden Entscheidungsprozesse und Kriterien für die Priorisierung der transparent gemacht (vgl. **Abb. 4.22**). Die Effekte des Maßnahmenportfolios werden im Rahmen des Forecast kontinuierlich aktualisiert. Dazu müssen die Maßnahmen-Verantwortlichen den Umsetzungsstand ihrer Maßnahmen melden. Auf diese Weise erhält das Management aktuelle Informationen für Repriorisierungen oder weitere Handlungsbedarfe im Maßnahmenportfolio. Zum anderen hat das Statusreporting einen psychologischen Effekt: Verantwortliche werden bei ihren Maßnahmenvorschlägen realistischer planen, wenn sie wissen, dass sie bei der Umsetzung diese Planung später regelmäßig berichten müssen. Voraussetzung hierfür sind die einheitlichen Tools und Templates, welche die Maßnahmen

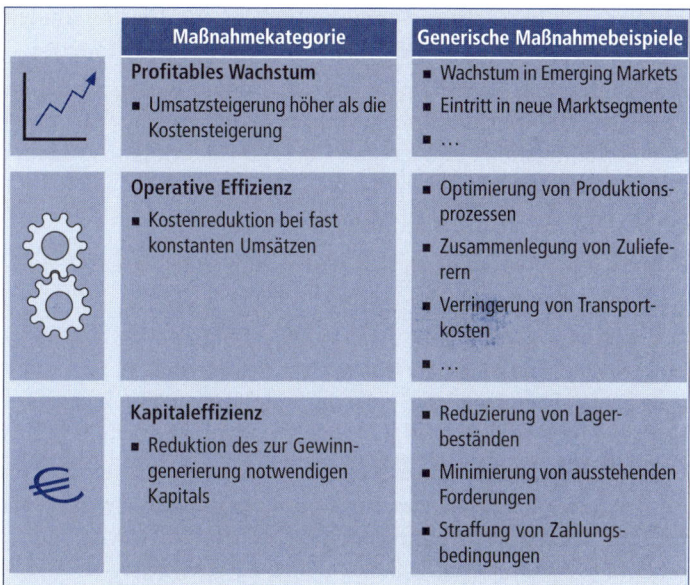

Maßnahmekategorie	Generische Maßnahmebeispiele
Profitables Wachstum ■ Umsatzsteigerung höher als die Kostensteigerung	■ Wachstum in Emerging Markets ■ Eintritt in neue Marktsegmente ■ …
Operative Effizienz ■ Kostenreduktion bei fast konstanten Umsätzen	■ Optimierung von Produktionsprozessen ■ Zusammenlegung von Zulieferern ■ Verringerung von Transportkosten ■ …
Kapitaleffizienz ■ Reduktion des zur Gewinngenerierung notwendigen Kapitals	■ Reduzierung von Lagerbeständen ■ Minimierung von ausstehenden Forderungen ■ Straffung von Zahlungsbedingungen

Abb. 4.22: Maßnahmenkategorien und generische Maßnahmenbeispiele

vergleichbar zu machen. Dazu zählt z. B. eine klare Definition der Kennzahlen, die geplant werden müssen.

4.6.3 Lessons Learned

Die Neugestaltung von Planung und Forecasting hat die Zufriedenheit des Managements sowie des Controllings erheblich gesteigert. Zum einen haben sich Planung und Forecasting zu wertvollen Steuerungsinstrumenten entwickelt: Die Planung gibt ambitionierte aber realistische Zielwerte vor und definiert Maßnahmen zur Schließung von möglichen Ziellücken. Der Forecast hingegen dient als Prognoseinstrument, welches kontinuierlich eine objektive Einschätzung der kurzfristigen wirtschaftlichen Entwicklung bereitstellt. Zum anderen ist der mit der Planung verbundene Aufwand erheblich reduziert worden, da die Planwerte nicht mehr durch aufwendige Abstimmungsverfahren bottom-up im Detail ermittelt sondern systematisch aus dem 5 Jahres Zielwert abgeleitet werden.

Die Konzeption sowie Umsetzung der Neugestaltung wurde in insgesamt 12 Monaten durchgeführt und hat eine durchaus nennenswerte Investition erfordert. Als wesentliche Erfolgsfaktoren im Rahmen der Umsetzung haben sich

- ein strukturiertes Change Management sowie

- die Nutzung eines neuen Systems zur Implementierung der IT-Anforderungen erwiesen.

Dadurch konnte sowohl die ambitionierte Zeitplanung für das Projekt gehalten werden als auch sichergestellt werden, dass die Änderungen des Planungs- und Forecast-System nicht nur kommuniziert, sondern nachhaltig in der Unternehmensorganisation verankert werden.

An der ursprünglich erarbeiteten Konzeption sind während sowie nach der Umsetzung nur geringfügige Änderungen vorgenommen worden. Für konzeptionelle Diskussionen hat nach erfolgter Umsetzung die erfreuliche Tatsache geführt, dass der durchaus ambitionierte 5-Jahres Zielwert bereits im zweiten Jahr schon fast erreicht wurde. So wird derzeit diskutiert in welchen Fällen es zu einer Anpassung des mehrjährigen Zielwertes kommen kann oder sollte.

4.7 Gestaltungscheckliste für Manager und Controller

! *Leiten Sie die operative Planung aus der strategischen Planung ab!*

! *Verknüpfen Sie die operative Planung (z. B. Absatzplanung mit der Finanzplanung (Gewinn- und Verlustrechnung, Bilanz und Kapitalflussrechnung!*

! *Beachten Sie die Gestaltungsmerkmale Ihres Budgetsystems (Differenziertheit und Vollständigkeit, Verbindlichkeit, Budgethöhe, Budgetslack, Budgets und strategische Pläne)!*

! *Gestalten Sie Ihren Budgetierungsprozess entsprechend der notwendigen Merkmale (Vertikale Koordination der Budgetplanung, Zeitliche Koordination der Budgetplanung, Kontrollumfang und Kontrollrhythmik, Kontrollmethodik, Toleranzgrenzen, Flexibilität)!*

! *Verwenden Sie einen rollierenden Forecast mit stets gleich bleibenden Horizont!*

! *Verwenden Sie auch nicht-monetäre Inhalte in Ihrem Forecast!*

! *Berücksichtigen Sie bei Ihrer Planung Forecastwerte!*

Vertiefende Lektüre

Wenn Sie mehr über das Gesamtgebiet der Planung wissen möchten, lesen Sie

Hahn, D., Hungenberg, H. (2001), PuK – Wertorientierte Controllingkonzepte, 6. Aufl., Wiesbaden 2001.

Anthony, R. N., Govindarajan, V. (2006), Management Control Systems, 12. Aufl., Boston 2006.

Wenn Sie mehr zur modernen Planung wissen möchten, lesen Sie

Gleich, R., Kopp, J., Leyk, J. (2003), Advanced Budgeting: better and beyond, in: *Horváth, P., Gleich, R. (Hrsg.),* Neugestaltung der Unternehmensplanung, Stuttgart 2003, S. 315–329.

5. Kapitel

Finanzmanagement und Finanz-Controlling

5.1 Ziele des Kapitels

Abb. 5.1: Ziele des Kapitels

Ziel des Kapitels ist es, dem Leser den Baustein Finanzmanagement und Finanz-Controlling vorzustellen. Dabei werden zunächst die Aufgaben des Finanzmanagements bzw. des Finanz-Controllings geklärt. Anschließend werden Instrumente des Finanz-Controllings sowie die Anwendung dieser aufgezeigt.

5.2 Einführung

Die Zahlungsfähigkeit eines Unternehmens stellt die Basis für dessen nachhaltige Existenz dar. Die ausreichende Verfügbarkeit finanzieller Mittel ist eine unerlässliche Voraussetzung für Errichtung, Aufbau, Wachstum und laufende Aktivität des Unternehmens. Auch der Unternehmenserfolg ist in erster Linie finanzmittelbezogen, da die eingesetzten Finanzmittel vermehrt werden sollen.

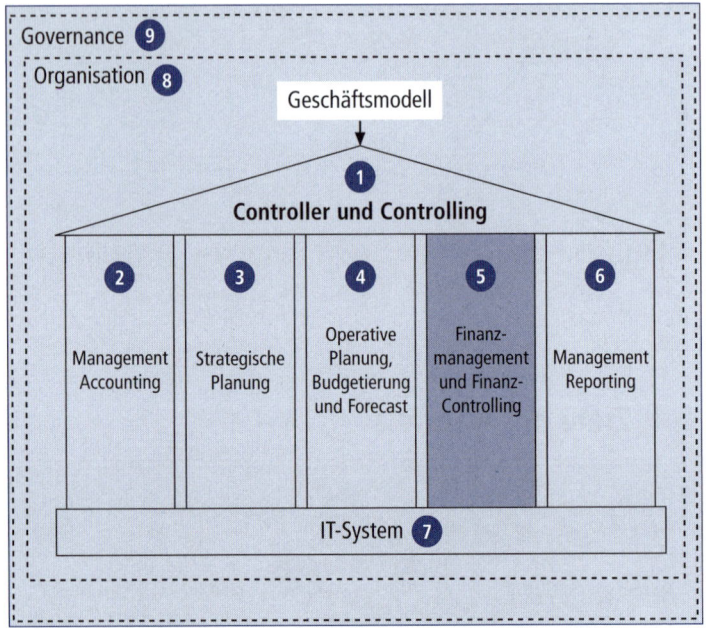

Abb. 5.2: Einordnung des Kapitels in das „House of Controlling"

Planung, Steuerung und Kontrolle der Finanzmittel sind somit eminent wichtige Aufgaben der Unternehmensführung, die einer spezifischen Unterstützung durch das Controlling bedürfen. Das Finanzmanagement trägt die Verantwortung für die Liquiditätssicherung, sowohl auf kurz- als auch auf langfristige Sicht, und ist somit für die Bearbeitung der genannten Aufgaben zuständig. Das Finanz-Controlling spielt hierbei eine wichtige Rolle, da es dem Finanzmanagement sowohl instrumentelle als auch informationelle Unterstützung bei der Wahrnehmung seiner Aufgaben bietet. Ein effizientes Zusammenspiel von Finanzmanagement und Finanz-Controlling ist für den Unternehmenserfolg damit unerlässlich. Dies führt zu der Frage, wie das Zusammenspiel zwischen Finanzmanagement und Finanz-Controlling effektiv gestaltet werden kann.

In diesem Kapitel soll daher beschrieben werden, welche Aufgaben das Finanzmanagement hat und wie das Finanz-Controlling das

Finanzmanagement bei der Wahrnehmung dieser Aufgaben unterstützt. Weiterhin werden die Instrumente des Finanz-Controllings vorgestellt sowie Hinweise zu ihrer Anwendung gegeben.

5.3 Gestaltung eines wirkungsvollen Finanzmanagements und Finanz-Controllings

Das Finanzmanagement trägt die Verantwortung für die Liquidität des Unternehmens und muss diese sowohl kurz- als auch langfristig sicherstellen. Das Finanz-Controlling bietet dem Finanzmanagement dabei sowohl instrumentelle und als auch informationelle Unterstützung. In **Abb. 5.3** ist das Zusammenspiel von Finanzmanagement und Finanz-Controlling dargestellt.

Abb. 5.3: Zusammenspiel zwischen Finanzmanagement und Finanz-Controlling

Obwohl die Frage nach der genauen Ausgestaltung der Bereiche Finanzmanagement und Finanz-Controlling stark von Größe und Branche des jeweiligen Unternehmens abhängig ist, lässt sich eine grundsätzliche Aufgabenverteilung bestimmen. Im Folgenden werden die Aufgaben des Finanzmanagements und des Finanz-Controllings näher beschrieben. Dabei soll insbesondere dargestellt werden, wie das Finanz-Controlling das Finanzmanagement bei seiner Liquiditätssicherungsaufgabe unterstützt. Zudem wird eine detaillierte

Übersicht über die in der Praxis wichtigsten Instrumente des Finanz-Controllings und ihre Anwendung gegeben.

5.3.1 Finanzmanagement

Liquidität ist die Existenzbasis eines jeden Unternehmens. Der Fokus der finanziellen Unternehmensführung liegt darauf, die Existenzfähigkeit des Unternehmens zu erhalten. Die Kernaufgabe des Finanzmanagements ist daher die dauerhafte Sicherstellung der Liquidität.

Aus dieser Kernaufgabe lassen sich folgende drei Teilaufgaben ableiten:

- **Situative Liquiditätssicherung:** Hier geht es um die tägliche Sicherstellung der Zahlungsfähigkeit durch Abstimmung der Zahlungsströme.
- **Kurz- und mittelfristige Finanzierung:** Auf dieser Ebene sind der Kapitalbedarf unter Berücksichtigung von Risiken zu ermitteln und die Finanzierung aus dem freien Innenfinanzierungsvolumen und aus Eigen- und Fremdkapital von außen zu realisieren.
- **Strukturelle Liquiditätssicherung:** Sicherstellung der strategieadäquaten Finanzstruktur.

Das Finanzmanagement ist sowohl für das Management des Finanzbereichs selbst als auch für die finanzielle Koordination aller Prozesse im Unternehmen zuständig. Bei der finanziellen Koordination der Unternehmensprozesse geht es darum, die Einflüsse aus den leistungswirtschaftlichen Prozessen auf Zahlungen, auf die Kapitalbindung und auf den finanziellen Erfolg zu erfassen, zu koordinieren und zu steuern.

Basierend auf den Kernaufgaben lassen sich drei Entwicklungsstufen des Finanzmanagements erkennen (vgl. **Abb. 5.4**).

In der **kurzfristigen operativen Sicht** geht es um die laufende Sicherung der Liquidität. Der Fokus des Finanzmanagements ist rein liquiditätsorientiert.

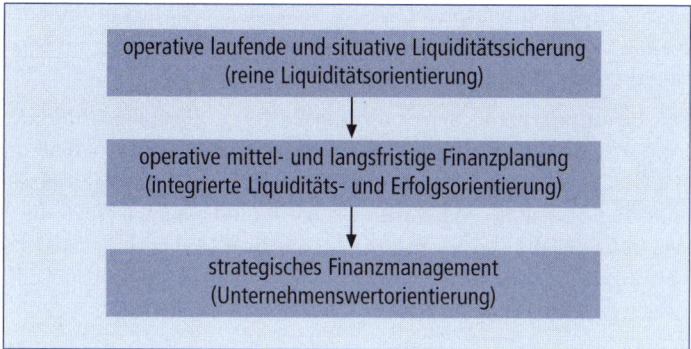

Abb. 5.4: Entwicklungsstufen des Finanzmanagements

 Wie stellen Sie die Liquidität in Ihrem Unternehmen dauerhaft sicher?

In der **mittel- und langfristigen operativen Sicht** dominiert die Erkenntnis, dass die Liquidität als Folge von Entscheidungen mit Zahlungsfolgen zu sehen ist. Ansatzpunkte für das Finanzmanagement sind in allen Unternehmensbereichen zu verorten. Entsprechend ist die Finanzplanung mit den übrigen Bausteinen der Unternehmensplanung zu integrieren, beispielsweise mit Hilfe integrierter Finanz- und Erfolgspläne. Das Finanzmanagement arbeitet nicht mehr rein liquiditätsorientiert, vielmehr besteht eine integrierte Liquiditäts- und Erfolgsorientierung.

In der **strategischen Ebene** des Finanzmanagements dominiert das Ziel der nachhaltigen Unternehmenswertsteigerung. Darunter fallen Themen der Kapitalstruktur, Beschaffung von Eigen- und Fremdkapital sowie Gestaltung der Unternehmensstrategie unter finanziellen Aspekten. Es geht auf dieser Ebene somit nicht mehr nur um die unternehmensinterne Orientierung, sondern auch um die externe (Kapital-)Marktorientierung. Der Fokus des Finanzmanagements liegt auf der Steigerung des Unternehmenswertes.

In der Unternehmenspraxis ist das Aufgabenspektrum im Finanzmanagement in vielfacher Weise mit Managementaufgaben im Leistungsbereich verbunden (vgl. **Abb. 5.6**).

Das Investitionsmanagement umfasst Real- und Finanzinvestitionen und geht der Frage nach, in welche Vermögensart investiert wird. Bei Realinvestitionen werden materielle Vermögensgegenstände erworben (Gebäude, Maschinen etc.), während bei Finanzinvestitionen in finanzielle Vermögensgegenstände investiert wird. Finanzielle Vermögensgegenstände können sogenannte Beteiligungsrechte (z. B. Aktien) und Gläubigerrechte (z. B. Anleihen) umfassen.

Das Finanzierungsmanagement umfasst die Innen- und Außenfinanzierung und geht daher der Frage nach, wie, also mit welchen Mitteln, etwas finanziert werden soll (vgl **Abb. 5.5**). Dabei kann nach Innen- sowie Außenfinanzierung unterschieden werden. Ferner lassen sich beide Finanzierungsarten wiederum nach Eigen- und Fremdfinanzierung unterscheiden. Eine innenfinanzierte Eigenfinanzierung entspricht dabei der Selbstfinanzierung. So wird vorhandenes Eigenkapital genutzt, um die Finanzierung abzuwickeln. Dem steht die innenfinanzierte Fremdfinanzierung insofern entgegen, als dass hierfür bilanziertes Fremdkapital durch bspw. die Auflösung von Rückstellungen aufgebracht wird. Die außenfinanzierte Eigenfinanzierung entspricht der Beteiligungsfinanzierung. So kann

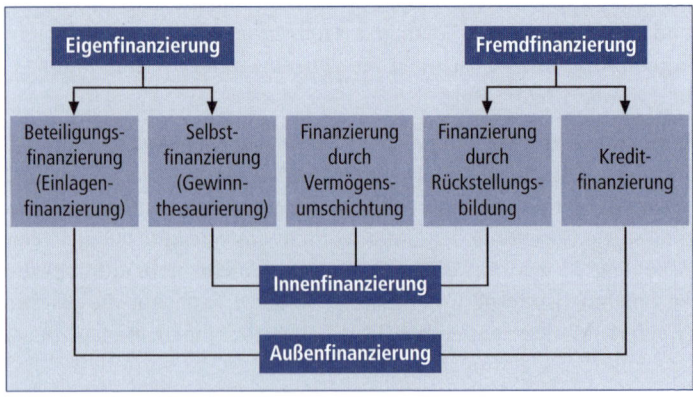

Abb. 5.5: Finanzierungsmanagement

bspw. durch eine Kapitalerhöhung eine bevorstehende Finanzierung durchgeführt werden. Die außenfinanzierte Fremdfinanzierung entspricht der Kreditfinanzierung. So kann bspw. ein Kredit für eine Anschaffung aufgenommen werden.

Durch ein finanzielles Risikomanagement werden die finanziellen Risiken eines Unternehmens identifiziert, analysiert und bewertet. Genauer umfasst dies die Definition von Kriterien, anhand derer Risiken bewertet werden, und Methoden zur Identifikation der Risiken. Ebenfalls müssen Verantwortlichkeiten festgelegt, Ressourcen zur Risikoabwehr bereitgestellt, Kommunikationswege definiert und Personal qualifiziert werden (vgl. Abschnitt 9.3.1 zum Risikomanagement).

Das Cash-Management beschreibt die Gestaltung des Zahlungsverkehrs und die Gestaltung der Anlage und Aufnahme liquider Mittel. Somit werden sämtliche Aufgaben des Unternehmens beschrieben, die zur Sicherung der Liquidität dienen, mit dem Ziel die Zahlungsfähigkeit des Unternehmens aufrechtzuerhalten.

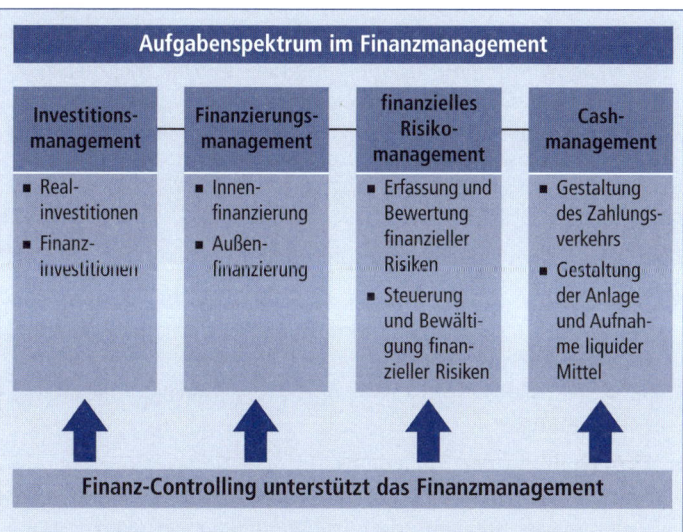

Abb. 5.6: Unterstützung des Finanzmanagements durch das Finanz-Controlling

Werden alle Aufgabenbereiche durch Ihr Finanzmanagement wahrgenommen?

Die in **Abb. 5.6** dargestellten Aufgaben erfahren spezifische Konkretisierungen, die durch die Größe und Struktur des Unternehmens, seiner Branche sowie durch die geographische Ausdehnung seines Geschäfts bedingt sind.

Das Finanz-Controlling unterstützt die einzelnen Aufgaben des Finanzmanagements durch spezifische Instrumente. Diese orientieren sich an dem im nachfolgenden vorgestellten Prozess des Finanz-Controllings.

5.3.2 Finanz-Controlling

5.3.2.1 Aufgaben des Finanz-Controllings

Das **Finanz-Controlling** hat die Funktion, die Unternehmensführung und speziell das Finanzmanagement bei der Wahrnehmung ihrer Liquiditätssicherungsaufgabe unter Beachtung der Anforderungen der Leistungsbereiche ergebniszielbezogen zu unterstützen.

Dazu gehören im Einzelnen die folgenden Aufgaben:

■ **Koordinative Unterstützung der finanziellen Planung und Kontrolle:** Diese Aufgabe umfasst sowohl die periodische als auch die fallweise Mitwirkung (z. B. bei Investitionsprojekten). Sie bezieht sich sowohl auf die operative als auch auf die strategische Planung.

■ **Sicherstellung der finanziellen Informationsversorgung:** Umfasst alle Informationen an das Finanzmanagement und an die Unternehmensführung, die die Liquiditätssicherung, die finanzielle Bewertung aller Unternehmensprozesse sowie die Abstimmung des Liquiditätsziels mit dem Ergebnisziel betreffen.

- **Aufbau und Weiterentwicklung des Finanz-Controlling-Systems:** Umfasst alle Themen, die Aufgaben, Prozesse, Organisation, Instrumente sowie IT-Unterstützung zum Gegenstand haben.

> *Wie sind in Ihrem Unternehmen Finanzmanagement und Finanz-Controlling organisiert? Welche Aufgaben kommen den beiden Funktionen zu?*

Das Finanz-Controlling hat wie das Finanzmanagement einen doppelten Fokus. Sein Aufgabenspektrum umfasst daher zum einen die bereichsbezogene Unterstützung des Finanzmanagements, zum anderen die Unterstützung bei der externen Koordination der Liquiditäts- mit den Erfolgszielen.

Der Finanz-Controlling-Prozess ist als Planungs- und Kontrollprozess zu gestalten, wobei die organisatorische Ausgestaltung stark kontextabhängig ist. Dieser besteht aus der Erstellung, der Realisierung und der Kontrolle des Finanzplans (siehe **Abb. 5.7**).

Die Hierarchiestufen des Planungsprozesses des Finanz-Controllings sind dieselben wie die des Gesamtplanungsprozesses:

- langfristige/strategische Finanzplanung
- mittelfristige operative Finanzplanung
- kurzfristige operative Finanzplanung

Ergänzt werden diese Planungsstufen durch die tägliche Liquiditätssteuerung und -kontrolle.

Die jeweiligen Fristigkeiten der Finanzplanung richten sich nach Produkt- und Produktionsprozess (z. B. wird in modisch orientierten Unternehmen kurzfristiger geplant als im Anlagengeschäft).

Der Prozess des Finanz-Controllings ist mit dem generellen Planungs- und Berichtsprozess abzustimmen. Eine besondere Koordinationsherausforderung stellt dabei die Abstimmung mit den Planungen des Leistungsbereichs dar.

In kleineren und mittelständischen Unternehmen werden Finanzmanagement und Finanz-Controlling vielfach in „Personalunion" wahrgenommen. Wichtig ist dennoch, dass man dabei gedanklich die beiden Aufgabenbereiche auseinander hält.

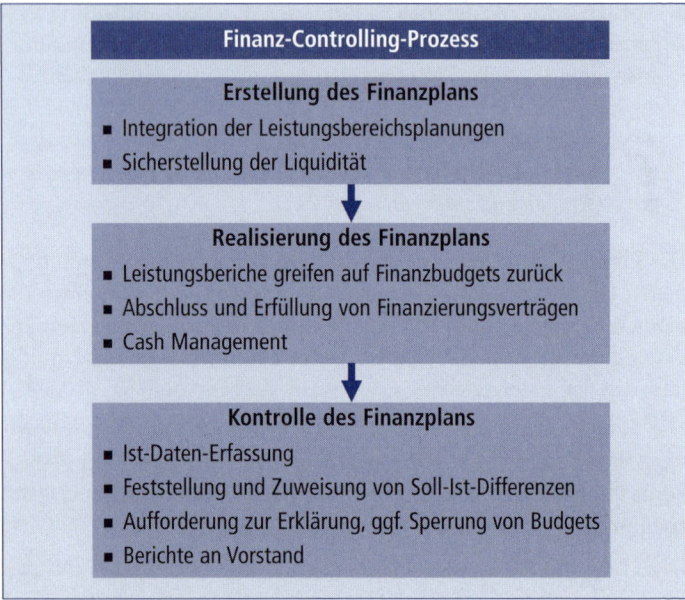

Abb. 5.7: Der jährliche Finanz-Controlling-Prozess

5.3.2.2 Instrumente des Finanz-Controllings

Der Finanz-Controlling-Prozess wird durch zahlreiche Instrumente unterstützt. Zu den wesentlichen Instrumenten gehören:

- Kurz- und langfristige Finanzplanung
- Working-Capital-Controlling
- Dispositions-Controlling
- Liquiditäts-Controlling
- Finanzielles Risiko-Controlling

Im Rahmen der kurzfristigen Finanzplanung sollte eine Integration der verschiedenen betrieblichen Teilplanungen erfolgen. Die integrierte Erfolgs-, Bilanz- und Finanzplanung hat hier eine ganzheitliche Betrachtung und führt zu einer vollständigen Verknüpfung der betrieblichen Teilpläne unter Beachtung der Liquiditäts- und Ergebnisziele des Unternehmens. Die Ableitung der Finanzströme kann bei der kurzfristigen Finanzplanung entweder direkt aus den operativen Teilplänen (wie z. B. Absatz-, Beschaffungs-, Produktions- und Investitionspläne) oder indirekt aus der Bilanz und der Gewinn- und Verlustrechnung erfolgen. Nutzt das Unternehmen die direkte Ableitung, so sollten die operativen Teilpläne überwiegend zahlungsrelevante Informationen enthalten. Dadurch wird eine akkurate Planung sichergestellt.

Welche Informationen nutzen Sie um Ihre kurzfristige Finanzplanung zu erstellen?

Mit Hilfe der langfristigen Finanzplanung kann das Finanz-Controlling überprüfen, ob langfristige Entscheidungen finanziell umsetzbar sind, und Handlungsbedarfe aufzeigen. Je nach Unternehmen und Branche liegt der Zeithorizont der Finanzplanung zwischen 1–5 Jahren. Durch die Erstellung einer Bewegungsbilanz und Kapitalflussrechnung werden die zukünftig erwarteten Einzahlungen und Auszahlungen überwiegend indirekt aus den Plan-Bilanzen und den Plan-Erfolgsrechnungen ermittelt sollten (vgl. Abschnitt 2.4 zu Finanzrechnung). Der langfristige Finanzplan besteht somit aus der Aneinanderreihung der prospektiv ausgerichteten Kapitalflussrechnungen (vgl. *Franke*, *Hax* 2009, S. 124 f.).

Investition und Finanzierung können entweder simultan oder sukzessive geplant werden. Bei simultaner Planung werden die Entscheidungen über die Kapitalverwendung im leistungswirtschaftlichen Bereich gleichzeitig mit der Kapitalaufbringung getroffen. Somit sind Investition und Finanzierung genau aufeinander abgestimmt und es wird sichtbar, welche Investitionen unter Beachtung der Finanzierungskosten, Verfügbarkeit und Fristigkeit durchgeführt werden.

Sukzessiv nennt man die Planung dann, wenn im ersten Schritt die Investitionsentscheidung im leistungswirtschaftlichen Bereich und im zweiten Schritt die Planung der Kapitalaufbringung getätigt wird (vgl. *Eilenberger* 2003, S. 69). Die Investitions- und Finanzpläne sollten aufeinander abgestimmt sein und die Cash-Wirksamkeit von

Investitionen bereits bei der Suche nach Investitionsentscheidungen einbezogen werden (vgl. Abschnitt 2.3.2 zu Investitionsrechnung).

 Wie funktioniert die Koordination von langfristiger Planung von Investitionen und Finanzen in Ihrem Unternehmen?

Das Dispositions-Controlling stellt ein Hilfsmittel zur Kassendisposition, einer der zentralen Aufgaben des Finanzmanagements, dar. Für die Gestaltung kurzfristiger Finanzierungen und Finanzanlagen muss die Verwendung der freien Mittel für Innen- und Außenfinanzierung aufeinander abgestimmt werden.

Eine zentrale Abwicklung des Zahlungsverkehrs im Gesamtunternehmen ist bei dem Dispositions-Controlling ein großer Vorteil. Durch die Zentralisierung werden die Abstimmung von Zahlungsströmen und das Reporting über die Zahlungen vereinfacht. Neben der zentralen Abwicklung des Zahlungsverkehrs existieren für das Dispositions-Controlling noch zwei weitere Voraussetzungen, das Cash-Pooling und das Netting (vgl. *Perridon, Steiner, Rathgeber* 2009, S. 145 f.).

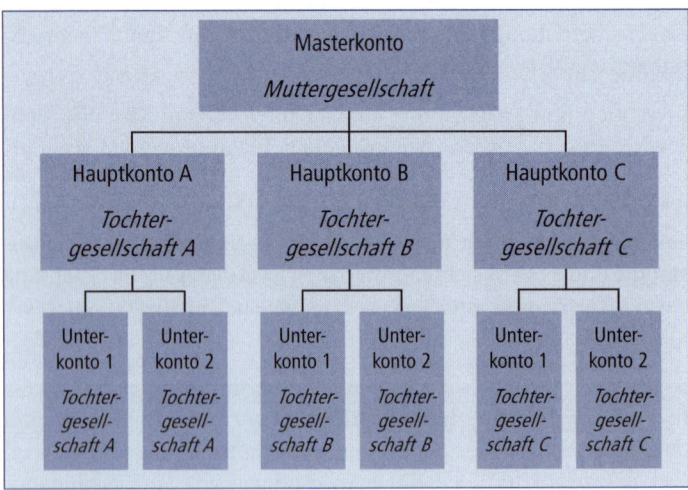

Abb. 5.8: Beispiel Cash-Pooling

- Beim Cash-Pooling werden Saldi von mehreren Zahlungsverkehrskonten automatisch gegen ein Zielkonto konsolidiert (s. **Abb. 5.8**)
- Beim Netting werden konzerninterne Forderungen und Verbindlichkeiten gegeneinander aufgerechnet und dadurch die effektiven Zahlungsströme im Unternehmen reduziert (s. **Abb. 5.9**)

Abb. 5.9: Beispiel Cash-Netting

Die Dispositionskontrolle wird täglich, mindestens jedoch wöchentlich empfohlen, um einen optimalen Dispositionsausgleich sicherzustellen (vgl. *Mensch* 2008, S. 34 f.). Beispielsweise kann das Finanz-Controlling mittels eines Balance Reportings sämtliche Konten inklusive der Details der Kontobewegungen zu einer Darstellung zusammenführen.

 Wie oft führen Sie die Dispositionskontrolle in Ihrem Unternehmen durch?

Das Working-Capital-Controlling zählt ebenfalls zu den Instrumenten des Finanz-Controllings und soll zum einen für eine Verbesserung der Bilanzstruktur, genauer gesagt des Working Capitals, sorgen. Zum anderen soll das Working-Capital-Controlling im Bereich der Innenfinanzierung durch eine Verbesserung des Cash Conversion Cycles die Kapitalbindung reduzieren.

Das Working Capital ergibt sich aus der Differenz von Umlaufvermögen und kurzfristigen Verbindlichkeiten aus Lieferungen und Leistungen. Das Umlaufvermögen lässt sich dabei in liquide Mittel,

Vorräte und Forderungen unterteilen. Gemessen wird das Working Capital anhand einer zeitpunkt-bezogenen monetären Größe. Um das Working Capital zu steuern, wird die Cash-to-Cash-Cycle-Time als KPI eingesetzt (vgl. **Abb. 5.10**).

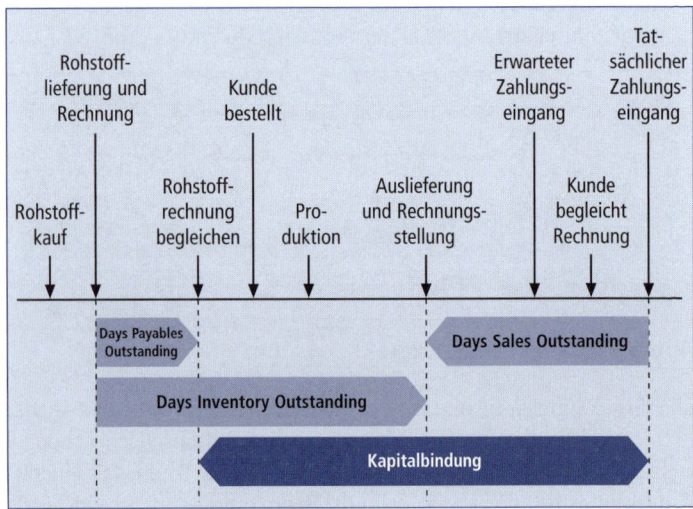

Abb. 5.10: Cash Conversion Cycle

Die Cash-to-Cash-Cycle-Time ist dabei die Zeitspanne zwischen der Auszahlung an Lieferanten bis zur Begleichung von Forderungen durch die Kunden für die erstellten Lieferungen und Leistungen. Die Messung erfolgt über die Größen „Days Sales Outstanding", „Days Inventory Outstanding" und „Days Payables Outstanding" (vgl. **Abb. 5.11**). Eine Reduzierung der Cash-to-Cash Zeitspanne kann bis zu einem negativen Working Capital führen, so dass Teile des Anlagevermögens über kurzfristige Verbindlichkeiten gegenfinanziert werden. Gleichzeitig nehmen aber auch Liquiditäts- und Finanzierungsrisiken an Bedeutung zu.

Kennzahl	Berechnung	Interpretation
Debitorenlaufzeit (Days Sales Outstanding)	$\dfrac{\text{Forderungen a.L.u.L.}}{\text{Umsatz}} \times 365$	Zeigt an, wie lange es dauert, bis Kunden ihre Rechnungen bezahlen; sollte kürzer sein als die Kreditorenlaufzeit
Working Capital	Umlaufvermögen – kurzfristige Verbindlichkeiten	Gibt an, welcher Teil des Umlaufvermögens nicht zur Begleichung kurzfristiger Verbindlichkeiten gebunden ist
Kreditorenlaufzeit (Days Payables Outstanding)	$\dfrac{\text{Verbindlichkeiten}}{\text{Umsatz}} \times 365$	Eine kurze Kreditorenlaufzeit (auch „Lieferantenziel") zeigt an, dass das Unternehmen Skonti ausnutzt und keine Liquiditätsprobleme hat
Bestandsreichweite (Days Inventories Outstanding)	$\dfrac{\text{Vorräte}}{\text{Umsatz}} \times 365$	Anhaltspunkt dafür, wie lange die Vorräte noch reichen um die Nachfrage zu decken
Cash Conversion Cycle	DSO (Days Sales Outstanding) + DIO (Days Inventories Outstanding) – DPO (Days Payables Outstanding)	Die Zeitspanne zwischen dem Einkauf der Vorräte und dem Erhalt der Zahlung durch den Kunden; gibt an, wie lange die liquiden Mittel in den Vorräten gebunden sind; je kürzer diese Zeitspanne, desto besser.

Abb. 5.11: Kennzahlen des Working-Capital-Controllings

Einem aktiven Working-Capital-Controlling wird eine Ergebnisverbesserung und damit eine Steigerung der Rendite von bis zu 20 % zugesprochen. Eine Analyse der Top 1.000 Unternehmen aus Industrie- und Dienstleistungsbereich in Europa ergab, dass ca. 600 Mrd. € durch eine ineffiziente Gestaltung des Working Capital gebunden waren. Eine Studie des Internationalen Controller Vereins zeigt, dass das Working-Capital-Controlling eines der Top Themen von Unternehmen aus Sicht der Finanzverantwortlichen ist.

 Welche Working-Capital Kennzahlen nutzen Sie und warum?

Zur Analyse der aktuellen und zur Prognose der zukünftigen finanziellen Lage ist die Verwendung liquiditätsorientierter Kennzahlen hilfreich (vgl. *Mensch* 2008, S. 175). Diese sollen unternehmensinterne und -externe Adressaten über den Zustand der Unternehmung in Kenntnis setzen. Eine Übersicht über die wichtigsten Liquiditätskennzahlen und deren Berechnung ist in **Abb. 5.12** dargestellt.

Kennzahl	Berechnung	Interpretation
Liquidität 1. Grades	$\dfrac{\text{Liquide Mittel}}{\text{kurzfristige Verbindlichkeiten}} \times 100$	Zeigt, welchen Anteil der kurzfristigen Verbindlichkeiten ein Unternehmen mit seinen liquiden Mitteln begleichen kann
Liquidität 2. Grades	$\dfrac{\text{Liquide Mittel} + \text{kurzfristige Forderungen}}{\text{kurzfristige Verbindlichkeiten}} \times 100$	Zeigt, welchen Anteil der kurzfristigen Verbindlichkeiten ein Unternehmen mit seinen liquiden Mitteln und den Zuflüssen aus kurzfristigen Forderungen begleichen kann; Werte größer 100% sind erstrebenswert
Liquidität 3. Grades	$\dfrac{\text{Liquide Mittel} + \text{kurzfrist. Ford.} + \text{Vorräte}}{\text{kurzfristige Verbindlichkeiten}} \times 100$	Wenn die Liquidität 3. Grades unter 100% liegt, ist ein Teil des Anlagevermögens kurzfristig finanziert worden, was unbedingt vermieden werden sollte; Werte größer 120% sind wünschenswert
Zinsdeckungsgrad	$\dfrac{\text{EBIT}}{\text{Zinsaufwand}} \times 100$	Zeigt, wie gut das Unternehmen seine Zinsen durch das operative Geschäft bedienen kann; sollte unbedingt größer als 1 sein
Cashflow Ratio	$\dfrac{\text{Cash Flow}}{\text{Umsatzerlöse}} \times 100$	Gibt an, welcher Anteil des Umsatzes als Cash Flow an das Unternehmen geflossen ist

Abb. 5.12: Liquiditätsorientierte Kennzahlen

Um die Kennzahlen sinnvoll im internen Steuerungssystem zu verankern, sollten diese auf die Zukunft ausgerichtet sein und in die Zielvereinbarungen eingebaut werden. Die Kennzahlen werden sowohl zum internen Reporting als auch für das externe Reporting und die Planung genutzt.

Welche der genannten Liquiditätskennzahlen nutzen Sie und warum?

Ein weiteres Instrument des Finanz-Controllings ist das finanzielle Risiko-Controlling. Durch Planung, Analyse und Reporting finanzieller Risiken werden bestandsgefährdende oder rentabilitätsbeeinflussende Entwicklungen frühzeitig erkannt (vgl. *Mensch* 2008, S. 297 ff.). Zu den finanziellen Risiken zählen Marktpreisrisiken (z. B. Rohstoffpreise), Kreditrisiken (aus Forderungen aus Lieferungen und Leistungen und sonstigen Vermögensgegenständen), Liquiditätsrisiken (aus Zahlungsstromschwankungen), Währungsrisiken sowie Zinsrisiken.

Im finanziellen Risiko-Controlling werden unter anderem „klassische" Methoden der BWL wie Szenarioanalysen, Sensitivitätsanalysen und Risikoportfolio eingesetzt (vgl. Abschnitt 9.3.1 zum Risikomanagement). Moderne Ansätze wie Cash Flow at Risk, Scoring-Modelle, Risk Adjusted Return on Capital, Corporate Value on Discounted Risk Value und Monte-Carlo-Simulationen gewinnen jedoch zunehmend an Bedeutung (vgl. *Gleich, Horváth, Michel* 2011, *Glaser* 2015, *Gladen* 2011). Indem finanzielle Risiken bei der Planung neuer Geschäftsbeziehungen einbezogen und Geschäftspartner bei ihrem Risikomanagement unterstützt werden, wird das eigene finanzielle Risiko gesenkt.

Welche Methoden verwenden Sie um in Ihrem Unternehmen finanzielle Risiken frühzeitig zu erkennen?

5.4 Praxisbeispiel

5.4.1 Die Medien AG

Seit der Gründung im Jahre 1990 erzielte die Medien AG konstantes Wachstum. Bereits zwei Jahre nach der Gründung begann die Expansion mit Standorteröffnungen in ganz Europa. Beschleunigt durch weitere Zukäufe im internationalen Bereich umfasst das Medienunternehmen nun mehr als 100 Gesellschaften in rund 20 Ländern. Mit 900 Mitarbeitern und knapp 500 Millionen Euro Umsatz gilt die Medien AG derzeit als einer der größten Akteure in der Medienbranche. Zu den Geschäftsfeldern zählen insbesondere die Produktion von Filmen und Serien, der Vertrieb von DVDs sowie die Vermarktung von Filmrechten. Daneben ist das Unternehmen in weiteren Nischensegmenten der Filmindustrie aktiv.

Das Unternehmen befindet sich aktuell in einer starken Wachstumsphase, welche, getrieben durch die zunehmende Internationalisierung und den Ausbau neuer Geschäftsbereiche, zu ständigen und zugleich stark schwankenden Liquiditätsbedarf führt. Dies geht einher mit einem nicht vorhandenen Liquiditätsplanungskonzept und folglich geringer Planungsgenauigkeit. Des Weiteren fällt im Rahmen der Planung ein hoher personeller Aufwand an, der unter anderem darin begründet ist, dass Planzahlen aus vielen uneinheitlichen Planungssheets manuell konsolidiert werden müssen. Die fehlende Konsistenz in der Liquiditätsplanung stellt einen erheblichen Komplexitätstreiber dar. In dem Beratungsprojekt sollte zunächst eine Aufnahme des Planungsvorgehens vollzogen und darauf aufbauend ein auf die Medien AG angepasstes, einheitliches Liquiditätsplanungskonzept entwickelt und konzernweit implementiert werden.

5.4.2 Projekt: Optimierung der Liquiditätsplanung

Abb. 5.13 zeigt auf, welcher Ansatz zur Liquiditätsplanung für die Medien AG vollzogen wurde. Dabei besteht der Lösungsansatz aus drei Schritten: beginnend mit der Ist-Analyse über die Fachkonzep-

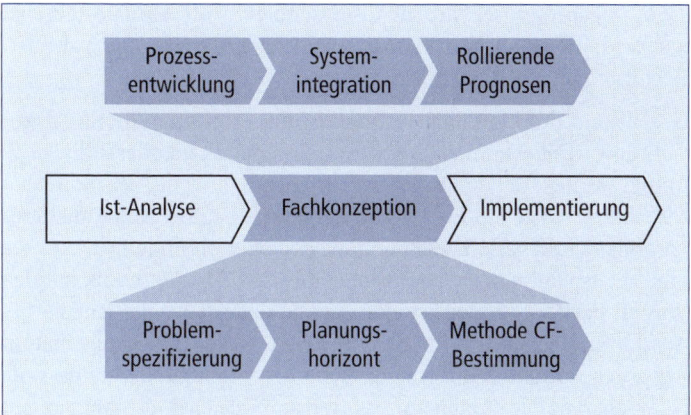

Abb. 5.13: Lösungsskizze

tion hin zur Implementierung einer Lösung. Die Ist-Analyse wurde bereits im ersten Abschnitt durch die Ausführungen zur aktuellen Situation dargestellt.

Die zweite Phase, die Fachkonzeption, widmete sich der Zielbild-Definition sowie der anschließenden Konkretisierung und Priorisierung von Handlungsfeldern. Beim zu beratenden Unternehmen bestand das Hauptproblem der Liquiditätsplanung im Fehlen eines Liquiditätsplanungskonzepts und in einem hohen personellen Aufwand in der Durchführung der Liquiditätsprognose.

Im Rahmen der Liquiditätsprognose kann grundsätzlich zwischen vier verschiedenen Zeithorizonten unterschieden werden: Der Liquiditätsstatus hat einen Horizont von lediglich einem Tag und basiert auf dem täglichem Abruf der Kontoinformationen. Die zweite Stufe ist die Liquiditätsvorschau, welche tagesgenau die Liquiditätsbewegungen in den nächsten drei Wochen darstellt. Die Liquiditätsplanung zeigt die monatsgenaue Entwicklung von Zahlungsmittelzu- und abflüssen des nächsten Jahres auf, während sich die Finanzplanung der Entwicklung über die nächsten fünf Jahre mit einer Detaillierung auf Jahresbasis widmet. Im konkreten Fall ging es um die Liquiditätsplanung, d. h. um monatlich aktualisierte

Liquiditätsprognosen für die kommenden zwölf Monate. Ergänzt wurde die Planung um Plan/Ist-Vergleiche, weshalb auch die Ist-Rechnung im Fokus stand.

Gegenstand der Liquiditätsplanung ist die Ermittlung der künftigen Cashflows. Dabei können Cashflows entweder direkt oder indirekt ermittelt werden. Bei der traditionellen Vorgehensweise, der indirekten Methode, erfolgt die Ermittlung der Liquiditätsänderung auf Basis von Bilanz und GuV. Diese Methode bedeutet im Endeffekt, dass die Liquiditätsplanung eine abgeleitete Größe ist. Die Methodik hat den Vorteil, dass sie vergleichsweise geringe Anforderungen an die IT-Ausstattung sowie die internen Prozesse stellt und wenig Zeit in Anspruch nimmt. Hingegen besteht der Nachteil darin, dass sie Schwächen in der Detaillierung aufweist, vergleichsweise langsam auf Veränderungen reagiert und nicht die tatsächliche Veränderung der Cash-Position im Fokus hat. Im Gegensatz dazu wird bei der direkten Methode die Liquiditätsveränderung auf Basis des tatsächlichen Geldflusses prognostiziert, wodurch diese Vorgehensweise in der Regel detaillierter, zugleich jedoch auch aufwändiger in der Implementierung und Durchführung ist. Aufgrund der realen Darstellung der Liquiditätsveränderung in der direkten Methode und der daraus resultierenden höheren Detailtreue wurde die direkte Methode zur Ermittlung des Cashflows ausgewählt. Ein weiteres Argument bestand darin, dass aufgrund der Währungsdifferenzierung in der direkten Methode eine valide Basis für Währungskurs-Absicherungen gelegt wird.

Aus der Verbindung von Liquiditätsplanung und direkter Cash Flow Rechnung ergaben sich folglich die Handlungsfelder für das Unternehmen. Diese bestanden in der direkten Erfassung der Ist-Zahlungsströme sowie der Prognose aller Zahlungsströme im Unternehmen. Sowohl die Ist-Rechnung als auch die Planung hatten sich an den neu definierten Planungskategorien zu orientieren. Das bedeutet, dass bestehende Planungskategorien ersetzt bzw. variiert werden mussten. Des Weiteren musste eine Logik entwickelt werden, anhand derer die Allokation der Ist-Zahlen auf die Planungskategorien erfolgen konnte.

Zunächst mussten alle liquiditätsrelevanten Vorgänge innerhalb des Konzerns erfasst und die dazugehörigen Zahlungsverhalten, d. h.

Fälligkeit und Zahlungsprofile, ermittelt werden. Zusätzlich war es notwendig, alle erwarteten Ein- und Auszahlungen nach Währungen differenziert aufzuführen. Beispiele für Zahlungsströme sind Einnahmen aus dem Vertrieb, Ausgaben für die Beschaffung, Sach- und Personalkosten, Steuerzahlungen und Finanztransaktionen. Zur Sicherstellung einer standardisierten Liquiditätsplanung mit Plan/Ist-Vergleichen wurden Prozesse implementiert, welche eine effiziente und zügige Planung unter Einbindung aller Bereiche zum Ziel hatte. Der Prozess sieht vor, dass die Ist-Zahlungsströme des abgelaufenen Monats im Rahmen der Kontoauszugsverarbeitung ermittelt und mit Systemunterstützung anhand von Regeln auf Planungskategorien allokiert werden. Anschließend werden die Ist-Zahlungsströme den Geschäftsfeldern übergeben, welche dann die Plan/Ist-Analyse durchführen und diese kommentieren. Abschließend kann dann die rollierende Planung aktualisiert werden – hierbei wird die Qualität der Prognosen dadurch erhöht, dass Erkenntnisse der Plan/Ist-Analysen hinsichtlich der historischen Planungsqualität hinzugezogen werden. Anschließend werden die einzelnen Liquiditätsprognosen der Geschäftsfelder zu einem konzernweiten Liquiditätsplan konsolidiert. Der gesamte Prozess erstreckt sich normalerweise über rund 8 Arbeitstage. Der beschriebene Prozessablauf ist exemplarisch in **Abb. 5.14** dargestellt.

Für eine effiziente Abbildung war der beschriebene Prozess in die bestehende Systemlandschaft zu integrieren (vgl. **Abb. 5.15**). So meldeten die verschiedenen Unternehmensbereiche wie Vertrieb oder Beschaffung ihre ermittelten und erwarteten Cashflows automatisiert über das System. Dabei half eine Systemhomogenität von der Buchhaltung bis zur Liquiditätsplanung über alle Geschäftsbereiche hinweg dabei, den Prozessaufwand weiter zu reduzieren. So werden nun beispielsweise die Stammdaten der verschiedenen Geschäftsbereiche zentral für alle Unternehmensbereiche verwaltet, um so Abstimmungsarbeiten zu vermeiden.

Um die Richtigkeit und Aussagefähigkeit der Liquiditätsreports sicherzustellen ist zum einen eine rollierende Aktualisierung im monatlichen Rhythmus erforderlich. Zum anderen stellt die beschriebene Analyse der Liquiditätsplanung mit den Ist-Zahlen und

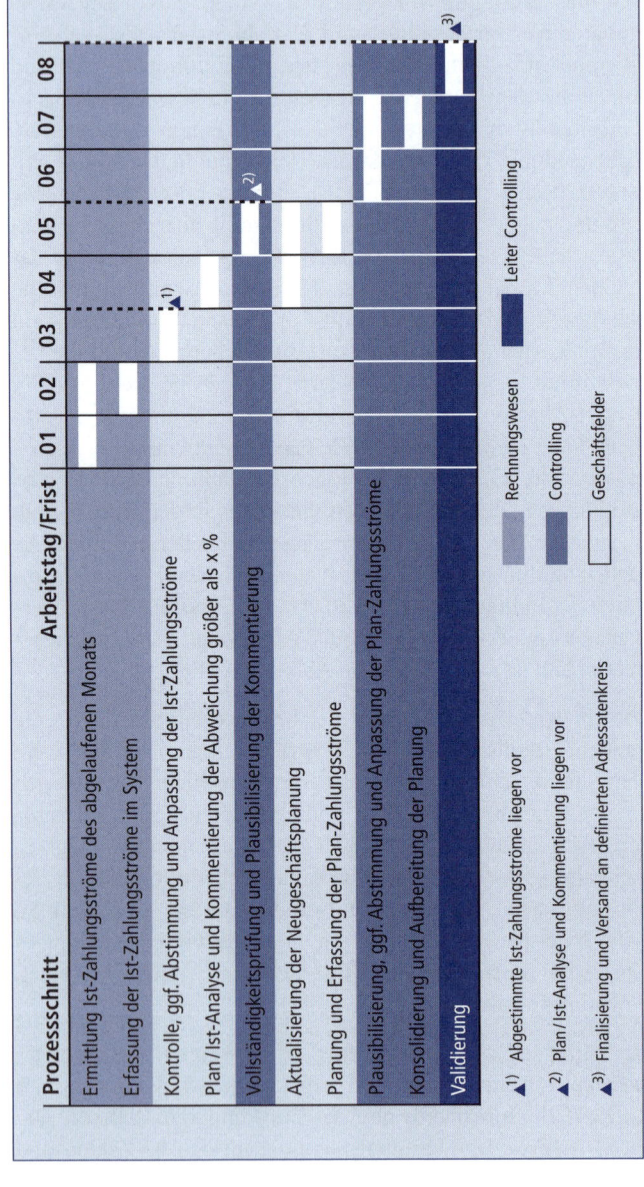

Abb. 5.14: Prozessschritte in der Liquiditätsplanung

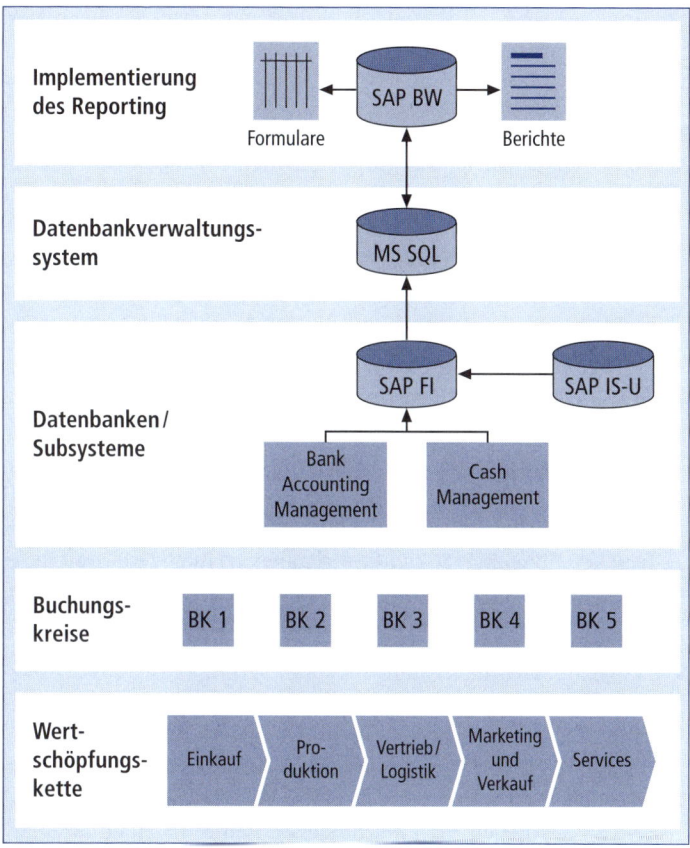

Abb. 5.15: Systemlandschaft

den daraus abgeleiteten Maßnahmen eine sukzessive Verbesserung der Liquiditätssituation sicher.

5.4.3 Lessons Learned

Die Informationsverfügbarkeit spielt neben der Informationsbeschaffung eine entscheidende Rolle in der Liquiditätsplanung. Damit mittelbar verbunden ist eine systemseitige und organisatorische

Einbindung der Liquiditätsplanung in den Unternehmensprozess. Dabei kristallisierten sich im Projektverlauf folgende sieben kritische Erfolgsfaktoren heraus:

- Gesamtheitlicher Planungs- und Lösungsansatz sowie Miteinbezug sämtlicher Anspruchsgruppen. Durch einen gesamtheitlichen Planungs- und Lösungsansatz sowie den Miteinbezug sämtlicher Anspruchsgruppen wurde gewährleistet, dass alle aus den Fachbereichen und verschiedenen Unternehmensteilen stammenden Bedürfnisse sowie Anforderungen berücksichtigt wurden. Dieses Vorgehen schuf Vertrauen und Akzeptanz gegenüber dem neuen Planungsprozess.

- Definition eines Maßnahmenkataloges zur schnellen Reaktion auf Liquiditätsentwicklungen. Basierend auf konsistenter Planung und der Verfügbarkeit von qualitativ hochwertigen Planungsdaten konnten über die Entwicklung von Szenarien vordefinierte Maßnahmen erarbeiten werden. Diese Maßnahmen werden es der Treasury-Abteilung zukünftig erlauben, zeitnah auf unternehmensinterne sowie Entwicklungen in der Konzernumwelt zu reagieren und die Liquidität entsprechend zu steuern.

- Stringente Umsetzung und Implementierung durch das Projektteam. Durch eine stringente und sowie lösungsorientierte Umsetzung und Implementierung des neuen Planungsprozesses konnte der neue Planungsprozess zügig als neues Standardvorgehen etabliert werden. Im Zusammenhang mit der Implementierung des neuen Planungsprozesses wurde in einer Anfangsphase ein umfangreicher Support gewährleistet. So konnten Rückfragen beantwortet und Verbesserungen direkt aufgenommen werden.

- Adressatengerechte Aufbereitung der Liquiditätsreports ermöglichten es den verschiedenen Geschäftsbereichen, mögliche Auswirkungen und Optimierungsmöglichkeiten der Liquiditätsplanung zu identifizieren. Darüber hinaus wurden Zuständigkeiten durch die gezielte Ansprache der verschiedenen Adressaten innerhalb des Unternehmens eindeutig verteilt sowie das Reporting standardisiert.

- Gewährleistung von IT-seitiger Unterstützung. Durch den frühen Miteinbezug des Fachbereichs IT konnten ausreichend früh Kapazitäten bereitgehalten werden, um das Projekt IT-seitig mitbetreuen zu können. Es war somit in einer frühen Phase des Projektes möglich, technische Fragen verlässlich zu klären. In einer späteren Phase konnten sodann Zuständigkeiten bzgl. Betrieb und Wartungsarbeiten sauber geklärt werden. Dieses Vorgehen ermöglichte es unmittelbar nach Abschluss der Implementierung, die Betriebsverantwortung für den laufenden Betrieb dem Fachbereich zu übergeben.

- Auf rollierender Planung basierende Liquiditätsprognosen im ganzen Konzern. Durch die konzernweite Umsetzung einer rollierenden Liquiditätsplanung konnte die Qualität der Prognosen signifikant erhöht werden. Auf Basis einer monatlichen Aktualisierung der Plandaten auf allen Konzernebenen konnte durch den standardisierten Planungsprozess eine konsistente Planungsdatenbasis sichergestellt werden.

- Die Abbildung von Saisonalitäten in der Umsatzplanung ermöglichte es dem Unternehmen, eine detailliertere Liquiditätsplanung zu entwickeln. Dadurch kann das Unternehmen in Zukunft auf regelmäßig auftretende Schwankungen in der Liquiditätsversorgung reagieren und so die Kosten der Liquiditätsbereitstellung weiter senken.

Die sieben aufgeführten Erfolgsfaktoren waren entscheidend für eine erfolgreiche Umsetzung des Projektes bei der die Medien AG und haben auch dazu beigetragen, dass die erforderlichen Schritte im Unternehmen offen kommuniziert wurden, was die Akzeptanz und das Vertrauen der Mitarbeiter gefördert hat. Dies wiederum erleichterte eine unternehmensweite Integration und wirkte sich förderlich auf das Projektziel aus, die Qualität der Liquiditätsinformationen sowie der Planungsprozesse zu verbessern.

5.5 Gestaltungscheckliste für Manager und Controller

! *Schaffen Sie durch entsprechende abgestufte Liquiditätskennzahlen ein Liquiditätssteuerungssystem!*

! *Richten Sie ein Working Capital-Management ein!*

! *Legen Sie die Aufgaben des Finanzmanagements und der jeweils dazugehörenden Finanz-Controlling-Aufgaben und -Zuständigkeiten fest!*

! *Stellen Sie durch Frühwarninformationen die Risikofrüherkennung sicher!*

Vertiefende Lektüre

Wenn Sie mehr über das Gesamtgebiet der Finanzwirtschaft wissen möchten, lesen Sie

Eilenberger, G. (2003), Betriebliche Finanzwirtschaft, 7. Aufl., München 2003

oder

Perridon, L., Steiner, M., Rathgeber, A. (2009), Finanzwirtschaft der Unternehmung, 15. Aufl., München 2009.

Wenn Sie mehr zum Thema Finanz-Controlling wissen möchten, lesen Sie

Horváth, P., Gleich, R., Michel, U. (Hrsg., 2011), Finanzcontrolling – Strategische und operative Steuerung der Liquidität, Freiburg im Breisgau 2011

oder

Mensch, G. (2008), Finanz-Controlling: Finanzplanung und -kontrolle, 2. Aufl., München 2008.

6. Kapitel

Management Reporting

6.1 Ziele des Kapitels

Abb. 6.1: Ziele des Kapitels

Ziel des Kapitels ist es, dem Leser die Informationsversorgung, Kennzahlen und Reporting als die zentralen Phasen eines wirkungsvollen Management Reportings vorzustellen. Am Ende des Kapitels soll der Leser die Funktionsweise der Informationsversorgung verstehen, Kennzahlen aufbauen und anwenden, sowie einen Report verfassen können.

6.2 Einführung

Der Bedarf an Informationen wird einerseits vom Managementprozess ausgelöst, Informationen sollen aber andererseits auch auf Chancen hinweisen und vor Risiken warnen, d. h. Planung und Kontrolle in Gang setzen. Von einer systematischen Informations-

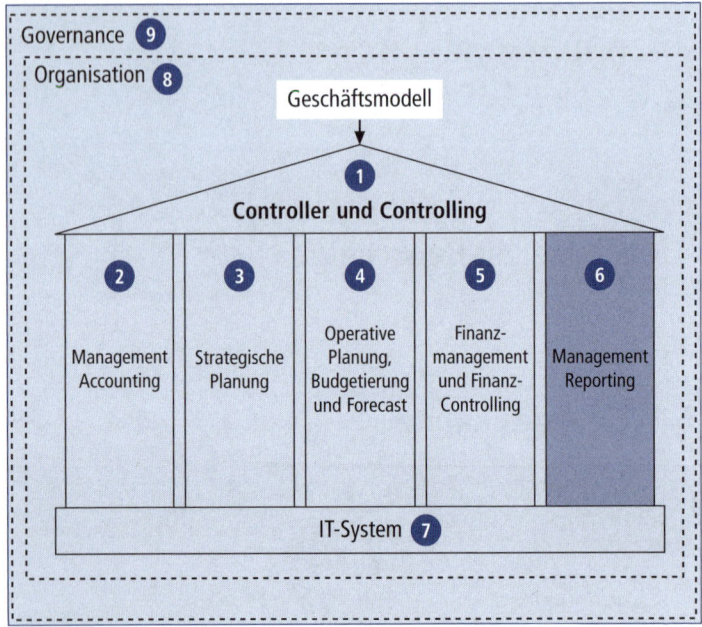

Abb. 6.2: Einordnung des Kapitels in das „House of Controlling"

versorgung hängt also sowohl der Erfolg der Planung und des Management Reportings als auch die anschließende Durchführung ab.

Aufgrund dessen stellt die Informationsversorgung ein wesentliches Element einer erfolgreichen und zukunftsgerichteten Unternehmensführung dar. Ziel ist es, aktuelle erfolgskritische Faktoren des Geschäftsmodells abzubilden, steuerungsrelevante finanzielle und nichtfinanzielle Informationen transparent darzustellen und dabei vergangenheits- und zukunftsorientierte Aussagen zu treffen. Die Informationen müssen in kurzen Zyklen effizient aufbereitet und verständlich dargestellt werden. Insgesamt steigen damit die Anforderungen an die Informationsversorgung, umfangreiche Hinweise auf Zusammenhänge sowie Maßnahmen zu deren Beeinflussung aufzuzeigen.

Die Kritik an der Informationsversorgung der Unternehmensführung ist weit verbreitet.

Die Hauptkritikpunkte sind:

- Die Informationen kommen zu spät.
- Die Informationen sind zu detailliert.
- Die Informationen sind zu umfangreich.
- Die Informationen sind überwiegend vergangenheitsorientiert.
- Die Informationen enthalten nur Daten, die sich quantifizieren lassen.
- Die Informationen werden nicht gut visualisiert.
- Die einzelnen Führungsbereiche erhalten inkonsistente, häufig sogar sich widersprechende Informationen.
- Informationen für zukünftige, noch unbekannte Zwecke sind unzureichend, d. h. die Informationsversorgung für die strategische Planung ist vielfach ungeklärt.

Um diesen Herausforderungen gerecht zu werden ist es notwendig ein wirkungsvolles Management Reporting aufzubauen. Hier liegt eine zentrale Aufgabe des Controllers!

6.3 Gestaltung eines wirkungsvollen Management Reportings

Planung und Kontrolle bedürfen eines wirkungsvollen Management Reportings.

Ziel des **Management Reportings** ist es, alle für Planung und Kontrolle benötigten Informationen mit dem notwendigen Genauigkeits- und Verdichtungsgrad am richtigen Ort und zum richtigen Zeitpunkt bereitzustellen.

Ein wirkungsvolles Management Reporting umfasst dabei drei Phasen: die Ermittlung des Informationsbedarfs, die Informationsbeschaffung und -aufbereitung durch Kennzahlen, sowie die Informationsübermittlung und -interpretation durch das Reporting (siehe **Abb. 6.3**). Diese das Management Reporting umfassenden drei Phasen werden im Folgenden erläutert.

Abb. 6.3: Bestandteile eines wirkungsvollen Management Reportings

6.3.1 Grundlage: Wirkungsvolle Informationsbedarfs- analyse

Um die Anforderungen an das Berichtssystem identifizieren zu können, muss der Informationsbedarf analysiert werden. Grundlegend hängt der Informationsbedarf von den Aufgaben ab, die ein Informationsempfänger zu erfüllen hat. Natürlich hängen Aufgaben und deren Komplexität sowohl von der (hierarchischen) Stellung des Informationsempfängers als auch von den Spezifika des Unternehmens ab (siehe **Abb. 6.4**).

Während für die Erledigung routinierter Aufgaben auf Sachbearbeiterebene meist wenige Detailinformationen benötigt werden, steigt der Bedarf an weitreichenderen Informationen (z. B. über das Marktumfeld) mit höherem Verdichtungsgrad auf der Ebene der Unternehmensführung, wo das Treffen von komplexen Entscheidungen ansteht. Der Verdichtungsgrad von Informationen ist somit abhängig von der Empfängerebene. Letztlich spielen auch persönliche Eigenschaften des Informationsempfängers bei der Bestimmung des Informationsbedarfs eine wichtige Rolle (vgl. *Weber et al.* 2005, S. 13 f.).

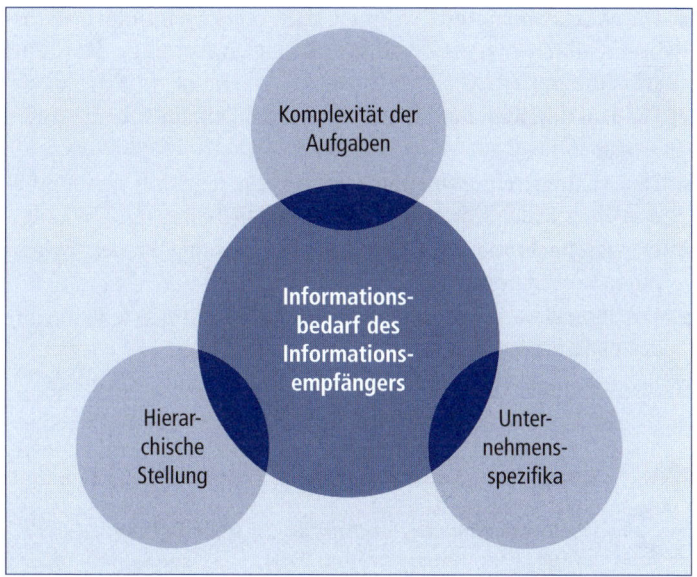

Abb. 6.4: Analyse des Informationsbedarfs

Der Fall, dass der Informationsbedarf a priori erkennbar ist, weil Aufgabe, Aufgabenträger und Kontext eindeutig definiert sind, ist in der Realität jedoch kaum anzutreffen. In der Regel wird der Informationsbedarf erst mit der Konkretisierung der Planung, der Budgetierung und des Reportings schrittweise erkannt bzw. modifiziert.

Unser Ausgangspunkt für die Überlegungen hinsichtlich des Informationsbedarfs ist der Planungs- und Kontrollprozess. Da dieser Prozess wie auch das Umfeld von Unternehmen zu Unternehmen wesentliche Unterschiede aufweist, lässt sich kein allgemein gültiger Rahmen des Informationsbedarfs angeben. Wir müssen unternehmensindividuell den Informationsbedarf ermitteln. Eine formallogische „Ableitung" z. B. aus den Planinhalten allein genügt dabei nicht.

In Praxis und Literatur gibt es viele Versuche, die Verfahren der Informationsbedarfsanalyse zu beschreiben und zu systematisieren. Hinsichtlich der Mitwirkung des Bedarfsträgers bei der Ermittlung des Informationsbedarfs lassen sich folgende Verfahren unterscheiden:

- Die **Aufgabenanalyse** ermittelt den objektiven Informationsbedarf durch Analyse der Informationsverarbeitungs- bzw. Entscheidungsprozesse.

- Die **Dokumentenanalyse** untersucht die Dokumente, die einem Aufgabenträger zur Verfügung stehen.

- Die **Analogieschlussmethode** folgert aus dem Informationsbedarf eines Bedarfsträgers auf den eines anderen.

- Die **Beobachtung** stellt die Aufgabenerfüllung in den Mittelpunkt der Analyse.

- Das **Interview** ist die mehr oder weniger strukturierte Befragung des Bedarfsträgers.

- Bei der **Fragebogenmethode** erfolgt die Befragung schriftlich.

- Bei der **Berichtsmethode** erstellt der Bedarfsträger einen Bericht über seine Aufgaben und die dafür erforderlichen Informationen.

 Welche Methode(n) nutzen Sie zur Informationsbedarfsanalyse?

Eine konkrete Empfehlung für eines dieser Verfahren ist nicht möglich. Sie werden bei der Informationsbedarfsermittlung in vielfältigen Kombinationen eingesetzt.

6.3.2 Gestaltung wirkungsvoller Kennzahlen

6.3.2.1 Funktion und Kategorien von Kennzahlen

Die Informationsversorgung des Unternehmens stellt eine wichtige Basis für die Qualität der Planung, den Erfolg der Plandurchführung, ein informativ hochwertiges Rechnungswesen und ein aussagekräftiges Reporting dar. Die Informationsbeschaffung, -aufbereitung und -verteilung im Unternehmen ist somit ein kritischer Faktor für den Unternehmenserfolg. Ein Unternehmen kann einen strategischen Wettbewerbsvorteil gewinnen, falls es diese Prozesse effizient und effektiv beherrscht. Hierfür ist der Wert der Informationen, welche im Unternehmen vorhanden sind, zu erkennen. Die Summe der aus internen und externen Informationsquellen beschafften und aufbereiteten Informationen übersteigt jedoch meist die Möglichkeiten klassischer Informationswege. Die Herausforderung ist demnach die Strukturierung der gewonnenen Informationen und der bedarfsgerechte Zugriff auf diese. Die Informationen zu selektieren, aufzubereiten und zu strukturieren steht somit im Zentrum der Informationsbeschaffung. Die Aktivität des Controllers ist hierbei, sowohl die steuerungsrelevanten Informationen aus dem Informationsangebot zu selektieren, als auch diese für die Führungskräfte des Unternehmens aufzubereiten.

Ein wesentliches Problem der Informationsaufbereitung besteht in der sinnvollen und aussagefähigen Verdichtung von Informationen. Aus diesem Grund werden Informationen zu Kennzahlen verdichtet, die in komprimierter Form über betriebswirtschaftliche Sachverhalte informieren. **Abb. 6.5** zeigt Kennzahlenkategorien auf.

Da Kennzahlen sehr vielseitig eingesetzt werden können, gibt es kaum einen Unternehmensbereich, der nicht in Zusammenhang mit Kennzahlen gebracht wird. Entsprechend vielfältig sind daher die Funktionen und Anwendungsgebiete. Die wichtigsten Funktionen von Kennzahlen und Kennzahlensystemen sind:

- Hilfsmittel bei der Planung, Steuerung und Kontrolle auf allen Hierarchieebenen,

- Instrument zur internen (Betriebsvergleiche oder Benchmarking) und externen (Steuerprüfung) Unternehmensanalyse und

- Bestandteil von Informationssystemen für alle Hierarchieebenen.

Es sind drei Aspekte von besonderer Bedeutung: Kennzahlen als Instrument zur Entscheidungsunterstützung vor Ort (am Arbeitsplatz) bzw. für das Management, zur Unternehmenssteuerung und zur Kontrolle. Ergänzt werden diese Aspekte um die Funktion der Früherkennung.

Ihre entscheidungsunterstützende Funktion erfüllen Kennzahlen durch die Auswahl und Aufbereitung der für die Entscheidung relevanten betrieblichen Informationen. Der Entscheidungsträger erhält entweder eine verdichtete, systematische Aufbereitung der vorliegenden Informationen (Führungskräfte) und wird damit in die Lage versetzt, Alternativen zu beurteilen und Entscheidungen zu treffen, und/oder er erhält, wie in modernen Unternehmen mit starker Mitarbeiterorientierung zunehmend üblich, einfache, selbsterklärende Kennzahleninformationen zur Selbststeuerung vor Ort (Sachbearbeiter- oder Mitarbeiterebene).

Letzteres bedingt die Vorgabe z. B. von konkreten Planwerten (= Kennzahlen) im Sinne einer Zielvorgabe. Diese werden entweder von den Führungskräften vorgegeben oder von diesen gemeinsam mit den untergeordneten Instanzen festgelegt. Die Verknüpfung von Kennzahlen und Budgetwerten kann dabei einen wichtigen Beitrag zur Koordination verschiedener Unternehmensbereiche leisten.

Die Kontrollaufgabe der Kennzahlen(-systeme) wird durch Vergleichsrechnungen erfüllt, bei denen die tatsächlichen Zahlen (Ist-Werte) den jeweiligen Planwerten (Soll-Werte) gegenübergestellt werden. Bezieht sich die Vergleichsrechnung auf das gleiche Objekt (z. B. Umsatzerlöse), aber auf unterschiedliche Zeiträume, dann spricht man von einem Zeitvergleich. Eine Kontrollrechnung innerhalb einer Zeitperiode mit verschiedenen Gegenständen bezeichnet man als Objektvergleich.

Im Hinblick auf eine Früherkennung mit Hilfe von Kennzahlen ist ein Zeitvergleich der jeweiligen Werte von zentraler Bedeutung. Im Rahmen pyramidenhaft aufgebauter Kennzahlensysteme ist dabei die Wahrscheinlichkeit größer, latente Chancen und Risiken bereits im unteren Teil der Pyramide, d. h. in den weniger aggregierten Größen, zu identifizieren.

Eine wichtige Form der Früherkennung kann dabei in Form von Hochrechnungen gesehen werden. Bei ihnen wird der Soll-Ist-Vergleich durch einen Soll-Wird-Vergleich erweitert. Während Soll-Ist-Vergleiche nur Aufschlüsse über bereits abgelaufene Ereignisse, bzw. deren Ergebnisse, liefern, bieten Hochrechnungen der Ist-Zahlen auf das Perioden- oder Projektende schon frühzeitig Erkenntnisse über sich abzeichnende Abweichungen („Wird"-Zahlen), die sonst erst später (z. B. am Perioden- oder Projektende) in Soll-Ist-Vergleichen deutlich werden würden.

Hochrechnungen und die Verdeutlichung der Entwicklung von Kennzahlen in mehreren Planungsperioden stellen grundsätzlich gute Möglichkeiten der Früherkennung dar. Controllingkonzeptionen haben diese Form der Früherkennung (Forecast) heute in ihre Plan- und Berichtssysteme integriert. Der Zeitraum, für den Hochrechnungen Früherkennungseigenschaften besitzen, schwankt allerdings je nach Steuerungsgröße und Branche. In der Literatur sind zahlreiche Kennzahlensysteme bekannt (vgl. **Abb. 6.5**).

Kennzahlen sind entweder ursprüngliche Zahlen (z. B. Preise oder Stückzahlen), abgeleitete Zahlen (z. B. Summen, Differenzen) oder Verhältniszahlen (z. B. Stück/Periode). Sie sind als ein rechentechnisches Mittel zu verstehen, welches der Quantifizierung von Informationen für verschiedene Entscheidungssituationen dient.

> Das Grundprinzip von **Kennzahlen** ist dabei die Verdichtung von Einzelinformationen, um komplexe Sachverhalte und Zusammenhänge mit einer Maßgröße darstellen zu können.

Damit ist gleichzeitig die Gefahr verbunden, dass durch die starke Komprimierung von Informationen in einer Kennzahl wichtige Einzelheiten der zu beschreibenden Situation verloren gehen und damit die Frage nach der Ursache von Veränderungen dieser Kennzahl nicht mehr beantwortet werden kann. Dieser Gefahr des Informationsverlustes kann durch eine rechentechnische Aufgliederung, Substitution oder Erweiterung einer Einzelkennzahl entgegengewirkt werden:

- Aufgliederung bedeutet das Zerlegen von Zähler und/oder Nenner eines Bruches in einzelne Bestandteile bzw. Teilgrößen (bspw. Aufgliederung der Kennzahl „Umsatz/Jahr" in die Kennzahlen „Umsatz Produkt A/Jahr" oder „Umsatz Produkt A/Monat").

- Bei einer Substitution werden Zähler und/oder Nenner durch andere Größen ersetzt (bspw. „Absatzmenge × Preis" anstelle von „Umsatz").

- Bei der Erweiterung wird die Ausgangskennzahl im Zähler und/oder im Nenner durch die gleiche Größe erweitert (bspw. „Gewinn/Gesamtkapital" ergibt durch Erweiterung mit dem Faktor „Umsatz" die Kennzahlen „Gewinn/Umsatz" [= Umsatzrentabilität] und „Umsatz/Gesamtkapital" [= Kapitalumschlagshäufigkeit]).

Systematisierungs-merkmal	Arten betriebswirtschaftlicher Kennzahlen						
betriebliche Funktionen	Kennzahlen aus dem Bereich						
	Beschaf-fung	Lager-wirt-schaft	Produk-tion	Absatz	Personal-wirt-schaft	Finanz-wirt-schaft	Jahres-abschluss
statistisch-metho-dische Gesichts-punkte	Absolute Zahlen				Verhältniszahlen		
	Einzel-zahlen	Summen	Differen-zen	Mittel-werte	Be-ziehungs-zahlen	Gliede-rungs-zahlen	Index-zahlen
quantitative Struktur	Gesamtgrößen				Teilgrößen		
zeitliche Struktur	Zeitpunktgrößen				Zeitraumgrößen		
inhaltliche Struktur	Wertgrößen				Mengengrößen		
Erkenntniswert	Kennzahlen mit						
	selbständigem Erkenntniswert				unselbständigem Erkenntniswert		
Quellen im Rechnungswesen	Kennzahlen aus der						
	Bilanz		Buchhaltung		Aufwands- und Ertrags- und Kostenrechnung		Statistik
Elemente des ökonomischen Prinzips	Einsatzwerte		Ergebniswerte		Maßstäbe aus Bezie-hungen zwischen Einsatz- und Ergebniswerten		
Gebiet der Aussage	gesamtbetriebliche Kennzahlen				teilbetriebliche Kennzahlen		
Planungsgesichts-punkte	Soll-Kennzahlen (zukunftsorientiert)				Ist-Kennzahlen (vergangenheitsorientiert)		
Zahl der beteiligten Unternehmen	einzelbetriebliche Kennzahlen		Konzern-Kennzahlen		Branchen-Kennzahlen (Richtzahlen)		gesamt-betriebliche Kennzahlen
Umfang der Ermittlung	Standard-Kennzahlen				betriebsindividuelle Kennzahlen		
Leistung des Betriebes	Wirtschaftlichkeits-Kennzahlen				Kennzahlen über die finanzielle Sicherheit		

Abb. 6.5: Arten betriebswirtschaftlicher Kennzahlen

Wichtig ist, dass Kennzahlen für den Empfänger kommentiert werden, damit er die Kennzahl und ihre Bedeutung richtig einschätzen kann. Es gilt der alte Controllersatz: keine Zahl ohne Kommentar.

 Werden in Ihrem Unternehmen alle wichtigen Kennzahlen mit Kommentaren versehen?

Kennzahlen haben unterschiedliche Bedeutung für den Unternehmenserfolg. Es ist wichtig, die Kennzahlen zu identifizieren, die für den Erfolg eine Schlüsselrolle spielen: Dies sind die Key Performance Indicators (KPI). Für z. B. für ein kupferverarbeitendes Unternehmen ist dies der Kupferpreis je Tonne.

Kennzahlen müssen im Unternehmen einheitlich definiert werden. Es ist empfehlenswert, für jede Kennzahl ein Definitionsblatt anzulegen (vgl. **Abb. 6.6**)

6.3.2.2 Kennzahlensysteme

Um den Aussagewert von Einzelkennzahlen zu erhöhen, werden sie in ein Kennzahlensystem eingebunden. Kennzahlensysteme beschreiben hierbei eine geordnete Gesamtheit von Kennzahlen, die in einer Beziehung zueinander stehen und auf diese Weise über einen Sachverhalt informieren. Es gibt zwei Erscheinungsformen von Kennzahlensystemen. Rechensysteme verknüpfen Kennzahlen mathematisch miteinander und ermöglichen dadurch eine rechnerische Zerlegung. Häufig ist es jedoch nicht möglich, Kennzahlen, die verschiedene logische Zusammenhänge beschreiben, durch mathematische Verknüpfung zusammenzufassen. Bei Ordnungssystemen werden daher verschiedene Kennzahlen, die sachlogisch miteinander verbunden sind, einem bestimmten Kennzahlenbereich (z. B. Liquiditätskennzahlen) zugeordnet und einzeln erfasst.

Folgende Gestaltungsmerkmale sind beim Aufbau von Kennzahlensystemen zu beachten:

ZVEI / BWA	Kennzahl Nr. 103
Titel	**Cashflow in % des Gesamtkapitals** *(jahresbezogen)*
Anwendung	**Cashflow in % des Gesamtkapitals** Messung des „Cashflow" am durchschnittlich eingesetzten „Gesamtkapital": insbesondere zur Feststellung des Umfangs, in dem finanzielle Mittel aus dem Periodenergebnis, den Abschreibungen, der Änderung des Sonderpostens mit Rücklageanteil und der Änderung der Pensionsrückstellung für Investitionen, zur Schuldentilgung und zur Gewinnausschüttung erwirtschaftet werden; Insbesondere für den Vergleich mit dem Return on Investment *(Kennzahl 102).*

Formel

$$= \frac{\text{Cashflow} \cdot 100}{\text{durchschnittlich eingesetztes Gesamtkapital}} \times \frac{360}{\text{Beobachtungszeitraum (in Tagen)}}$$

Formelinhalt

Zähler: **Cashflow** lt. §275 (2) HGB *(Gesamtkostenverfahren)*
lt. §275 (2) HGB *(Umsatzkostenverfahren)*

Jahresüberschuss/Jahresfehlbetrag[1]
+ Abschreibungen des Geschäftsjahres auf Anlagevermögen und ggf. auf aktivierte Aufwendungen für die Ingangsetzung und Erweiterung des Geschäftsbereichs lt. Anlagenspiegel
+ Sonderposten mit Rücklageanteil (gem. §273 HGB) *(Endbestand ./. Anfangsbestand)*
+ Pensionsrückstellungen *(Endbestand ./. Anfangsbestand)*
= Cashflow[2]

Nenner: **Durchschnittlich eingesetes Gesamtkapital**
(= durchschnittlich eingesetztes Gesamtvermögen) lt. § 266 HGB

Bilanzsumme[1]
./. ausstehende Einlagen auf das gezeichnete Kapital[3] *(Aktivseite vor Anlagevermögen)*
./. aktivierte Aufwendungen für die Ingangsetzung und Erweiterung des Geschäftsbetriebes[4] *(Aktivseite vor Anlagevermögen)*
./. passivisch ausgewiesene Wertberichtigungen[5]
+ erhaltene Anzahlungen auf Bestellungen[6]
= Gesamtkapital (= Gesamtvermögen)

Durchschnitt

$$\frac{\text{Anfangsbestand} + \text{Endbestand}}{2}$$

Beobachtungszeitraum *(in Tagen)*

1 Jahr = 360 Tage
1 Monat = 30 Tage

Bemerkungen

1) Für Gesellschaften, die mit einer Obergesellschaft einen Gewinnabführungsvertrag geschlossen haben, gilt als Periodenergebnis auch der gem. §277 (3) HGB ausgewiesene Betrag.
2) Bei internationalen Vergleichen sind dem Cashflow die Ertragsteuern lt. §275 (2) Posten 18 HGB (Gesamtkostenverfahren bzw. §275 (3) Posten 17 HGB (Umsatzkostenverfahren) hinzuzufügen.
3) vgl. dazu §272 (1) HGB
4) vgl. dazu §269 HGB
5) z.B. Sonderabschreibungen gem. §281 (1) HGB
6) sofern in der Bilanz von den Vorräten abgesetzt

Abb. 6.6: Beispiel für ein Kennzahlen-Definitionsblatt des Zentralverbands Elektrotechnik- und Elektronikindustrie (ZVEI)

- Kennzahlen müssen quantifizierbare Größen sein, d. h. sie müssen (eindeutig) in Geld- oder Mengeneinheiten messbar sein.

- Zwischen den einzelnen Kennzahlen in einem Kennzahlensystem sollten konfliktäre Beziehungen vermieden werden. Dies trifft insbesondere auf Ordnungssysteme zu.

- Kennzahlen können sich sowohl auf vergangene als auch auf zukünftige Sachverhalte beziehen. Bei Vergleichsrechnungen ist auf den gleichen Zeitbezug der Kennzahlen zu achten.

- Der Aufbau eines Kennzahlensystems darf nicht willkürlich geändert werden, um die Vergleichbarkeit der Ergebnisse über einen längeren Zeitraum gewährleisten zu können.

- Die Ermittlung jeder Einzelkennzahl unterliegt der Forderung nach Wirtschaftlichkeit. Das bedeutet, dass zwischen den Kosten der Informationsbeschaffung und -aufbereitung und dem Nutzen der Information ein angemessenes Verhältnis bestehen muss.

- Kennzahlensysteme sollen das Wesentliche in konzentrierter Form abbilden und dennoch vollständig sein.

- Mit Kennzahlensystemen muss ein rationelles Arbeiten möglich sein, d. h. der Kernteil des Zahlenwerks darf nur Zahlen enthalten, die der Empfänger regelmäßig braucht, während Sonderteile des Kennzahlensystems nur bei Bedarf bereitgestellt werden sollten.

 Nutzen Sie auch Kennzahlen im Zeitvergleich?

Grundsätzlich lassen sich Kennzahlensysteme hinsichtlich operativen oder strategischen Fokus differenzieren. Folgend werden für den operativen Fokus das DuPont-System und für den strategischen Fokus die Balanced Scorecard (BSC) näher erläutert.

Das DuPont-Kennzahlensystem ist eines der bekanntesten Kennzahlensysteme und wurde 1919 vom Chemiekonzern DuPont als „DuPont-Kennzahlensystem of Financial Control" entwickelt.

Die Grundüberlegung dieses Kennzahlensystems ist, dass nicht die Gewinnmaximierung – als eine absolute Größe – als Unternehmenziel anzustreben ist, sondern die relative Größe „Gesamtkapital-Rentabilität" (= Return-on-Investment bzw. „ROI").

Der ROI berechnet sich wie folgt:

$$ROI = \frac{Gewinn}{Gesamtkapital} \times 100$$

Diese Größe wird im DuPont-System als Spitzenkennzahl definiert und in weitere Einzelkennzahlen aufgegliedert. Diese rechnerische Auflösung der obersten Zielgröße erlaubt eine systematische Analyse der Haupteinflussfaktoren des Unternehmensergebnisses. **Abb. 6.7** verdeutlicht diesen Zusammenhang.

Über die Vor- und Nachteile des ROI-Konzeptes wird in der Literatur unterschiedlich argumentiert:

Als Vorteile des DuPont-Systems sind zu nennen:

- Das System trägt dem Rentabilitätsziel der Unternehmung Rechnung;

- auch in dezentralen Unternehmensbereichen ist das System anwendbar;

- langfristige Vergleiche von Teilbereichslösungen werden ermöglicht.

Als Kritikpunkte gegen das ROI-Konzept werden aufgeführt:

- Die Einzelzahl ROI erlaubt keine Aussage darüber, ob sich Zähler oder Nenner des Bruches verändert haben;

- bereichsorientierte ROI-Zahlen können zu Suboptima führen und

- die Tendenz zur kurzfristigen Gewinnmaximierung wird verstärkt, da z. B. Forschungsaufwendungen keinen Eingang in die ROI-Kennzahl finden.

Aufgrund der Nachteile des ROI wird dieser nur in Ausnahmen als zentrale Steuerungsgröße in Unternehmen eingesetzt. Weiter verbreitet sind Kennzahlen wie der Return on Capital Employed (ROCE) sowie der Einsatz von wertorientierten Steuerungsgrößen wie des Economic Value Added (EVA®) (vgl. Abschnitt 3.3.4.2).

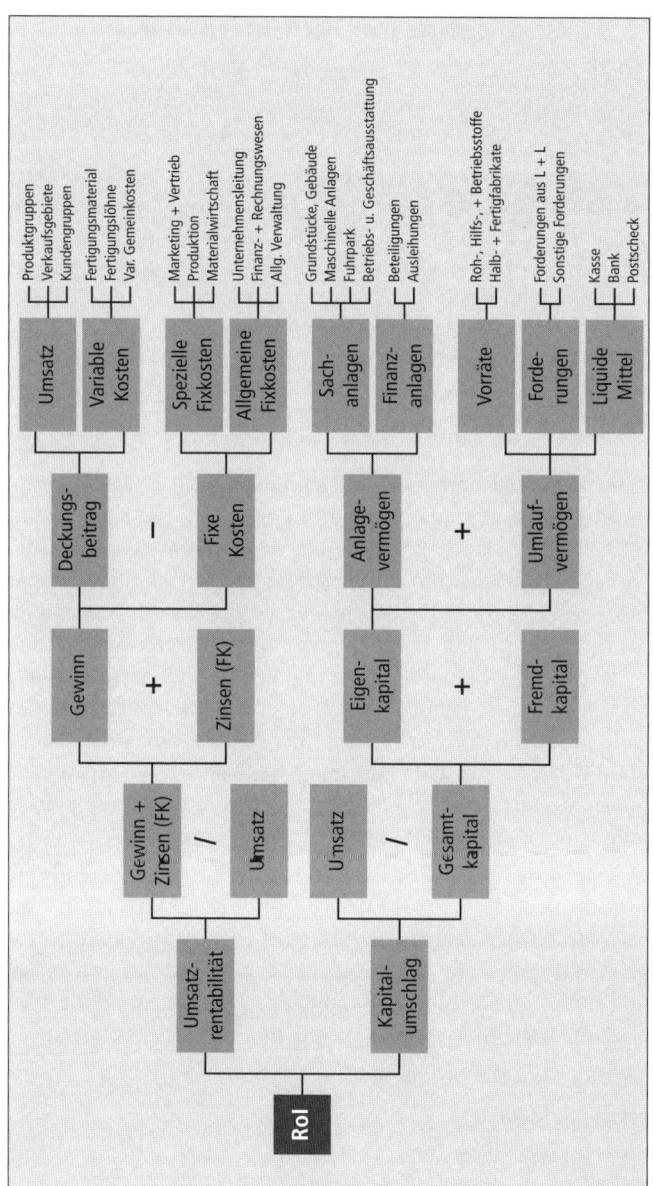

Abb. 6.7: Das DuPont-Kennzahlensystem

6.3.2.3 Das Messgrößensystem einer Balanced Scorecard

Wie in Abschnitt 3.3.5 beschrieben, stellt die Balanced Scorecard (BSC) ein wichtiges Instrument der Strategieentwicklung und -umsetzung dar.

> Eine zentrale Anforderung an eine **BSC-Konzeption** ist es, dass die Umsetzung der strategischen Ziele einer BSC messbar gemacht werden muss. Hierfür ist der Aufbau eines Systems von zur strategischen Steuerung geeigneten Kennzahlen notwendig, die innerhalb einer Strategy Map miteinander verknüpft werden können (vgl. *Kaplan, Norton* 2004, S. 27). Im Kontext der BSC werden diese Kennzahlen „Messgrößen" genannt.

Im Idealfall wird jedes strategische Ziel durch genau eine Messgröße bestimmt. Dies ist aber nicht immer möglich. Um die Komplexität gering zu halten und die Fokussierung zu gewährleisten, sollte die Anzahl der Messgrößen pro strategischem Ziel jedoch auf maximal drei beschränkt werden. Werden mehr Messgrößen benötigt, so ist ggf. das Ziel aufzuspalten. Erfahrungsgemäß werden zu den strategischen Zielen aber eher zu viele als zu wenige Messgrößen ausgewählt. In **Abb. 6.8** sind die wesentlichen Anhaltspunkte zur Definition von Messgrößen dargestellt. Zur Auswahl der Messgrößen sollte insbesondere die Frage nach der Verhaltensbeeinflussung der Mitarbeiter durch die Messgröße gestellt werden sowie die möglichst präzise Darstellung des Zielerreichungsgrades bedacht werden.

Letztlich muss bei der Definition von Messgrößen stets deren Integrierbarkeit in ein Berichtssystem bedacht werden. Wir haben fünf Kriterien identifiziert, die bei der Messgrößenableitung zunächst eine Nebenrolle spielen, für die Implementierung aber von großer Bedeutung sind. Spätestens bei der endgültigen Entscheidung für oder gegen eine Messgröße muss man diese Kriterien berücksichtigen:

- Vorhandensein der Messgröße,
- Kosten der Messung,
- Akzeptanz der Messgröße,

Formalisierung	Verfügbarkeit	Implementierung (falls Messgröße bisher nicht verfügbar)	Sensibilität (optional)
• Mathematische Formel • Messgrößenbeschreibung (Erläuterungen zur Messgröße) • Ergebnisverantwortung	• Wird die Messgröße derzeit gemessen? • Aktuelle Daten verfügbar? • Wer ist für die Erhebung verantwortlich? • Welche Datenquellen? • Frequenz der Messung? • Gibt es Vergangenheitswerte (Zeitvergleiche)? • Wird die Messgröße im heutigen Reporting verwendet? • Plandaten verfügbar? • Gibt es Benchmarks?	• Macht die Implementierung unter Kosten-/Nutzen-Gesichtspunkten Sinn? • Projektplan zur Implementierung inkl. − Verantwortlicher − Zeitlicher Aufwand − Budget	• Ist die Entwicklung der Messgröße durch die Zielverantwortlichen maßgeblich beeinflussbar? • Ist die Messgröße kurzfristig (1 J.) oder nur langfristig (2 J.) beeinflussbar? • Ist die Messgröße mit den vorgelagerten Messgrößen positiv korreliert, d. h. gibt sie Ursache-/Wirkungszusammenhänge wieder?

Abb. 6.8: Anhaltspunkte zur Messgrößendefinition

■ Formalisierungsmöglichkeit der Messgröße und

■ Festlegung der Frequenz, in der die Messgröße erhoben werden soll.

Jede ausgewählte Messgröße ist exakt zu definieren und zu dokumentieren, um eine permanente Zielüberprüfung mit immer gleicher Datenerhebung und Kennzahlenberechnung sicherzustellen. Die Dokumentation der Messgrößen sollte tabellarisch je strategischem Ziel erfolgen. Nachfolgende **Abb. 6.9** zeigt ein Beispiel für die Definition von einzelnen Messgrößen (vgl. *Horváth & Partners* 2007, S. 202 ff.).

Kennzahlen-Beispiele für die Perspektive Prozesse und Potenzialaufbau einer BSC

Ziel	Messgröße	Ermittlung der Messgröße	Datenquelle
• Hohe Prozessqualität	• Kosten für Nachbearbeit	• Absolute Höhe der Nacharbeitskosten	• Mehrkostenbericht
• Kurze Durchlaufzeit • Niedrige Kosten	• Ø Gesamtdurchlaufzeit der Angebotserstellung • Ø Laufzeitfaktor Fertigung • Ø Laufzeitfaktor Entwicklung • Personalauslastungsgrad • Maschinenauslastungsgrad• Angebotskosten	• Ø benötigte Zeit vom Eingang der Kundenanfrage bis Angebotsabgabe • Bearbeitungszeit/ Auftragsdurchlaufzeit • Bearbeitungszeit/Durchlaufzeit • Anteil der auftragsbezogenen Stunden an den maximal verfügbaren Arbeitsstunden • Auslastung der Maschinen in % der Soll-Auslastung • Kosten für Angebotserstellung/Umsatz	• Vertriebsstatistik • SAP-PS- und PP-Bericht • Produktivitäts- und Vollständigkeitsnachweis • SAP Auftragsinformationsblatt
• Angemessene Mitarbeiterqualifikation und Kapitalausstattung • Hohe Mitarbeitermotivation	• Deckungsgrad der Mitarbeiterqualifikation • Investitionsrate • Mitarbeiter-zufriedenheitsindex • Krankenstand	• Soll-Ist-Vergleich zwischen Mitarbeiterqualifikation und Stellenanforderungsprofil • Investitionsvolumen/kalk. AfA • aus Mitarbeiterbefragung Index ermitteln • Ø Krankheitstage je Mitarbeiter	• Zielvereinbarungs-gespräche • Invest.-Planung, BAB • Mitarbeiterbefragung • Personalstatistik
• Innovations- und Problemlösungsfähigkeit	• Anzahl umgesetzter Verbesserungsvorschläge • Umsatzanteil Entwicklungsprojekte	• Anzahl umgesetzter Verbesserungsvorschläge • Anteil Entwicklung an Gesamtumsatz	• Statistik Betriebl. Vorschlagswesen • Umsatzstatistik

Abb. 6.9: Beispiel zur Definition der Messgrößen

Nutzen Sie auch qualitative Informationen zur Entscheidungsunterstützung?

6.3.3 Gestaltung eines wirkungsvollen Reportings

Ein wichtiges Ziel der Planung ist die Verbesserung der Unternehmenssteuerung. Aus der Planung werden die Zielgrößen in Form konkreter Planzahlen für jeden Verantwortungsbereich gewonnen. Der Steuerungseffekt wird erreicht, indem die Planwerte mit Ist-Werten oder Wird-Werten (Forecast) verglichen werden. Die Analyse der Abweichungen gibt Hinweise auf ihre Ursache und für die Einleitung gezielter Korrekturmaßnahmen.

Die Bereitstellung von Informationen und ihre Übermittlung in Form von Berichten bzw. Reports an die jeweiligen Berichtsempfänger ist die zentrale Aufgabe des Reportings. Aus den Berichten soll deutlich werden, in welchem Umfang in den einzelnen Unternehmensbereichen die angestrebten Ziele aus der Planung erreicht wurden und wo zusätzliche Maßnahmen ergriffen werden müssen. Berichte dürfen kein Selbstzweck sein, sondern müssen die Informationsempfänger in die Lage versetzten, auf Basis der Berichte steuernde Entscheidungen zu treffen bzw. diese zu veranlassen. Die Analyse der Ergebnisse sollte gemeinsam durch das Controlling und die Fachabteilung erfolgen, um die Akzeptanz der Analyseergebnisse und die Durchführung von Maßnahmen sicherzustellen.

Die Verantwortung des Controllings erstreckt sich auf die Gestaltung des Reportings und auf die Koordination der Berichterstellung. Der Controller hat dafür Sorge zu tragen, dass

- richtige Informationen,
- in der richtigen Verdichtung,
- zum richtigen Zeitpunkt,
- am richtigen Ort und
- in der richtigen Form vorliegen.

Im Folgenden werden die folgenden Aspekte näher diskutiert:

- Gestaltung
- Hierarchie
- Frequenz

Aus inhaltlicher Sicht kommunizieren Berichte Planungs- und Kontrollinformationen. Damit Berichte ihrem Steuerungszweck entsprechen, müssen bei der Reportinggestaltung drei Kriterien beachtet werden:

- Berichte müssen die drei Informationskategorien Plan (Soll), Ist und Erwartung (Forecast) gegenüberstellen,
- die kommunizierten Informationen mit einer Ursachenanalyse versehen („Keine Zahl ohne Kommentar") und
- die Ergebniswirksamkeit von Abweichungen verdeutlichen.

Dabei muss die inhaltliche Struktur von Berichten mit der Planung identisch sein. Denn nur dann können aus der Gegenüberstellung von Ist- und Planzahlen aussagefähige Informationen gewonnen werden. Das Herausstellen der relevanten Informationen ist eine der schwierigsten Aufgaben. Information bedeutet zweckorientiertes Wissen; also bestimmt der Zweck den Informationswert und nicht die Quantität. Die Qualität von Entscheidungen ist nicht von der Anzahl der verfügbaren, sondern von der Anzahl der relevanten Informationen abhängig. Sie gehen häufig in der Vielzahl vorhandener Informationen unter. Dieses Phänomen des Zuviel an Irrelevantem bei einem gleichzeitigen Mangel an Relevantem wird auch mit dem Stichwort „Mangel im Überfluss" oder kurz als „Informationsdilemma" bezeichnet.

Zur Hervorhebung des Wesentlichen aus den berichteten Informationen kann mit „Abweichungstoleranzen" gearbeitet werden. Das bedeutet, dass in der Planung für einzelne Berichtspositionen Schwankungsbreiten festgelegt werden, die als „normal" bzw. zufallsbedingt angesehen werden. Erst Abweichungen außerhalb des Toleranzbereichs werden berichtet bzw. besonders gekennzeichnet.

Der Vorteil dieser Maßnahme ist darin zu sehen, dass wichtige Entwicklungen nicht in einer Informationsflut untergehen, sondern die

Aufmerksamkeit des Managements gezielt auf Problembereiche gelenkt wird. Um Toleranzen zu definieren, ist Fachbereichswissen notwendig. Die Abstimmung und Festlegung dieser Grenzen ist z. T. sehr aufwändig. Eine Regel für den Controller lautet, sich vor allem auf Ausnahmen zu konzentrieren.

In diesem Zusammenhang ist zunächst zwischen Standard- und Ad-hoc-Berichten zu unterscheiden. Standardberichte stellen einen nach Inhalt und Form normierten Basisbericht dar, den der Informationsempfänger in vorab fixierten Zeitabständen erhält. Somit können Standardberichte standardisiert und institutionalisiert werden. Im Gegensatz dazu hängen Ad-hoc-Berichte vom konkreten Einzelfall ab. Die regelmäßigen Berichte tragen dem grundlegenden Informationsbedürfnis der Verantwortungsbereiche Rechnung. Sie sind auslösender Natur, sie fordern und verlangen Aktionen. Ad-hoc-Berichte werden dagegen aufgrund besonderer Ereignisse und Situationen erstellt. Die Initiative kann sowohl vom Controlling als auch von den Fachbereichen ausgehen. Durch die zunehmende Weiterentwicklung von IT-Systemen wird der Informationsempfänger heute mehr und mehr in die Lage versetzt, individuell benötigte Informationen in Form von Ad-hoc-Berichte selbst zu generieren.

Wie bereits erläutert, sollten in Berichten zusätzlich zu Ist- und Sollwerten grundsätzlich Forecast-(Wird-)Werte vorgesehen sein. Denn der Soll-/Ist-Vergleich ist sehr gut geeignet, Abweichungen zwischen Plan und Ist und deren Ursachen aufzuzeigen. Damit schafft er die Grundlage für künftige Verbesserungen. Für Steuerungseingriffe sind diese Informationen aber nur bedingt geeignet. Denn der Soll-/Ist-Vergleich ist vergangenheitsorientiert; die Geschäftsvorfälle haben bereits stattgefunden.

Ein Forecast „prognostiziert" dagegen zum Berichtszeitpunkt das voraussichtliche Ist zum Periodenende entsprechend dem aktuellen Kenntnisstand. Dadurch liegen bereits zu einem sehr frühen Zeitpunkt Informationen vor, wie sich die einzelnen Berichtspositionen ohne zusätzliche Eingriffe zum Periodenende voraussichtlich darstellen werden. Für Reaktionen bleibt durch den Forecast mehr Zeit, und die Erfolgswahrscheinlichkeit der Maßnahmen wird erhöht.

Lg. Other financial key figures vs. Budget

HORVÁTH & PARTNERS
MANAGEMENT CONSULTANTS

"Action Title: Clear Message on main developments and essential effects"

December 2016

Group — Other Financial Key Figures

€ in million	YTD Actual	YTD +/- Budget	Full Year FC	Full Year +/- Budget
Turnover	10.000	+1.000	40.000	+4.000
Adjusted EBITDA	5.000	+500	20.000	+2.000
Adjusted EBIT	2.500	+250	10.000	+1.000
Net Interest	1.000	+100	4.000	+400
Non Operating Earnings	-2.000	-200	-8.000	-400
EBT	800	+90	3.200	+320
Operating Cash Flow	600	+60	2.400	+240
CAPEX	500	+50	2.000	+200
Free Cash Flow	100	+10	400	+40
* xxx				

Comments +/- Budget (YTD and Full Year)

Financial Key Figures	YTD	Full Year
Net Interest	**+€100m**	**+€400m**
• Interest share in addition to provisions	+€60m	-€350m
• Lower results from special funds	-€5m	-€45m
• Release of interest provision '06	+€5m	+€5m
Non-operating earnings	**-€200m**	**-€400m**
• Realized earnings from special funds	-€100m	-€200m
• Gains on disposal of assets	-€150m	-€300m
• Market valuation of derivatives	+€50m	+€100m
Operating Cash flow	**+€60m**	**+€240m**
• Lower income tax payments	+€40m	+€200m

Sales Volumes

• Product 1: Sales increased despite negative market development, mainly as a result of increased aftersales and promotion activities. This trend is expected to continue over the full year.

• Product 2: Sales decreased as a result of market entry of competitor XY. However, this trend is expected to reverse over the remaining year, resulting from the expected increase in the customer base of the B2B segment in CEE countries.

Group — Sales Volumes — December 2016

Volume	YTD Actual	YTD +/- Budget	Full Year FC	Full Year +/- Budget
Product 1	50.000	-2.500	200.000	+4.000
Product 2	40.000	-2.000	160.000	+3.200
Product 3	30.000	+1.500	120.000	-2.400
Product 4	20.000	-1.000	80.000	-1.600
* xxx				

Abb. 6.10: Darstellung eines Steuerungscockpits/Praxisbeispiel

In den letzten Jahren haben sich Performance Cockpits® zur Visualisierung von wichtigen Steuerungsinformationen durchgesetzt (vgl. **Abb. 6.10**). Performance Cockpits® sind hierbei als eine weiterentwickelte Form des Steuerungs- und Berichtssystems zu verstehen, die

- sich konsequent an operativen und strategischen Steuerungsanforderungen der Informationsempfänger ausrichtet,

- die wesentlichen Steuerungsthemen segmentiert und darstellt, sowie

- auf eine Optimierung der Entscheidungsqualität durch technische und organisatorische Integration zielt.

Kernbestandteile eines Performance Cockpits® sind die maßgeschneiderten Steuerungsinformationen durch Fokussierung der Inhalte, deren spezifische Anordnung, der gezielte Einsatz unterstützender Darstellungsformen sowie der Rückgriff auf umfangreiche und flexible IT-Funktionalitäten. Gerade die verbesserte Leistungsfähigkeit von IT Systemen (Business Intelligence) hat dazu beigetragen, dass leistungsfähige Front-End Lösungen möglich geworden sind. Die Darstellung orientiert sich dabei an dem Darstellungsmedium. Aktuelle Trends wie das Mobile Reporting zeigen deutlich diese Notwendigkeit.

Durch die Abbildung mehrerer wichtiger KPIs bekommt der Informationsempfänger ein ausreichend gutes Bild über seinen Verantwortungsbereich und die Zusammenhänge zwischen den dargestellten Kennzahlen. Mit dem Wissen über die Wirkungszusammenhänge lassen sich Entwicklungen frühzeitiger erkennen. Mittlerweile setzen sich daher Cockpits mit 8–12 wichtigen Steuerungsinformationen durch. Hierdurch bekommt der Informationsempfänger ein ausreichend gutes Bild über seinen Verantwortungsbereich. Bei der Darstellung werden alle Kennzahlen mit einer Ampel für die aktuelle Bewertung und einem Trendpfeil für die erwartete Entwicklung hinterlegt. Darüber hinaus werden zu 3–4 Kennzahlen Detailinformationen wie deren zeitlicher Verlauf oder die genaue Positionierung zu vorher festgelegten Grenzwerten dargestellt.

Vorteile die durch das Cockpit-Konzept erreicht werden:

- wichtige Informationen auf einen Blick,

- keine Ablenkung durch unwichtige Daten,

- entscheidungsunterstützende grafische Aufbereitung,

- ausgewogene Steuerungsinformationen,

- Zusammenhänge zwischen Kennzahlen werden schnell ersichtlich,

- Fokussierung auf Abweichungsinformationen, Absolutwerte als Drill-down.

 Ist in Ihrem Unternehmen geklärt, wer welche Inputinformationen wann liefert und wer die Outputinformationen erhält?

Die Erfolgswahrscheinlichkeit von Steuerungsmaßnahmen ist in starkem Maße von dem Zeitpunkt abhängig, zu dem Informationen zur Verfügung stehen. Ein wesentliches Qualitätsmerkmal des Berichtssystems ist deshalb die Aktualität, mit der Berichte den Verantwortlichen zur Verfügung gestellt werden können. Der Schnelligkeit ist im Zweifelsfall der Vorzug zu geben vor einer übertriebenen Genauigkeit, die eine möglichst zeitnahe Verfügbarkeit von Abweichungsinformationen verhindert.

Für einen wirkungsvollen Report kommt der Empfängerorientierung besondere Bedeutung zu. In erster Linie heißt das, Informationen entsprechend den Bedürfnissen des Informationsempfängers zu filtern und zu verdichten. Durch die Vornahme von Informationsverdichtungen entstehen Reporthierarchien, die dem Aufgabengebiet des jeweiligen Adressaten Rechnung tragen. So wäre es unsinnig, die Geschäftsleitung mit Informationen zu überschütten, die die Abweichungen einer Kostenart in einer Produktionskostenstelle analysieren. In den Berichten für die Geschäftsleitung müssen Informationen vielmehr so verdichtet sein, dass sie einen schnellen Überblick über die Entwicklung der Gesamtunternehmung erlauben. Im Bedarfsfall können dann zu einzelnen Berichtspositionen zusätzliche Detailinformationen eingeholt werden. In **Abb. 6.11** sind die Berichtsinhalte für unterschiedliche Hierarchiestufen beispielhaft dargestellt.

Werden Kennzahlen in Ihrem Unternehmen empfänger-orientiert aufbereitet (für Planung, Budgetierung und Reporting)?

Abb. 6.11: Reportinghierarchien und entsprechende Reportinginformationen

Neben der individuellen Empfängerorientierung ist unbedingt auf eine Bereichsstandardisierung zu achten. Dadurch kann die Einheitlichkeit der Darstellung von gleichen Sachverhalten und Informationen gewährleistet werden, was die Kommunikation erleichtert. Ein weiteres Mittel zur Akzeptanzförderung von Berichten ist die Visualisierung mit Hilfe grafischer Darstellungen. Grafische Darstellungen sind oft übersichtlicher als reine Zahlentabellen und werden wesentlich schneller vom Empfänger aufgenommen.

6.3.4 Aktuelle Trends im Management Reporting

Die Aufgabe des Management Reporting ist, Berichtsempfänger so mit Informationen zu versorgen, dass diese in der Lage sind, rechtzeitig die richtigen Entscheidungen zu treffen. Um diese Aufgabe heute und auch in Zukunft optimal erfüllen zu können, muss sich das Reporting laufend mit neuen Anforderungen weiterentwickeln. Dabei ergeben sich zum einen inhaltliche und gestalterische Fragestellungen und zum anderen Fragen zur technischen Umsetzung (**Abb. 6.12**). Im Folgenden werden Trends und Herausforderungen im Management Reporting detaillierter beleuchtet.

Inhaltliche und gestalterische Trends	Technische Trends
■ Ausbau des Zukunftbezugs	■ Big Data
■ Integration externer Faktoren	■ Mobile Reporting
■ Lean Reporting	■ Self-Service-Reporting

Abb. 6.12: Top-Trends im Management Reporting

Sowohl die Unternehmen selbst als auch das Reporting sehen sich mit einer sich immer schneller verändernden Umwelt konfrontiert. Bei der Betrachtung von Berichten aus vergangenen Jahren zeigt sich nicht nur, dass die damaligen Inhalte in den meisten Fällen nicht mit den aktuellen Steuerungsanforderungen vereinbar sind, sondern auch, dass sich Berichtsart und -form beinahe völlig gewandelt haben. Neue Trends werden durch Umweltveränderungen und technologische Neuerungen angestoßen und stellen somit neue Herausforderungen an den Controller. Beispielsweise steht seit einigen Jahren der ausgeweitete Zukunftsbezug auf der Agenda eines jeden Controllers. Eng damit verknüpft ist die Integration von externen Indikatoren in die Berichte. Dadurch soll eine Verbindung dieser Indikatoren zu finanziellen und nicht-finanziellen Kennzahlen hergestellt werden. Werden diese Herausforderung gemeistert, profitieren davon sowohl die Aussagekraft des Reportings aufgrund der Möglichkeit eines Marktvergleichs, als auch die Früherkennung von Handlungsbedarf durch den ausgeweiteten Zeithorizont. Bisher verwendete Kennzahlenmodelle sind daher zu überprüfen und mit der Zielsetzung einer verbesserten Früherkennung und Prognose zu verbessern.

Bisher hauptsächlich für die Effizienzsteigerung anderer Bereich verantwortlich, müssen sich Controller nun selbst fragen, ob in den gewachsenen Strukturen und etablierten Prozessen nicht vielleicht Potential zur Effizienzsteigerung steckt. „Lean Reporting" zielt daher auf eine schnelle, automatisierte und aufwandsarme Berichterstellung ab. Auch eine veränderte Rolle des Controllers spielt hier mit. Anstatt aufwendig Datenmengen zu prüfen, aufzuarbeiten und Berichte zu erstellen, kann sich der Controller dank einer hohen Standardisierung und Automatisierung aller Tätigkeiten bis zur Analyse, Interpretation und Kommentierung auf diese veredelnden Aufgaben konzentrieren.

Damit einher gehen hohe Ansprüche an eine geeignete IT-Lösung und an die Fähigkeit der Controller, ihre Rolle als „Business-Partner" zu erfüllen.

In regelmäßigen Abständen ändern sich die technischen Gegebenheiten im Reporting beinahe komplett. Zu den drei wichtigsten aktuellen Themen zählt das Feld der „Big Data". Künftig wird laut Expertenmeinungen die Fähigkeit von Unternehmen, die immer größer und unstrukturierter werdenden Datenmengen optimal in der Unternehmenssteuerung einzusetzen, für den Erfolg entscheidend sein. Dies setzt das Vorhandensein von geeigneten Strategien, Anwendungsmöglichkeiten und technischen Hilfsmitteln voraus.

Ein weiteres Thema stellt das Mobile Reporting dar, bei dem es um die örtlich und zeitlich unabhängige Vorbereitung und Auswertung von Berichten und Daten geht. Da sich etwa ein Viertel aller Unternehmen derzeit in der Vorbereitung eines Mobile Reporting befindet, wird sich diese Praxis in der nächsten Zeit wohl stark ausbreiten. Die Schwierigkeiten liegen hier momentan in der Ausarbeitung einer klaren Strategie sowie darin, die vorhandenen technologischen Möglichkeiten auch tatsächlich voll auszunutzen. Spezielle Reporting-Applikationen („Apps") sollen künftig verstärkt eine intuitive

Auswertung, eine direkte Kommentierung und eine onlinebasierte Zusammenarbeit auf Basis der Berichte unterstützen.

Als dritte wichtige Entwicklung ist das „Self-Service BI" bzw. das „Self-Service Reporting" zu sehen, mit dem sich der Empfänger je nach Bedarf Berichte selbst erstellen kann. Dies kann soweit ausgeweitet werden, dass der Berichtsempfänger selbst den Platz des Erstellers einnimmt, wodurch das Standard-Reporting auf das notwendige Mindestmaß heruntergefahren werden kann.

Die Entwicklungen, die heute und zukünftig Einfluss auf das Management Routing ausüben, enden nicht mit den drei eben ausgeführten Herausforderungen. Die Flexibilität des Reportings unterliegt zunehmend hohen Ansprüchen, um die Berichterstellung zeitnah an unternehmensinterne und externe Entwicklungen anpassen zu können. Hierunter fallen bspw.

- Die Abbildung von Organisationsveränderungen
- Der Kauf und Verkauf von Unternehmensbereichen,
- Veränderungen im Kundestamm oder auch
- Die Ergänzung neuer Kennzahlen und Inhalte.

6.4 Praxisbeispiel

6.4.1 Die Handels GmbH

Bei der Handels GmbH handelt es sich um einen deutschen Lebensmitteleinzelhändler mit einem grenzübergreifenden und mehr als 1000 Einzelfilialen umfassenden Filialnetz. Im Fokus des Unternehmens steht ein discountorientiertes Produktportfolio, welches sowohl Food als auch Non-Food Artikel umfasst. Die bereits über längere Zeit tendenziell fallenden Lebensmittelpreise verstärkten die Notwendigkeit eines effizienten und an den für die Steuerung benötigten Informationen ausgerichteten Management Reportings, um zum einen dem steigenden Kostendruck durch Transparenz entgegenzuwirken und zum anderen die richtigen Steuerungsimpulse geben zu können. Genau diesen Anforderungen konnte das bisherige Reporting, welches sich durch ein unausgewogenes Verhältnis zwischen finanziellen und nicht-finanziellen Kennzahlen sowie einem zu hohen Detaillierungsgrad auszeichnete, nicht genügen. Des Weiteren wurden die Reports durch die jeweiligen Landesgesellschaften teilweise individuell zusammengestellt und konnten somit nicht für einen länderübergreifenden Leistungsvergleich herangezogen werden. Aus diesem Grund sollte ein konsistentes und an den Steuerungsanforderungen ausgerichtetes Kennzahlensystem mit standardisierten Berichten (Standard-Reporting) aufgebaut werden.

6.4.2 Projekt: Entwicklung eines Kennzahlensystems mit standardisierten Berichten

Wie bereits im ersten Abschnitt angedeutet, wurde die Informationsversorgung des Managements durch ein konsistentes, ausgewogenes und empfängerorientiertes Management Reporting verbessert und nachhaltig sichergestellt. Hierzu wurde ein aus vier Stufen bestehendes Vorgehen gewählt: (1) Analysephase, (2) Kennzahlenkonzeptionsphase, (3) Prozesskonzeptionsphase und (4) Umsetzungsphase. Ausgehend von der eingangs beschriebenen Ausgangssituation und dem Anforderungsprofil des Kunden war insbesondere die Kennzahlenkonzeptionsphase von zentraler Bedeutung. Aus diesem Grund soll nachfolgend verstärkt auf die zweite Phase eingegangen werden – was keinesfalls bedeutet, dass die übrigen Phasen nicht wesentlich zum Erfolg des eingeführten Management Reportings beigetragen haben. Beispielsweise verbesserten die an den Anforderungen des Berichtsempfängers ausgerichtete Visualisierung und Aufbereitung der Kennzahlen die Aufnahmefähigkeit der Informationsempfänger wesentlich.

Im Rahmen der Kennzahlenkonzeption waren zwei Dinge wichtig: Zunächst wurden, gemeinsam mit dem erweiterten Führungskreis, Anforderungen und Kriterien für künftige Kennzahlen definiert. Beispielsweise sollten alle künftigen Kennzahlen messbar, beeinflussbar, entscheidungsunterstützend und performancerelevant sein. Anschließend wurde eine „Long List", welche circa 180 Kennzahlen umfasst, erarbeitet. Um sicherzustellen, dass die Handlungs- und Entscheidungsfähigkeit der künftigen Berichtsempfänger (Informationsempfänger) nicht durch ein zu granulares Informationsniveau beeinträchtigt wird, wurden die identifizierten Kennzahlen („Long List") im Rahmen von sechs Workshops, an welchen sowohl Vertreter der Konzernzentrale als auch Vertreter der Landesgesellschaften teilnahmen, validiert und konsolidiert (siehe **Abb. 6.13**). Das finale Kennzahlen-Set umfasste circa 80 Kennzahlen, wobei nicht jede Kennzahl an jeden Berichtsempfänger berichtet wurde (siehe nächster Abschnitt).

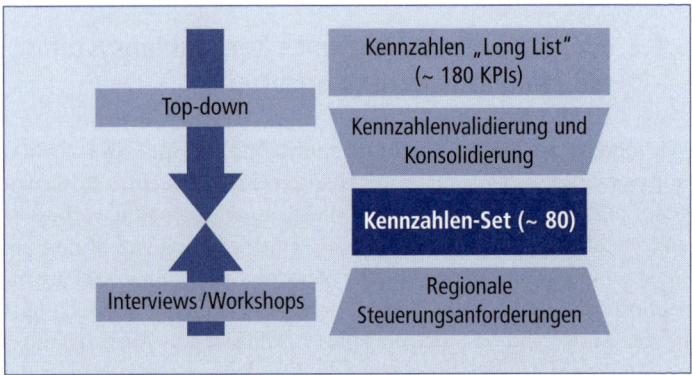

Abb. 6.13: Prozess zur Erarbeitung des Kennzahlen-Sets

Das zweite Kriterium, auf welches im Zuge der Kennzahlenkonzeptionsphase geachtet wurde, war die Skalierbarkeit des erarbeiten Kennzahlen-Sets (vgl. **Abb. 6.14**). Was bedeutete, dass abhängig vom Informationslevel (Level 1, Level 2 und Level 3) das Berichtswesen im Standard nur ausgewählte Kennzahlen enthielt. Beispielsweise umfasste das „Level 1"-Berichtswesen nur die wichtigsten und für die Steuerung des gesamten Unternehmens relevanten Kennzahlen. Das „Level 1"-Berichtswesen sollte sich an den Informationsanforderungen des Top-Managements orientieren und berichtete daher überwiegend hoch verdichtete Kennzahlen (z. B. ROCE, EBITA, Netto-Umsatz, etc.), um komplexe betriebswirtschaftliche Sachverhalte auf einen Blick darzustellen. Neben den skizzierten Vorteilen ist mit der Informationsverdichtung gleichzeitig die Gefahr verbunden, wertvolle Detailinformation zu verlieren. Allerdings wurde im Rahmen der durchgeführten Workshops deutlich, dass genau diese

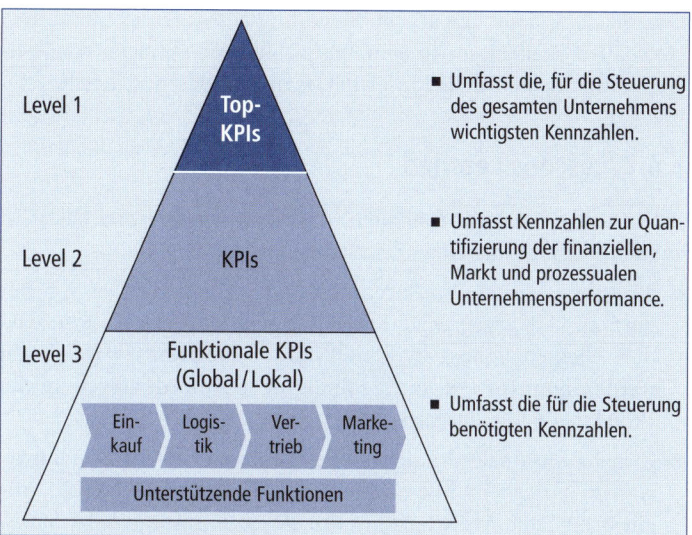

Abb. 6.14: Berichtspyramide

Detailinformationen als auch zusätzliche Informationen an anderen Stellen im Unternehmen zur Steuerung benötigt werden. Diese spezifischen Kennzahlen bedienten nicht die Informationsbedürfnisse des Top-Managements, sehr wohl aber die des jeweiligen Funktionsleiters. Aus diesem Grund umfasst das Berichtswesen für den Funktionsbereich „Logistik" funktionsspezifische und am Funktionsprozess ausgerichtete Kennzahlen, wie beispielsweise „Transportkosten pro km" oder „Termintreue".

Nachdem die Kennzahlen abgestimmt und den verschiedenen Berichtsempfängern (Berichtslevel) zugeordnet waren, wurde das erarbeitete Kennzahlenkonzept in einen Reporting-Prozess eingebettet. Im Zuge dieser Prozesskonzeptionsphase wurde neben dem Berichtserstellungsprozess das zukünftige Reporting-Dashboard und das Berichtslayout erarbeitet und abgestimmt. Anschließend wurde das neue Reporting im Unternehmen ausgerollt und IT-seitig implementiert. Am Ende des Projekts hatte das Unternehmen ein sowohl hierarchisch als auch global harmonisiertes Management-Reporting, welches, dank den an den Steuerungsanforderungen und dem Geschäftsmodell ausgerichteten Kennzahlen, die richtigen finanziellen und nicht-finanziellen Informationen transparent darstellte.

6.4.3 Lessons Learned

Retrospektiv lässt sich festhalten, dass insbesondere drei Faktoren auf den Projekterfolg eingewirkt haben.

- Klar abgegrenzter Projektrahmen und Zielsetzung: Der von Beginn an klar abgegrenzte Projektrahmen hat dazu geführt, dass die Themen fokussiert durch das Projektteam abgearbeitet werden konnten und nicht ständig neue Anforderungen an das Projektteam herangetragen wurden.

- Zweidimensionales Vorgehen: Des Weiteren hat das zweidimensionale Vorgehen, insbesondere in der Konzeptionsphase, für eine sehr hohe Akzeptanz der Projektarbeit gesorgt. Jeder Stakeholder konnte durch die verschiedenen Workshops an der Projektarbeit partizipieren und durch seinen Input am Ergebnis mitwirken.

- Skalierbare Umsetzung: Wie in **Abb. 6.13** gezeigt, orientiert sich das neue Berichtswesen an der Berichtspyramide, was bedeutet, dass jedes Level ein für sich geschlossenes Berichtspaket darstellt. Dadurch konnte die Umsetzung sequentiell erfolgen und die Organisation schrittweise durch das Veränderungsmanagement an das neue Reportingkonzept herangeführt werden.

6.5 Gestaltungscheckliste für Manager und Controller

> **!** *Versehen Sie alle Zahlen und Kennzahlen mit Kommentaren!*
>
> **!** *Differenzieren Sie nach Informations- bzw. Entscheidungsbedarf!*
>
> **!** *Bereiten Sie das Reporting empfängerorientiert auf!*
>
> **!** *Ändern Sie den Aufbau Ihres Kennzahlensystems nicht willkürlich! Nur das gewährleistet die Vergleichbarkeit über einen längeren Zeitraum!*
>
> **!** *Berücksichtigen Sie Plan (Soll), Ist und Forecast (Wird) in den Management Reports!*
>
> **!** *Setzen Sie möglichst quantifizierbare Größen als Kennzahlen ein!*
>
> **!** *Nutzen Sie Kennzahlen im Zeitvergleich!*

Vertiefende Lektüre

Wenn Sie mehr über das Gesamtgebiet des Management Reportings wissen möchten, lesen Sie

Gleich, R., Horváth, P., Michel, U. (Hrsg., 2008), Management Reporting – Grundlagen, Praxis und Perspektiven, Freiburg et al. 2008 oder

Niebecker, J., Kirchmann, M. (2011), Group Reporting und Konsolidierung: Optimierung der internen und externen Berichterstattung, Ansätze zur Prozessverbesserung, effiziente Unterstützung der Berichtsprozesse, Stuttgart 2011.

Wenn Sie mehr über das Thema Kennzahlen und Reporting wissen möchten, lesen Sie

Reichmann, T. (2016), Controlling mit Kennzahlen und Managementberichten, 9. Aufl., München 2016.

7. Kapitel

IT-System

7.1 Ziele des Kapitels

Abb. 7.1: Ziele des Kapitels

Kapitel 7 befasst sich mit der Bedeutung der Informationstechnologie (IT) als unterstützendes Instrument für den Controller. Am Ende des Kapitels soll der Leser die Bedeutung und Aufgaben eines funktionierenden IT-Systems im Rahmen eines wirkungsvollen Controllingsystems und die damit einhergehenden Herausforderungen verstehen.

7.2 Einführung

In der Planung, Kontrolle und Informationsversorgung werden umfangreiche Daten verarbeitet, verdichtet, verglichen und analysiert. Eine Unterstützung dieser Tätigkeiten ist ohne IT nicht denkbar. Mit Hilfe von IT-Systemen gelingt es dem Controller, die Infor-

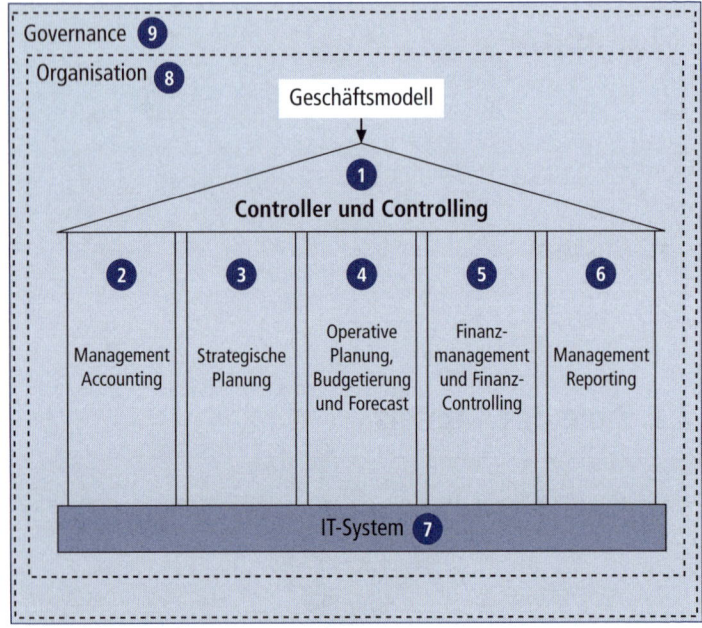

Abb. 7.2: Einordnung des Kapitels in das „House of Controlling"

mationsversorgung zu verbessern (z. B. durch schnell erstellte Auswertungen) und die Funktionen Planung und Kontrolle wirksam zu unterstützen.

Dabei ergeben sich durch den Einsatz von IT im Unternehmen für das Controlling zwei wesentliche Aspekte:

■ IT unterstützt das Controlling (z. B. im Rechnungswesen)

■ Controlling koordiniert die IT (Stichwort „IT-Controlling")

Die Koordinationsprobleme bspw. aus organisatorischen Anpassungen nehmen durch die rasanten Weiterentwicklungen der IT ständig zu. Als aktuelle Entwicklung sei hier auf das Thema „Digitalisierung" verwiesen.

Im Folgenden steht jedoch nicht das IT-Controlling und damit die durch IT entstehenden Koordinationsprobleme im Fokus, sondern die Bedeutung des IT-Einsatzes im Rahmen der Erfüllung der Controllingaufgaben.

Durch den Einsatz von IT werden sowohl die Qualität der bereitgestellten Informationen als auch die Ergebnisse von Planung und Kontrolle sowie deren Ablauf verbessert und erleichtert (z. B. durch automatisierte Berichtssysteme oder IT-gestützte Planungsmodelle).

Für den Controller in der Praxis bedeutet der zunehmende IT-Einsatz, dass er sich heute auch stärker aktiv mit IT-Fragen auseinander setzen und IT-Know-how aufbauen muss.

Im Folgenden wird deshalb zunächst vorgestellt, in welchen Bereichen eines Unternehmens IT eingesetzt wird und wie der Auswahlprozess für Standard-Software aussieht, bevor speziell auf die IT-Unterstützung im Bereich Controlling eingegangen wird.

7.2.1 Betriebliche Einsatzbereiche von IT

IT ist in Unternehmen unverzichtbar geworden. Besonders mit zunehmender Unternehmensgröße ist eine Bewältigung der Datenmengen ohne IT-Unterstützung nicht mehr möglich. IT wird immer mehr auch für eine Unterstützung des Managementprozesses und somit für nicht-standardisierte Aufgaben verwendet. Zielsetzung ist die Unterstützung der Führung in allen Formen der Information, der Kommunikation und der Problemlösung.

Zur Darstellung der betrieblichen Einsatzbereiche von IT-Systemen ist die in **Abb. 7.3** dargestellte Unterteilung in operative Systeme, Führungssysteme, Systeme zum elektronischen Informationsaustausch sowie Querschnittsysteme zweckmäßig (vgl. *Mertens* 2013, S. 19).

Die operativen Systeme lassen sich in Administrations- und Dispositionssysteme unterteilen. Administrationssysteme (z. B. Buchführung etc.) dienen der Abrechnung von Massendaten sowie der Verwaltung von Beständen. Dispositionssysteme (z. B. Kostenkalkulation, Produktionsplanungs- und Steuerungssysteme etc.) können zur Vorbereitung kurzfristiger dispositiver Entscheidungen verwendet werden. Operative Systeme sind damit in der Lage, den Prozess

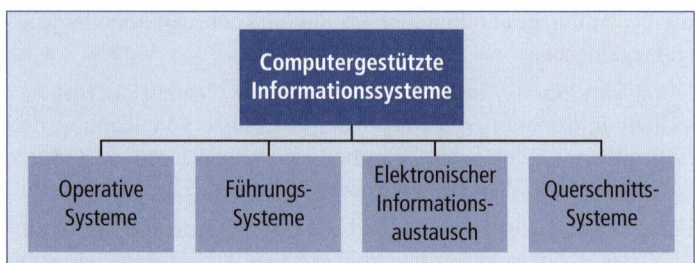

Abb. 7.3: Einteilung IT-gestützter Informationssysteme nach dem Verwendungszweck

der Auftragsabwicklung hinsichtlich des Güter- und des Informations- und Geldflusses abzubilden und zu unterstützen. Eine weitere Differenzierung der operativen Systeme ist hinsichtlich der Einteilung in branchenneutrale und -spezifische Anwendungen möglich. Bei den branchenneutralen Anwendungen dominieren aufgrund der hohen formalen Anforderungen die Finanzbuchhaltung, die Lohn- und Gehaltsabrechnung sowie Fakturierung und Beschaffung. Für diese Aufgaben existiert bereits ein breites Angebot an Standardsoftware. Weitgehend branchenunabhängig sind auch Bürokommunikationssysteme wie E-Mail. Branchenspezifische Anwendungen erfüllen spezielle Aufgaben einer Branche, wie beispielsweise Computer Integrated Manufacturing (CIM)-Lösungen in der Fertigungsindustrie (vgl. *Mertens* et al. 2012, S. 100 f.).

Die Führungssysteme dienen der Entscheidungsvorbereitung und -unterstützung im Bereich der oberen Managementebenen und werden üblicherweise nach Planungssystemen und Führungsinformationssystemen differenziert.

Bisweilen kann von einer weitgehenden Verbreitung betriebsinterner IT-Systeme ausgegangen werden. Daher sind im Rahmen des elektronischen Informationsaustauschs die zwischenbetrieblichen bzw. unternehmensübergreifenden Anwendungen (z. B. Elektronischer Datenaustausch (EDI), Electronic Business (E-Business), virtuelle Marktplätze oder Collaborative Software) bedeutend.

Im Rahmen der Weiterentwicklung des elektronischen Informationsaustauschs, insbesondere durch die Verbreitung des Internets,

wurden die Anwendungsmöglichkeiten zur unternehmensübergreifenden Information und Kommunikation geschaffen. Die elek-
tronische Abwicklung von Geschäftsvorgängen wird unter dem
Begriff „E-Business" zusammengefasst. Merkmale des E-Business
sind insbesondere die Vernetzung der Unternehmen, neue Formen
der Zusammenarbeit und Kommunikation mit Lieferanten und
Kunden, die Entstehung neuer Produkte und Dienstleistungen sowie die Mobilität des Informationsaustauschs. Da einige Einsatzgebiete direkt mit dem Handel im engeren Sinne zusammenhängen,
wird das E-Business häufig einschränkend mit dem Begriff E-Com-
merce gleichgesetzt.

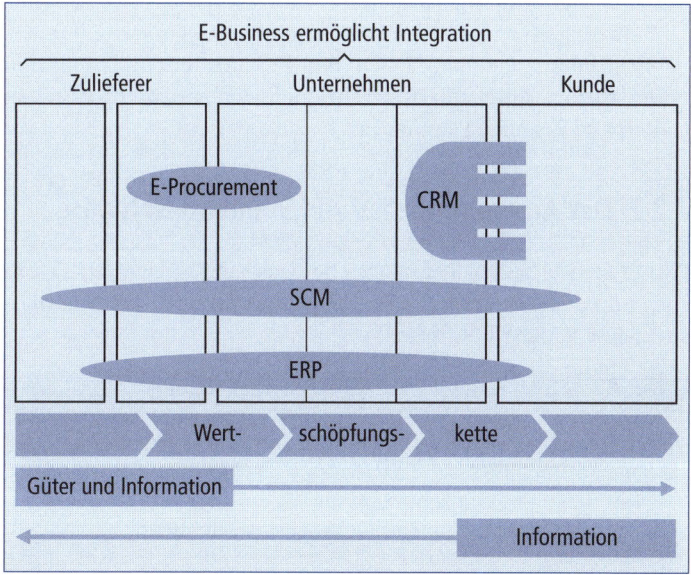

Abb. 7.4: E-Business und Wertschöpfung (*Kemper, Lee* 2002, S. 14)

Abb. 7.4 ordnet die wesentlichen operativen Anwendungen des E-
Business den jeweiligen Stufen der Wertschöpfungskette zu. SCM-
Systeme (Supply Chain Management) fokussieren dabei auf die
Zusammenarbeit sämtlicher an der Erstellung eines Produkts betei-
ligter Unternehmen zur übergreifenden Optimierung der gesamten

Lieferkette vom Rohstoffproduzenten bis zum Endkunden. E-Procurement-Systeme als Business to Business-Anwendungen unterstützen dagegen die Beschaffung von Gütern und Dienstleistungen. An der Schnittstelle Business to Consumer unterstützen CRM-Systeme (Customer Relationship Management) bei der Dokumentation, Verwaltung und Auswertung von Kundenbeziehungen sowie der Kundenpflege.

Als Querschnittssysteme bezeichnet man Anwendungssysteme, die an allen betrieblichen Arbeitsplätzen einsetzbar und über Schnittstellen von den Administrations- und Dispositionssystemen bzw. den Führungssystemen genutzt werden können. Hierunter fallen Bürosysteme, Multimedia-Systeme und wissensbasierte Systeme (z. B. Expertensysteme). Wenn ein integriertes Gesamtsystem unternehmensintern alle Funktionen der Administration, Disposition und Führung unterstützt, spricht man von einem ERP-System (Enterprise Resource Planning).

7.2.2 Der Auswahlprozess von Standard-Software

Grundsätzlich besteht bei der Suche nach einer geeigneten IT-Lösung immer die Möglichkeit der Eigenentwicklung oder der Einführung einer Standard-Software.

> Eine **Standard-Software im Bereich Controlling** weist folgende Eigenschaften auf:
> (1) fest definierter Funktionsumfang,
> (2) generelle Einsatzfähigkeit (unternehmensunabhängig),
> (3) Festpreise,
> (4) Minimierung von Programmanpassungen.

Aufgrund des hohen Reifegrades der aktuell verfügbaren Standard-Software ist tendenziell von einer Eigenentwicklung abzuraten. Neben einer Kosten-, Zeit- und Qualitätsbetrachtung sind auch die Zukunftssicherheit und die Abhängigkeit/Flexibilität der Lösungen in die Bewertung mit einzubeziehen. Hohe Lizenzkosten und Wartungsgebühren werden langfristig i. d. R. durch niedrigere Administrations- und Pflegekosten sowie die durch die Wartungskosten abgedeckten Weiterentwicklungen durch den Hersteller kompensiert.

Durch die zunehmende Verbreitung von integrierten, unternehmensweiten Software-Paketen (z. B. SAP) ist mittlerweile eine andere Frage wichtiger geworden: Auswahl des jeweiligen Moduls der vorhanden integrierten IT-Plattform oder Zukauf des Produktes eines spezialisierten Drittanbieters. Hierfür sind die gegensätzlichen Ziele eines hohen Integrationsgrads und des Erfüllungsgrads der formulierten Anforderungen gegeneinander abzuwägen.

Im Auswahlprozess hat der Controller die Aufgabe, die fachlichen Anforderungen an eine IT-Lösung zu formulieren. Diese IT-Lösung muss anschließend zusammen mit der IT-Abteilung ausgewählt werden. Grundsätzlich gilt, dass eine betriebswirtschaftliche Software von den Anwendern auszuwählen ist, eine reine Fokussierung auf die Bedürfnisse der Anwender hat sich aufgrund des dadurch häufig entstehenden Wildwuchses an Lösungen aber als nicht wirtschaftlich erwiesen. Für viele Unternehmen stehen dadurch im Moment die Harmonisierung ihrer IT-Anwendungen und die Abschaffung von Insellösungen im Vordergrund. Vor dem eigentlichen Auswahlprozess sollte eine Marktsondierung durchgeführt werden, um zunächst von den verfügbaren Produkten („Long List") zu den für das Unternehmen prinzipiell geeigneten Alternativen zu kommen („Short List"). Dies kann durch eindeutig zu bestimmende und erhebende Kriterien erfolgen (Preis, Systemvoraussetzungen etc.).

Danach erfolgt der eigentliche Auswahlprozess in mehreren Stufen:

1. Definition und Gruppierung der unternehmensspezifischen Anforderungen.

2. Erhebung der Anforderungserfüllung und Kosten der geeigneten Produkte.

3. Eliminierung von Kriterien, die durch alle geeigneten Produkte gleichermaßen erfüllt werden.

4. Eliminierung von nicht-entscheidungsrelevanten Kriterien.

5. Gewichtung der Anforderungen bzw. Anforderungsgruppen untereinander.

6. Bewertung der Anforderungserfüllung.

7. Bildung einer Reihenfolge der Alternativen.

8. Auswahl der Teilnehmer für einen sog. „Showcase".

9. Konkretisierung der Bewertung im Rahmen des „Showcase".

10. Auswahl der wirtschaftlichsten Alternative.

In der Theorie lässt sich eine Vielzahl von anderen Methoden und Verfahren finden, die sich vor allem in einem mehr oder weniger objektiven bzw. subjektiven Vorgehen voneinander unterscheiden. Der große Vorteil des eben beschrieben Softwareauswahlverfahrens liegt in der sukzessiven Reduktion von im Auswahlprozess relevanten Kriterien.

Wie ist der Auswahlprozess von Standard-Software in Ihrem Unternehmen gestaltet?

Die Projekterfahrung zeigt, dass Software-Hersteller zunehmend ihr Produkt durch an sich nicht geforderte Leistungsmerkmale (sog. „Delighters") anreichern, d. h. das Leistungsprofil geht z. T. weit über das Anforderungsprofil hinaus. Im Rahmen des hier beschriebenen Verfahrens können die genannten Leistungsmerkmale entweder dem Anforderungsprofil hinzugefügt werden oder bei Vorliegen vergleichbarer Funktionalitäten der Konkurrenzprodukte aus der Bewertung genommen werden. Eine eingehende, positive Prüfung hinsichtlich der Relevanz dieser Funktionalitäten vorausgesetzt, sind dies häufig diejenigen Merkmale, die eine Auswahl entscheiden.

7.3 Gestaltung einer wirkungsvollen IT-Unterstützung des Controllings

Die IT-Unterstützung im Controlling ist vielfältig. Im Folgenden wird diese vorgestellt (siehe **Abb. 7.5**).

- Die Grundlage bilden die Management Accounting-Systeme (siehe 7.3.1 Grundlagen der IT-Unterstützung).

- Aufbauend erfolgt die Planung und Kontrolle, sowie die Datenanalyse (siehe 7.3.2 IT-Unterstützung durch Planung, Kontrolle und Datenanalyse).
- Die Automatisierung der Controllingprozesse erfolgt durch IT-Systeme (siehe 7.3.3 Automatisierung der Controllingprozesse).

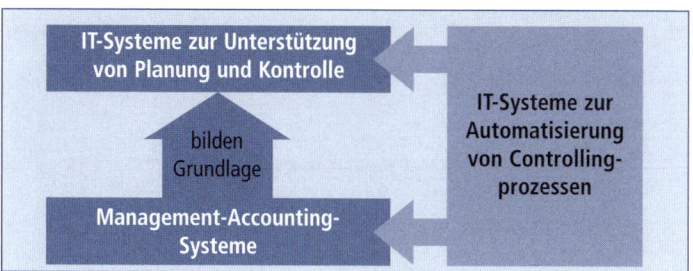

Abb. 7.5: IT-Unterstützung des Controllings

7.3.1 Grundlagen der IT-Unterstützung

Das Management Accounting (im Sinne von Buchhaltung und Kosten- und Leistungsrechnung, vgl. Kapitel 2 zum Management Accounting) stellt eines der wichtigsten und umfassendsten Einsatzgebiete der IT im Bereich des Controllings dar.

Im Management Accounting führt die Automatisierung operativer Abläufe zu einer erheblichen Effizienzsteigerung und zu einer Entlastung des Personals von Standardarbeiten. Teilbereiche der Finanzbuchhaltung sind die Debitoren-, Kreditoren- und die Hauptbuchhaltung. Diese stehen untereinander und zu vor- und nachgelagerten Aufgaben in enger Verbindung (z. B. Fakturierung, Lagerhaltung sowie Lohn- und Gehaltsabrechnung). Die Hauptbuchhaltung erstellt unter Zugriff auf das Datenmaterial der übrigen Bereiche die Kontenblätter, die bilanziellen Auswertungen (z. B. Bilanz, GuV) sowie Sonderrechnungen. Für den effizienten Einsatz ist ein integriertes System erforderlich, bei dem die Teilsysteme die benötigten Daten direkt von den vorgelagerten Bereichen erhalten und aufeinander abgestimmt sind. Dies bedeutet z. B., dass die bei Zahlungen und Rechnungen anfallenden Sachkontenbuchungen nur einmal in der Kontokorrentbuchhaltung erfasst und anschließend automatisch im

Sachkontenbereich verbucht werden. Den Zusammenhang zwischen den einzelnen Teilsystemen zeigt **Abb. 7.6**.

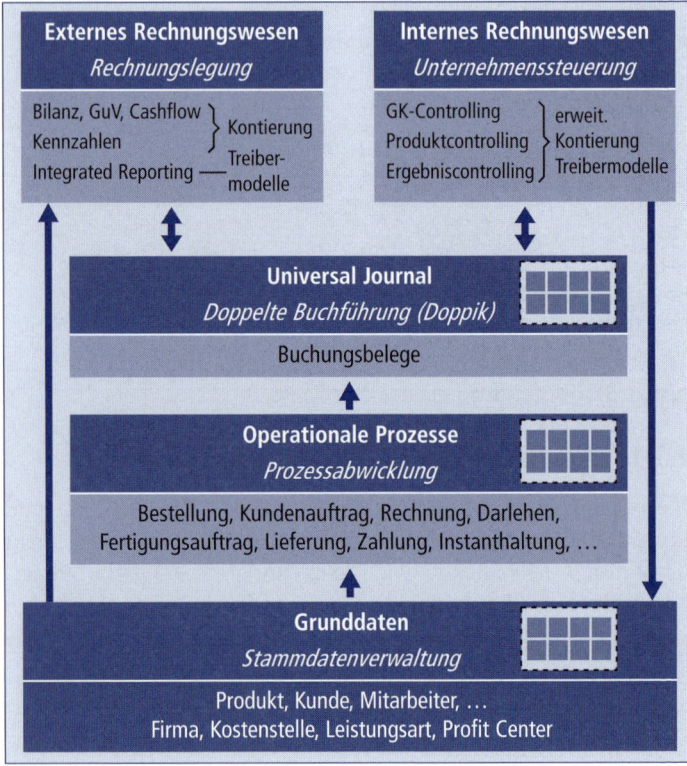

Abb. 7.6: Teilsysteme der IT-Unterstützung (*Sinzig* 2015, S. 237)

Bereiche der Kosten- und Leistungsrechnung sind die Kostenarten-, Kostenstellen- und Kostenträgerrechnung, die Vorkalkulation und die Betriebsergebnisrechnung. Die Kostenrechnung übernimmt fast ausschließlich die Ist-Daten aus anderen Teilsystemen wie z. B. der Hauptbuchhaltung oder Fertigungssteuerung. Auch hier sind deshalb integrierte Systeme erforderlich. Im Idealfall sind bei einer rechnergestützten Kosten- und Leistungsrechnung personelle Eingaben nur bei Plandaten sowie bei Fehler- und Abstimmvorgängen notwendig. Die IT-gestützte Kostenstellenrechnung wird weitgehend in Anlehnung an die personelle Vorgehensweise durchgeführt. Die Systemintegration ermöglicht es, neben den Kosten- auch Verbrauchs- und Leistungsabweichungen aufzuzeigen und somit Informationen für die Abweichungsanalyse zur Verfügung zu stellen. Bei der IT-gestützten Vorkalkulation werden unter Zugriff auf die gespeicherten Stücklisten, Arbeitspläne und die ermittelten Ist-Kosten pro Leistungseinheit (z. B. pro Fertigungsminute) die Herstellkosten ermittelt, indem die einzelnen Bauteile kalkuliert und zum Fertigprodukt zusammengefügt werden. Bei der IT-gestützte Nachkalkulation werden die Kostenträgereinzelkosten aus den Materialbewegungen der Betriebsdatenerfassung (BDE) und den Lohnscheinen der Entgeltabrechnung vom System ermittelt.

ERP-Systeme (Enterprise Resource Planning) unterstützen alle wesentlichen Funktionen der Administration, Disposition und Führung. Der aus den USA stammende Begriff entwickelte sich aus der Vorstellung, dass es sich um eine Erweiterung von Manufacturing Resource Planning-Systemen um betriebswirtschaftliche Funktionen wie Kostenrechnung, Finanzbuchhaltung oder Personalwesen handelt. Vor allem in Industrieunternehmen ist das Wort mit integrierter Standardsoftware gleichzusetzen. Von einer modernen Anwendungslandschaft wird allerdings erst gesprochen, wenn ERP-Systeme um neuere Anwendungen aus den Bereichen Customer Relationship Management oder Supply Chain Management ergänzt werden. Diese unternehmensindividuellen Anpassungen sind jedoch häufig aufwändig und teuer. ERP-Systeme, wie z. B. das Softwaresystem SAP ERP, wurden im Laufe der Zeit weiterentwickelt. Traditionell konnten lediglich unternehmensinterne Geschäftsprozesse abgewickelt werden. Durch Funktionserweiterungen wurden daraus Programme, die die Fähigkeit besitzen, unternehmensübergreifende Geschäftsprozesse z. B. über das Internet abzuwickeln.

Abb. 7.7 zeigt den Funktionsumfang von SAP ERP. Sämtliche betrieblichen Funktionsbereiche können damit unterstützt werden.

 Nutzen Sie ein integriertes ERP-System?

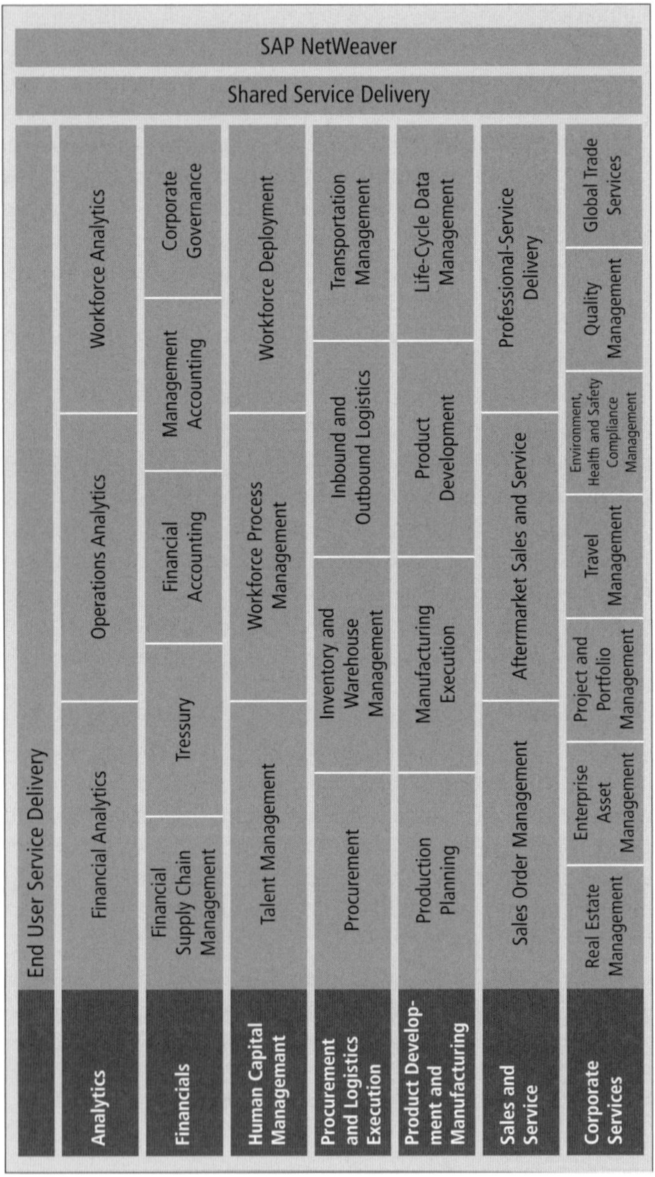

	End User Service Delivery						
			Shared Service Delivery				
			SAP NetWeaver				
Analytics	Financial Analytics	Operations Analytics			Workforce Analytics		
Financials	Financial Supply Chain Management	Tressury	Financial Accounting	Management Accounting		Corporate Governance	
Human Capital Managemant	Talent Management	Workforce Process Management		Workforce Deployment			
Procurement and Logistics Execution	Procurement	Inventory and Warehouse Management	Inbound and Outbound Logistics		Transportation Management		
Product Development and Manufacturing	Production Planning	Manufacturing Execution	Product Development		Life-Cycle Data Management		
Sales and Service	Sales Order Management	Aftermarket Sales and Service		Professional-Service Delivery			
Corporate Services	Real Estate Management	Enterprise Asset Management	Project and Portfolio Management	Travel Management	Environment, Health and Safety Compliance Management	Quality Management	Global Trade Services

Abb. 7.7: Funktionsumfang von SAP ERP (*Friedl, Hilz, Pedell* 2012, S. 8)

7.3.2 IT-Unterstützung von Planung, Kontrolle und Datenanalyse

Der Stand des IT-Einsatzes im Bereich Planung und Kontrolle hat noch nicht den des Management Accountings erreicht. Der Grund liegt vor allem in der Verwendung qualitativer Informationen und in der geringen Standardisierbarkeit im Rahmen der Planung.

Die IT-Unterstützung der Planung konzentriert sich deshalb bisher stark auf operative Bereiche wie beispielsweise die Produktionsplanung oder die Jahresbudgetierung. Sie beschränkt sich dabei hauptsächlich auf die Analyse von Daten, die Entwicklung von Modellen und die Durchführung von Modellexperimenten. Große Vorteile kann der IT-Einsatz jedoch auch im Bereich der strategischen Planung bringen. Hierbei geht es vor allem um die Simulation von Alternativen und Szenarien mithilfe von Unternehmensmodellen („what if"-Analysen), grafische Auswertungen und Datenbankabfragen. Auf diese Weise wird der Planungsprozess hinsichtlich Informationsversorgung, Entscheidungsvorbereitung und Kommunikation wesentlich unterstützt.

Da die Unternehmensplanung Informationen aus den operativen IT-Systemen erfordert, sind die PCs an den Arbeitsplätzen i. d. R. mit den zentralen Servern und den Datenbanken vernetzt. Problemlos können somit die Daten lokal von zentralen Datenbanken abgefragt werden. Anschließend können diese Daten (z. B. im Bereich der Kostenplanung eines Unternehmens mithilfe von benutzerorientierten Anwendungen wie z. B. SAP ERP mit seinem Modul CCA (Cost Center Accounting)) weiterverarbeitet und weitergeleitet werden (vgl. *Mertens, Meier* 2009, S. 197).

Aufgrund der immer größer werdenden zu verarbeitenden Datenmenge ist für das Controlling der IT-Einsatz im Berichtswesen nicht mehr wegzudenken. IT ist notwendig, um entscheidungsrelevante Informationen zeitnah und in geeigneter Form zur Verfügung zu stellen. Berichtssysteme ermöglichen eine IT-gestützte Kontrolle, indem sie Plan- und Ist-Daten einander gegenüberstellen. Die Verantwortlichen sind dabei im Sinne einer „Information by Exception" nur auf die bemerkenswerten Datenkonstellationen hinzuweisen, um eine Informationsüberflutung zu vermeiden. Hierzu werden auf den gesamten Datenbestand spezielle Filtertechniken angewendet (vgl. *Mertens, Bissantz, Hagedorn* 1995): Schwellen (Auslösung bei Überschreitung einer Grenze), Rankings (Bildung von Rangreihen), Navigation in Hierarchien (die durch Kombination von Schwellen- und Rankingmethoden entstehen) und die Datenmustererkennung (dabei wird versucht, aus einem Datenbestand eine Gruppe von Daten mit gleicher „Auffälligkeit" zu finden). Die weitestgehende Unterstützung im Rahmen der Kontrolle bieten sog. Expertisesysteme, die durch ein Expertensystem einen vorhandenen Datenbestand analysieren und versuchen, Ursache und Wirkung von Abweichungen zu bestimmen. Das Ergebnis wird dem Controller dann in Form einer Expertise bestehend aus Tabellen, Grafiken und erläuterndem Text präsentiert (vgl. *Mertens, Meier* 2009). Da die IT-gestützten Kontrollsysteme die Ist-Daten aus den vorhandenen Abrechnungssystemen beziehen, müssen Abrechnungs- und Planungssystem genau aufeinander abgestimmt sein.

Eine zunehmend wichtigere Aufgabe der IT-gestützten Kontrolle ist die Versorgung von Kontrollorganen der Unternehmen mit relevanten Informationen. Aktuell sind diese Kontrollgremien, wie z. B. Aufsichtsräte, meist abhängig von der Informationsversorgung durch die Unternehmensleitung, welche diese eigentlich kontrollieren sollen. Es sind Konzepte nötig, wie Informationen zur Kontrolle und Bewertung der Geschäftstätigkeiten in automatisierter Form zur Verfügung gestellt werden können.

Durch den zunehmenden Einsatz von IT ändern sich auch die Anforderungen an die Mitarbeiter in Planung und Kontrolle. Die zukünftige Entwicklung dürfte in Richtung von Planungssystemen mit höherer Flexibilität sowie eines stärkeren Einsatzes von Expertensystemen im Bereich der Analyse von Soll-Ist-Abweichungen bei IT-gestützten Kontrollsystemen gehen.

Der Begriff „Business Intelligence" hat in den letzten Jahren zunehmend an Bedeutung gewonnen. Darunter werden Verfahren zur systematischen Datenanalyse (inkl. Datenbereitstellung, -aufbereitung, -auswertung und -darstellung) verstanden. Ziel ist die Gewinnung neuer Erkenntnisse, die die betrieblichen Entscheidungen unterstützen und verbessern. Dies erfolgt auf Basis analytischer Verfahren in Software-Anwendungen, die unternehmensinterne und externe Daten (z. B. über Kunden oder Wettbewerber) hinsichtlich des angestrebten Erkenntnisgewinns auswerten. Mit Hilfe der Analyseergebnisse können anschließend bspw. Risiken minimiert, Prozesse effizienter gestaltet oder Kundenbeziehungen profitabler gestaltet werden. *Kemper, Mehanna, Unger* (2004, S. 7) verstehen insgesamt unter Business Intelligence einen „integrierten, unternehmensspezifischen, IT-basierten Gesamtansatz zur betrieblichen Entscheidungsunterstützung". Den Rahmen für „Business Intelligence" zeigt **Abb. 7.8**.

In der Datenbereitstellung werden konsistente und vereinheitlichte Daten aus den operativen Informations- und Kommunikationssystemen zur Verfügung gestellt. Gängige Datenhaltungskonzepte sind hierbei Data Warehouses und Data Marts. Das Operational Data Store ist ein spezieller Datenpool, der zusätzlich Daten für spezielle Anwendungs- und Auswertungszwecke bereitstellt. Im Rahmen der Informationsgenerierung kommen Analysesysteme zum Einsatz, die eine grafische Auswertung der Datenbasis ermöglichen. Hierbei werden vor allem Konzepte des Online Analytical Processing (OLAP) und des Data Mining eingesetzt. Durch die Informationsspeicherung wird sichergestellt, dass die durch Analysen gewonnen Erkenntnisse gespeichert und den betroffenen Entscheidungsträgern zur Verfügung gestellt werden.

Ein Großteil der heute im Einsatz befindlichen IT-gestützten Controllingsysteme basiert auf einer oder mehreren dieser Business Intelligence-Technologien oder nutzt zumindest eine zentrale Datenbereitstellung für die Auswertungen.

Eine Weiterentwicklung von Business Intelligence wird unter dem Begriff „Big Data" diskutiert. Big Data weist auf den Umfang sowie die Unstrukturiertheit von Daten hin. Nach heutigem Stand wird nur ein geringer Prozentsatz (ca. 5 %) dieser Datenmenge konkret analysiert und genutzt.

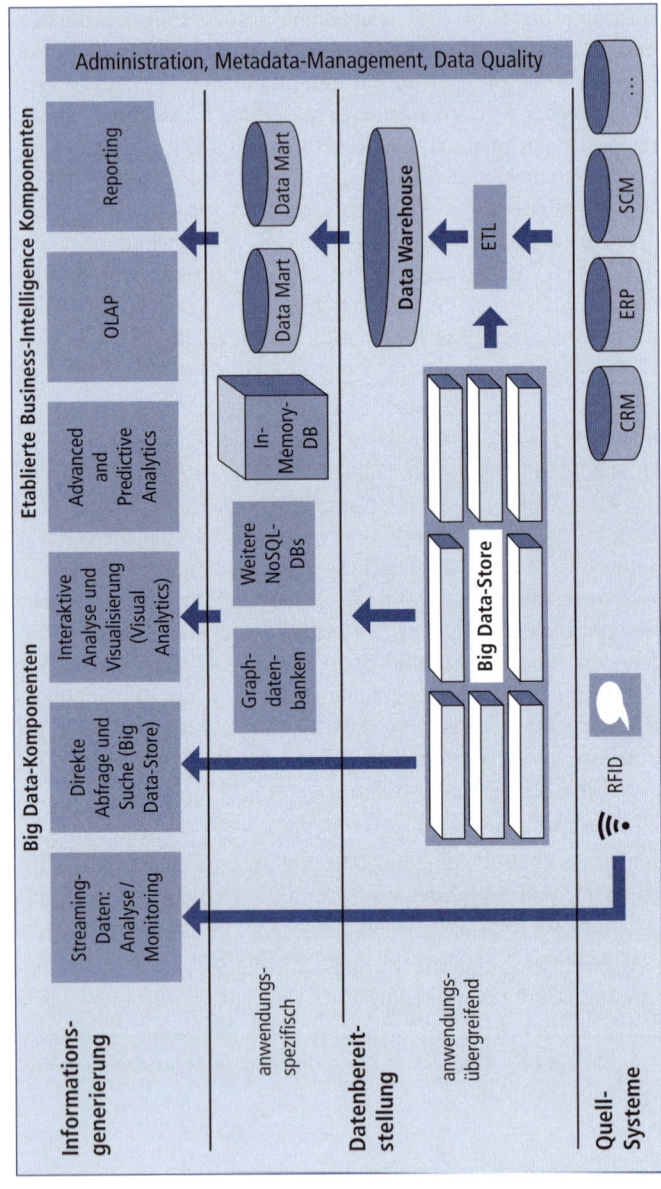

Abb. 7.8: Architekturrahmen für Business Intelligence (Baars, Kemper 2015, S. 226)

Der Neuigkeitswert von IT-Lösungen, die sich mit Big Data befassen, ergibt sich aus den folgenden Eigenschaften:

- **Volume:** Wie der Terminus „Big Data" bereits impliziert, fallen hierunter sowohl große Datenmengen, aber auch viele kleine Datenmengen, die es gemeinsam zu analysieren gilt (vgl. *Zacher* 2012, S. 2).

- **Variety:** Nicht die großen Datenmengen an sich, sondern die Vielfältigkeit der Daten sind eine große Herausforderung von Big Data. Die Daten stammen aus unternehmensinternen und -externen Quellen und liegen strukturiert (relationale Datenbanken etc.), halbstrukturiert (Logfiles) und unstrukturiert (Texte im Internet, aber auch Video-Streams und Audio-Dateien etc.) vor (vgl. *Matzer* 2013, S. 18).

- **Velocity:** Die sich ständig verändernden und in ihrer Gültigkeit begrenzten Daten erfordern eine Datengenerierung und -verarbeitung in Echtzeit (vgl. *Matzer* 2013, S. 18).

- **Veracity:** Es muss sichergestellt werden, dass Vertrauen bzgl. der Glaubwürdigkeit der Daten besteht (vgl. *Neely* 2013; *Redman* 2013). Speziell dies ist für den Controller als „Herr der Zahlen" von hoher Bedeutung.

Die Nutzen-Potenziale von Big Data sind vielfältig. *Davenport* (2014, S. 73 ff.) unterscheidet folgende Nutzenkategorien:

- Kostensenkungen,

- schnelle Entscheidungen,

- bessere Entscheidungen und

- Produkt- und Serviceinnovationen.

Auch für das Planungs- und Kontrollsystem ist die IT-gestützte Auswertung von Big Data sinnvoll. Wichtige Themen sind dabei Risikobeurteilung, Prognosen, Szenarien und Früherkennung. Insbesondere die letzteren Punkte erfahren aktuell unter den Begriff „Predictive Analytics" eine besondere Aufmerksamkeit. „Predictive Analytics" geht der Frage nach, was in Zukunft passieren wird. Verwendung finden hier vor allem Ansätze wie Data Mining, Text Mining und Prediction.

Kennen Sie den Nutzen von Big Data für Ihre Organisation?

7.3.3 Automatisierung der Controllingprozesse

Im Gegensatz zur Fertigung wurde der Verwaltungsbereich bei Rationalisierungsansätzen lange vernachlässigt, obwohl gerade dort nur etwa 10–20 % eines Bearbeitungsvorgangs wertschöpfend sind. Der große Rest entfällt auf unproduktive Warte-, Transport- und Liegezeiten. Um auch im Verwaltungsbereich zu effektiveren und effizienteren Prozessabläufen zu gelangen, wurden sog. Workflow-Management-Systeme entwickelt.

Da viele Geschäftsprozesse arbeitsteilig erfolgen, wiederholt auftreten und stark strukturiert sind, können diese in einzelne Aktivitäten unterteilt werden. Jede Aktivität kann erst ausgeführt werden, wenn die vorhergehende Aktivität in einem Workflow abgeschlossen wurde. Workflow-Management-Systeme sind Software-Systeme, die der schrittweisen Aufteilung von Aktivitäten dienen (vgl. *Laudon, Laudon, Schoder* 2010, S. 713 f.). Hilfsmittel sind die bei den Vorgangsschritten eingesetzte Anwendungssoftware, Dokumentenmanagementsysteme für die Bereitstellung notwendiger Dokumente, gruppenbezogene Unterstützungssysteme sowie Kommunikationsmöglichkeiten zwischen den Bearbeitungsstellen mithilfe von E-Mail. Der Schwerpunkt des Workflow-Managements (WfM) liegt auf der Vorgangssteuerung, d. h. der Durchführung von Geschäftsprozessen nach der festgelegten Modellierung.

WfM ist im Gegensatz zur klassischen Bürokommunikation aktiv. Es steuert und überwacht den Ablauf von Vorgangsexemplaren. Die WfM-Software entscheidet nach vorgegebenen Bedingungen selbständig über den Weg eines Vorgangs und leitet diesen termingerecht an die zuständigen Mitarbeiter und Stellen weiter. Durch automatische Erinnerungen, Wiedervorlagen und Weiterleitungen werden Verzögerungen in der Vorgangsbearbeitung vermieden. Jede Bearbeitungsstation erhält die bestehenden Zwischenprodukte vorhergehender Stellen. Dies ermöglicht eine starke Reduzierung der Durchlaufzeiten. Dabei lassen sich insbesondere detailgenau beschriebene Abläufe, wie Geschäftsreise- oder Beschaffungsanträge, durch WfM-Systeme unterstützen. Anspruchsvoller sind dagegen teilstrukturierte Vorgänge wie z. B. Reklamationsbearbeitungen, bei denen die Möglichkeit geboten werden muss, Vorgangsspezifikationen im laufenden Betrieb zu ändern (vgl. *Mertens* 2013, S. 30).

Anwendungsgebiete des WfM sind vor allem papierintensive Geschäftsprozesse, die von den beteiligten Stellen zeitlich und räumlich getrennt durchgeführt werden. WfM-Systeme können dabei nicht nur Standardaufgaben (z. B. Rechnungserfassung), sondern auch komplexe, unregelmäßige Ad-hoc-Vorgänge unterstützen.

Der Einsatz von WfM ist auch im Controlling sinnvoll, da hier ebenfalls häufig mehrere Personen an einer Problemstellung arbeiten und umfangreiche Abstimmvorgänge notwendig sind. Ein naheliegendes Einsatzfeld für WfM im Controlling wäre beispielsweise die Budgetierung.

Darüber hinaus bietet das WfM ein umfassendes Informationspotenzial für die Unternehmensführung und das Controlling. Der Controller kann jederzeit feststellen, wo sich ein Dokument gerade befindet und ob es bereits bearbeitet, abgelegt oder weitergeleitet wurde. Der Status eines Vorgangs sowie die gesamten Vorgangsdaten (Zeitbedarf, Anzahl der Bearbeiter und Bearbeitungsschritte, Vorgangsschrittfolge, erwarteter Fertigstellungstermin, etc.) sind durch das WfM für jeden dort ablaufenden Prozess verfügbar. Nach der Feststellung des Vorgangsstatus können dann entsprechende Maßnahmen wie z. B. Wiedervorlage beim Sachbearbeiter, Rücksprache oder Weiterleitung angeknüpft werden. Nachdem ein Vorgang beendet wurde, kann das Controlling mithilfe der aufgezeichneten Vorgangsdaten den Prozess nach Verbesserungsnotwendigkeiten und -potenzialen analysieren.

7.4 Praxisbeispiel

7.4.1 Industrielle Dienstleistungen GmbH und die Anlagenbau AG

An den nachfolgend beschriebenen Projektbeispielen soll gezeigt werden, welchen Beitrag ein unternehmensweit einheitlicher Konten- und Kostenstellenplan zur Verbesserung der Qualität und Vergleichbarkeit von finanziellen und nicht-finanziellen Informationen leisten kann und wie diese in die IT-Architektur integriert werden können.

In beiden Fällen handelt es sich um Industrieunternehmen mit mehr als 10.000 Mitarbeitern. Eines stammt aus der Dienstleistungsbranche. Die Industrielle Dienstleistungen GmbH ist in den letzten Jahren stark anorganisch (durch Zukäufe) gewachsen und umfasst mittlerweile mehr als 400 vollkonsolidierte Gesellschaften. Das andere Unternehmen ist die Anlagenbau AG. Beide Unternehmen befinden sich im Prozess der strukturellen Neuausrichtung und müssen lernen mit heterogenen Gesellschaftsstrukturen sowie unterschiedlichen Infrastrukturen wie beispielsweise der IT-Architektur umzugehen. Zudem stehen beide Unternehmen – getrieben durch Veränderungen in der Markt- und Wettbewerbssituation sowie immer komplexer werdenden Rechnungslegungsstandards – vor veränderten Informationsanforderungen sowie vor der Aufgabe die Transparenz und Vergleichbarkeit von Ergebnis-, Rentabilitäts- und Liquiditätskennzahlen sicherzustellen. Ausgehend von diesen Rahmenbedingungen besteht die Aufgabe darin, die Transparenz und Vergleichbarkeit der Finanzdaten in den Gesellschaften zu erhöhen, interne und externe Informationsanforderungen zu harmonisieren sowie die erarbeiteten Konzepte in die bestehende IT-Struktur zu integrieren.

7.4.2 Projekt: Verzahnung des Konten- und Kostenstellenplans

Nachfolgend wird gezeigt, wie die Verzahnung von Konten- und Kostenstellenplan dazu genutzt werden kann, um die sowohl durch das externe (GuV gemäß Gesamt-Kostenverfahren (GKV)) als auch durch das interne Reporting (GuV gemäß Umsatz-Kostenverfahren (UKV)) geforderte Transparenz durch ein integriertes Rechnungswesen sicherzustellen. Dabei ist der Kontenplan das Herzstück des integrierten Rechnungswesens und damit mittelbar auch für ein harmonisiertes Reporting. Alle wertmäßigen betriebswirtschaftlichen Vorgänge stoßen Buchungen und somit „Bewegungen" auf den im Kontenplan definierten Konten an. Da bei der Verbuchung/Kontierung dieser „Bewegungen" auf Kontierungsobjekte (Kostenstellen, PSP-Elemente, Aufträge, etc.) sowohl interne als auch externe Informationsanforderungen zu berücksichtigen sind, sind diese bereits bei der Konzeption des Kontenplans (wie „fein" werden die „Bewegungen" erfasst) als auch im Kostenstellenplan (wie werden die erfassten „Bewegungen" zugeordnet) zu berücksichtigen. In beiden Projekten wird das Zusammenspiel zwischen Kontenplan und Kostenstellenplan über eine im Projektverlauf gemeinsam mit den Fachbereichen erarbeitete Kontierungsmatrix abgebildet und festgeschrieben (vgl. **Abb. 7.9**). Durch eine entsprechende Zuordnung von Konten zu Funktionsbereichen wird der Buchungsstoff von Kostenstellen konkretisiert.

Neben dem Effekt der Standardisierung von Kontierungen und der damit verbesserten Kostenkontierungstransparenz kann so die geforderte Harmonisierung zwischen externem und internem Reporting gewährleistet werden. Während der nach Kostenarten gegliederte Kontenplan die Ausleitung einer GuV gemäß dem Gesamtkostenverfahren ermöglicht, ist die vom Management Reporting gestellte Anforderung durch den, nach den Funktionsbereichen Produktion (Umsatzkosten), Vertrieb und Verwaltung gegliederten Kostenstellenrahmen abgedeckt, da diese Funktionsgliederung die Ausleitung einer GuV gemäß dem Umsatzkostenverfahren ermöglicht. Beispielsweise werden die angefallenen Reisekosten gemäß dem GKV-

Konto-Nr.		Beschreibung (deutsch)	Umsatzkosten (allg.)	Pools für (Multi-)Projektleitung	Maschinenkostenstellen/ Fahrzeugpools	Operativer Einkauf	Arbeitsvorbereitung	Kaufmännische Projektabwicklung/ Projektsupport	Technische Infrastruktur	Arbeitssicherheit	Separate Projektkostenstellen (Großprojekte)	Lager und Logistik	Mitarbeiterpools Produktivmitarbeiter	Planung/ Einsatzsteuerung	Separate Produktionsgebäude	Qualitätssicherung (nur operativer Teil)	Technische Büros	Werkstätten	Verrechnungskostenstellen Umsatzkosten
#601000000	2	**Umsatzerlöse**																	
#601100000	3	Gesamtleistung																	
#601110000	4	Umsatzerlöse aus Projekten																	
#601120000	4	Umsatzerlöse Dienstleistungen und Lieferungen																	
#601130000	4	Arge-Ergebnis																	
#602000000	3	Sonstige Umsatzerlöse																	
#604000000	3	Bestandsveränderungen																	
#605000000	3	Aktivierte Eigenleistungen																	
#605100000	4	Sonstige aktivierte Eigenleistungen (als Korrekturposten)																	
#606000000	2	**Sonstige betriebliche Erträge**																	
#606010000	3	Erträge aus dem Abgang von immateriallen Vermögenswerten	x	x	x	x	x	x	x	x	x	x	x	x	x	x	x	x	x
#606020000	3	Erträge aus dem Abgang von Sachanlagevermögen																	
#606021000	4	Erträge aus dem Verkauf von Grundstücken und Gebäuden	x	x	x	x	x	x	x	x	x	x	x	x	x	x	x	x	x
#606022000	4	Sonstige Erträge aus dem Abgang von Sachanlagevermögen	x	x	x	x	x	x	x	x	x	x	x	x	x	x	x	x	x
#606030000	3	Erträge aus der Auflösung von sonstigen Rückstellungen	1	1	1	1	1	1	1	1	1	1	1	1	1	1	1	1	
#606040000	3	Erträge aus der Wertaufholung von Forderungen aus Lieferungen und Leistungen	x	x	x	x	x	x	x	x	x	x	x	x	x	x	x	x	x
#606050000	3	Erträge aus der Wertaufholung von sonstigen Forderungen (ohne LuL) u. sonst.	x	x	x	x	x	x	x	x	x	x	x	x	x	x	x	x	x
#606060000	3	Erträge aus Zuschüssen / Forderungsverzichten (beidseitig)	x	x	x	x	x	x	x	x	x	x	x	x	x	x	x	x	x
#606070000	3	Schadenersatz soweit nicht Umsatz oder Produktionsprozess	x	x	x	x	x	x	x	x	x	x	x	x	x	x	x	x	x
#606080000	3	Andere übrige sonstige bestriebliche Erträge	1	1	1	1	1	1	1	1	1	1	1	1	1	1	1	1	
#606090000	3	Erträge aus nachträglicher Anpassung bedingter Kaufpreiszahlung aus Unternehmen	x	x	x	x	x	x	x	x	x	x	x	x	x	x	x	x	x
#606100000	3	Sonstige Erträge aus der Zuschreibung																	
#601000000	4	Erträge aus der Zuschreibung auf immaterialle Vermögenswwerte	x	x	x	x	x	x	x	x	x	x	x	x	x	x	x	x	x

Kontenstruktur — Kontierungsinformation

Abb. 7.9: Kontierungsmatrix

Schema der Kostenart Reisekosten zugeordnet, wohingegen innerhalb des UKV-Schemas die angefallenen Reisekosten verursachergerecht den Funktionsbereichen zugeordnet werden. In anderen Worten, durch einen gut gestalteten Konten- und Kostenstellenplan sowie die Verzahnung der beiden Regelwerke kann eine verlässliche und ausreichend granulare Informationsbasis sowie eine steuerungsrelevante Informationstransformation sichergestellt werden.

In beiden Projekten stehen grundsätzlich zwei Lösungswege zur Verfügung, der „OneERP"-Ansatz und der „Group Control"-Ansatz (vgl. **Abb. 7.10**).

Abb. 7.10: „OneERP"-Ansatz und „Group Control"-Ansatz

Beide Lösungen unterscheiden sich im Grad der Standardisierung, der Reichweite der Unternehmensvorgaben sowie dem gewählten Steuerungsanspruch. Während bei der „OneERP"-Lösung die Vereinheitlichung der Prozesse, der Systeme sowie die operative Unternehmenssteuerung im Vordergrund steht, werden bei dem „Group Control"-Ansatz Mindeststandards und die Harmonisierung des internen und externen Reportings angestrebt. Mit Blick auf den Kontenplan bedeutet dies, dass beim „OneERP"-Ansatz ein unternehmensweit gültiger, operativer Kontenplan erarbeitet wird, während beim „Group Control"-Ansatz über einen „Kontenrahmen" eine Mindeststruktur vorgegeben wird. Die in den Gesellschaften organisierten operativen Kontenpläne sind anschließend auf die durch den Kontenrahmen vorgegebene Mindeststruktur zu mappen. Dabei wird zwischen „Muss-Konten" (inhaltliche Mindestanforderungen und zwingend als Sachkonto im operativen Kontenplan aufzunehmen), „Kann-Konten" (inhaltliche Mindestanforderungen jedoch nicht zwingend über Sachkonto im operativen Kontenplan abzubilden) und „Empfehlungen" (optionale Detailierungsvorschläge) unterschieden. Beispielsweise sieht der Konzernkontenrahmen bei den Personalkosten eine Untergliederung nach Löhnen und Gehältern vor. Diese Unterteilung muss demensprechend auch in den operativen Kontenplänen zu finden sein. Die Muss-Konten sind dabei so zu definieren, dass alle für das Informationsversorgungssystem benötigten Informationen in einer ausreichenden Tiefe bereitgestellt werden können.

Welcher Ansatz für ein betrachtetes Unternehmen geeigneter ist, hängt von der individuellen Ausgangssituation und dem Steuerungsanspruch ab. Bei der Industrielle Dienstleistungen GmbH wird das Projekt stringent gemäß dem „Group Control"-Ansatz umgesetzt. Bei der Anlagenbau AG führen verschiedene Einflussfaktoren, wie beispielsweise die bestehende IT-Architektur und der angestrebte Harmonisierungsgrad, dazu, dass letztendlich eine Kombination aus beiden Ansätzen umgesetzt wird. Während für alle Non-SAP Gesellschaften der „Group Control"-Ansatz zur Anwendung kommt, wird für die SAP-Gesellschaften eine „OneERP"-Lösung angestrebt. Wie genau die Umsetzung der „OneERP"-Lösung erfolgt, wird nachfolgend genauer beschrieben. Dabei wird insbesondere die systemseitige Umsetzung in den Vordergrund gestellt. Wie bereits im oberen Abschnitt beschrieben, wird durch die „OneERP"-Lösung ein möglichst hoher Harmonisierungsgrad der ERP-Systeme angestrebt. Für das Projekt bedeutet dies, dass eine Zusammenführung der Ergebnisbereiche sowie der Stammdaten aus Kontenplänen und Kostenrechnungskreisen (z. B. von Sachkonten, Kostenstellen, Leistungsarten, statistischer Kennzahlen etc.) angestoßen werden muss. Diese Datenharmonisierung und die damit verbundene IT-Integration erfolgt jeweils in vier Schritten:

1. Erstellung von Mapping-Templates,
2. Erarbeitung der operativen Zielstrukturen für die jeweiligen Stammdatenkategorien,
3. Testen der erarbeiteten Strukturen und
4. „GoLive".

Dabei dienen die Templates dazu, die durch die Konzernzentrale angestrebten Standards zu definieren, zu dokumentieren und Mindeststrukturen für die Umsetzung vorzugeben. Ein Beispiel für ein solches Template ist der zuvor beschriebene Kontenrahmen. Im Anschluss werden diese Mindeststrukturen gemeinsam mit Pilotgesellschaften operationalisiert. So wird aus dem Kontenrahmen gemeinsam mit Pilotgesellschaften ein operativer Kontenplan abgeleitet und anschließend gesellschaftsübergreifend im IT-System hinterlegt.

Die technischen Implementierungsarbeiten werden in Zusammenarbeit mit der SAP System Landscape Optimization (SLO) durchgeführt. Als Implementierungstechnik wird eine Datenbankkonversion aller o. g. relevanten Stammdaten verwendet. Hierbei werden durch SLO-Konvertierungspakete die numerischen Schlüssel des jeweiligen Stammdatums in den Datenbanken gesucht und gemäß der Mapping-Tabellen umgeschrieben. Zur Vorbereitung, Qualitätssicherung und Identifikation von Schwachstellen im Mapping, wird der Implementierungsprozess in fünf Phasen vollzogen. Bei den ersten vier Implementierungsphasen handelt es sich um so genannte Testzyklen, die im Verlauf hinsichtlich Umfang- und Testintensität gesteigert werden. In einem Testzyklus wird die eigentliche Implementierung, d. h. die Datenbankkonversion in einem physisch separierten Testsystem simuliert. Dabei wird eine stichtagsbezogene Kopie des Produktivsystems verwandt und an diesem Stand der Stammdaten die Mappings unter Nutzung der SLO Konvertierungspakete auf Vollständigkeit, Validität und Fehlerfreiheit getestet.

Nach Sicherstellung der Qualität der Stammdatenmappings und fehlerfreien Funktionsweise der Konvertierungspakete, erfolgt im letzten Schritte die Umstellung des Produktivsystems. Der damit einhergehende Go-Live kann an einem einzigen Wochenende erfolgreich absolviert werden, wobei auch noch einmal finale Abnahmetests des umgestellten Systems durch die beteiligten Fachbereiche und die IT-Abteilung vorgenommen werden.

7.4.3 Lessons Learned

Neben der Informationsbedarfsermittlung und der Informationsbeschaffung ist die Gewährleistung der Informationsverfügbarkeit und damit mittelbar die systemseitige und organisatorische Verankerung der Regelwerke von zentraler Bedeutung. Im Verlauf der Projekte zeigt sich, dass insbesondere sieben Faktoren für eine nachhaltige Verankerung von erhöhter Bedeutung sind:

- **Frühzeitige Einbindung** der Fachbereiche und Gesellschaften in die Konzeption. Das frühzeitige Einbinden der Gesellschaften erhöht zum einen die Akzeptanz und zum anderen ist für eine umsetzbare und optimale Gestaltung der Regelwerke die Fachkenntnis aus den jeweiligen Fachbereichen erforderlich. Um den Abstimmungs- und Koordinationsaufwand in der Konzeptionsphase auf einem vertretbaren Niveau zu halten und trotzdem eine adäquate Einbindungen zu gewährleisten, ist es wichtig, die anfängliche Einbindung auf ausgewählte Gesellschaften (Pilotgesellschaften) zu begrenzen.

- **Detaillierte Dokumentation und Ausarbeitung** der Konzepte. Ausgehend von den Abstimmungen mit den jeweiligen Pilotgesellschaften und Fachbereichen müssen anwendungsbezogene Richtlinien aufgebaut werden. Wichtig dabei ist der unmittelbare Anwendungsbezug, um sicherzustellen, dass die Richtlinien sowohl der lückenlosen Dokumentation dienen aber gleichzeitig die tägliche Arbeit mit den neuen Konzepten erleichtern.

- **Richtige Publikation und Vermarktung** der neuen Standards und Konzepte. Um die in einem Projekt erarbeiteten Inhalte dem Empfängerkreis bedarfsgerecht zur Verfügung zu stellen, muss, ausgehend von den Projekten, eine Plattform im Intranet geschaffen werden. Durch die zentrale Bereitstellung der Dokumente kann gewährleistet werden, dass die im Intranet abgerufenen Dokumente immer der aktuellsten Version entsprechen (Single Point of Truth) und damit keine unterschiedlichen Versionen im Unternehmen verwendet werden. Des Weiteren ermöglichen Suchfunktionen und die schlagwortartige Darstellung ein schnelles und benutzerfreundliches Arbeiten mit den Inhalten und Richtlinien.

- **Durchführung einer umfangreichen Pilotierung**. Neben der frühzeitigen Einbindung der Pilotgesellschaften ist die „richtige" Einbindung der Pilotgesellschaften wichtig. Hierzu müssen in strukturierenden Workshops standardisierte Templates erarbeitet werden. Über die Templates können Handlungsfelder identifiziert und anschließend in die beiden Kategorien „Kontenstruktur" oder „Kostenstellenstruktur" aufgeteilt und bearbeitet werden. Dank dieser umfangreichen Pilotierung können die (üblicherweise im flächendeckenden Roll-Out auftretenden) Probleme um ca. 80% reduziert werden. Dies dient sowohl der Akzeptanz und als auch dem inhaltlichen Reifegrad der Konzepte.

- **Konsequente und enge Begleitung der Umsetzung** durch das Kernprojektteam. Wesentlich zur erfolgreichen Verankerung trägt auch die konsequente und enge Begleitung der Umsetzung bei. Um die ersten Schritte mit den neuen Konzepten und Prozessen zu vereinfachen und zu verbessern, sollten beispielsweise ein Telefonsupport, ein „Starter Kit" sowie nachlaufende Workshops, in welchen Fragestellungen diskutiert und Verbesserungen in einen Themenspeicher aufgenommen werden konnten, angeboten werden.

- **Laufendes Nachhalten und Prüfen der Verankerung**. Verankerung bedeutet auch Verbindlichkeiten schaffen. Diese Verbindlichkeiten werden durch Nachschauprüfungen geschaffen. Fragestellungen wie beispielsweise „Welche Gesellschaften sind noch nicht implementiert?", oder „Wo ist die Datenqualität noch nicht wie gewünscht?" müssen anhand von Checklisten regelmäßig nachgegangen werden. Diese Art der internen Revision hilft dabei, die gesetzten Standards über das Projekt hinaus zu prüfen und ggf. anzupassen.

- **Frühzeitiges Einbinden des Fachbereichs IT**. Durch das frühzeitige Einbinden hat der Fachbereich IT ausreichend Zeit, um zum verlässlichen Ansprechpartner bei technischen sowie Wartungsfragen zu reifen. Des Weiteren kann so die „technische" Verantwortung deutlich schneller an die Linie übergeben werden, da operative Tätigkeiten von Beginn an vom Fachbereich übernommen werden. Außerdem kann durch das frühzeitige und enge Einbinden ein fachliches Verständnis geschaffen und somit fachlichen Anforderungen schneller und einfacher umgesetzt werden.

Alle sieben Erfolgsfaktoren tragen dazu bei, dass die erarbeiteten Konzepte effektiv in die Organisation kommuniziert und anschließend sauber umgesetzt werden. Dies trägt zur Akzeptanz und Vertrauen bei den betroffenen Mitarbeitern bei. Nur so können die Konzepte vollständig in der Organisation sowie der IT verankert und das angestrebte Projektziel, die Qualität und Vergleichbarkeit von finanziellen und nicht-finanziellen Informationen zu verbessern, realisiert werden.

7.5 Gestaltungscheckliste für Manager und Controller

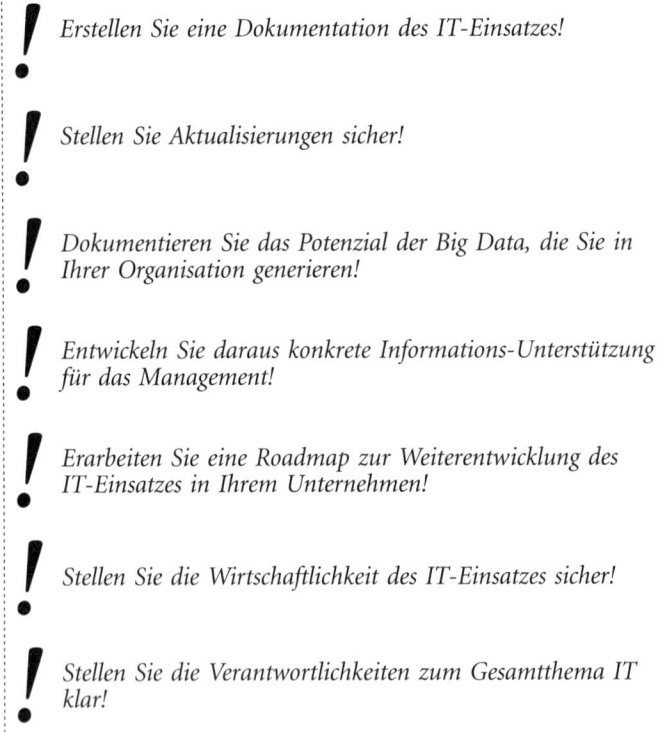

Erstellen Sie eine Dokumentation des IT-Einsatzes!

Stellen Sie Aktualisierungen sicher!

Dokumentieren Sie das Potenzial der Big Data, die Sie in Ihrer Organisation generieren!

Entwickeln Sie daraus konkrete Informations-Unterstützung für das Management!

Erarbeiten Sie eine Roadmap zur Weiterentwicklung des IT-Einsatzes in Ihrem Unternehmen!

Stellen Sie die Wirtschaftlichkeit des IT-Einsatzes sicher!

Stellen Sie die Verantwortlichkeiten zum Gesamtthema IT klar!

Vertiefende Lektüre

Wenn Sie mehr über das Thema IT-Unterstützung im Rahmen des Controllings wissen möchten, lesen Sie

Gadatsch, A. (2012), IT-Controlling – Praxiswissen für IT -Controller und Chief-Information-Officer, Wiesbaden 2012.

Wenn Sie mehr über das Thema IT-Unterstützung im Rahmen der Wertschöpfungssteuerung wissen möchten, lesen Sie

Meier, A., Stormer, H., Gosselin, E. (2012), eBusiness & eCommerce: Management der digitalen Wertschöpfungskette, 3. Aufl., Berlin 2012

oder

Krcmar, H. (2015), Informationsmanagement, 6. Aufl., München 2015.

8. Kapitel

Controllingorganisation

8.1 Ziele des Kapitels

Abb. 8.1: Ziele des Kapitels

Kapitel 8 befasst sich mit der Gesamtorganisation des Controllings. Dabei wird auf verschiedene Stellhebel und Gestaltungsformen eingegangen. Am Ende des Kapitels soll der Leser verstehen, welche Gestaltungsmöglichkeiten zu einer wirkungsvollen Controllingorganisation existieren.

8.2 Einführung

Die Frage nach der für sein Unternehmen richtigen Controllingorganisation und den dazu passenden Controlling-Ressourcen beschäftigt jeden CFO und kaufmännischen Leiter. Wesentliche Fragen dazu sind

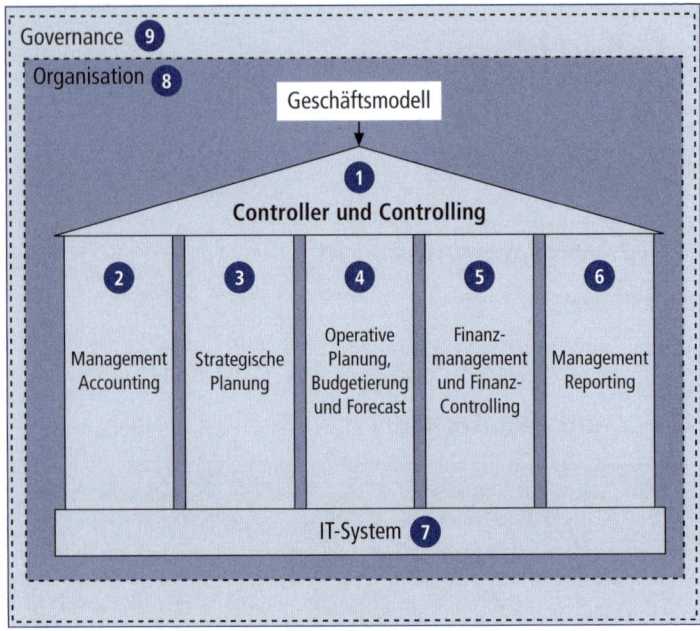

Abb. 8.2: Einordnung des Kapitels in das „House of Controlling"

- ob der Mix aus zentralen und dezentralen Controllern der richtige ist,

- wie die Organisation des Controllings mittels „Dotted Line" ideal gestaltet wird und

- ob alle erfolgversprechenden Ressourcen und Qualifikationen vorhanden sind.

Entsprechend der Bedeutung der Controllingaufgaben für das Unternehmen ist die organisatorische Verankerung der Controllingfunktion innerhalb des Unternehmens vorzunehmen. Eine wirkungsvolle Controllingorganisation zeichnet sich durch folgende Faktoren aus:

- Ausrichtung der Controllerorganisation an der Gesamtorganisation

- Definition eindeutiger Aufgaben und Kompetenzbeschreibungen
- Definition eindeutiger Regelungen zum Zusammenspiel des Managers und des Controllers
- Klare interne Organisation des Controllerdienstes
- Konkrete Anpassung an die Weiterentwicklung des Unternehmens

Ausgehend vom Steuerungsmodell des Unternehmens und vom Führungsanspruch des Managements müssen für eine adäquate Controllingorganisation die Verankerung des Controllings im Unternehmen, der Aufbau des Controllingbereichs, die Aufgabenfelder des Controllings sowie die Controlling-Ressourcen bestimmt werden (vgl. **Abb. 8.3**).

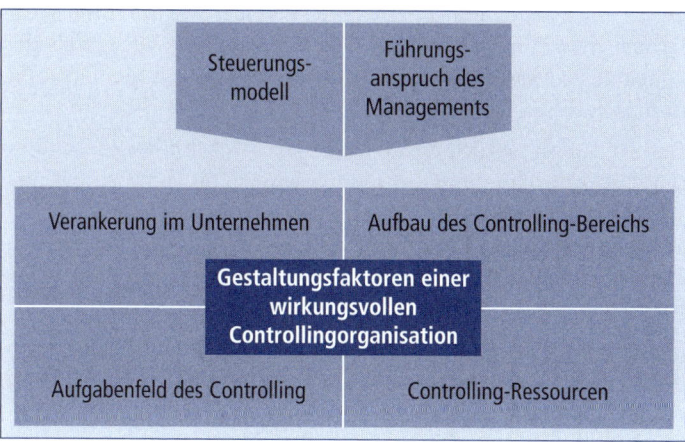

Abb. 8.3: Gestaltungsfaktoren einer wirkungsvollen Controllingorganisation

Die genannten Einflussfaktoren und Stellhebel werden nachfolgend detailliert erläutert.

8.3 Gestaltung einer wirkungsvollen Controllingorganisation

8.3.1 Einflussfaktoren auf die Controllingorganisation

Der Ausgangspunkt der Controllingorganisation bilden im Wesentlichen das Steuerungsmodell des Managements und der Führungsanspruch der obersten Managementebene (Vorstand, Geschäftsführung oder Holding einer Unternehmensgruppe) in Richtung der weiteren Managementebenen (Geschäftsbereichsleitung, Abteilungsleitung oder Geschäftsführung von Tochtergesellschaften).

Hinsichtlich des Steuerungsmodells stellt sich die Frage, nach welchen Dimensionen das Unternehmen gesteuert wird. Wird das Unternehmen z. B. nach Regionen, Geschäftsbereichen oder Produkten gesteuert, so richtet sich auch eine wirksame Controllingorganisation nach diesen Dimensionen.

Der Führungsanspruch des Managements legt fest, welche Interessen das Controlling im Gesamtunternehmen zu vertreten hat. Erst wenn der Führungsanspruch deutlich ist, können die weiteren Gestaltungsparameter der Controllingorganisation ausgeprägt werden. Dies soll am Beispiel der Aufgaben des Konzern-Controllings illustriert werden (**Abb. 8.4**).

So beschränkt sich bspw. der Führungsanspruch einer Finanz-Holding auf die Einflussnahme auf finanziell orientierte Managemententscheidungen (z. B. Ressourcenverteilung, Gestaltung des Beteiligungsportfolios, Rentabilitätsziele). Bei einem Stammhauskonzern überwiegt hingegen ein Anspruch auf die umfassende Einflussnahme auf alle Managemententscheidungen (z. B. Strategieformulierung, operative Maßnahmen). Für das Controlling einer Finanz-Holding ergeben sich daraus bspw. das umfassende Aufgaben im Bereich Beteiligungs-Controlling umgesetzt werden müssen, während das Controlling eines Stammhauskonzerns umfassende Aufgaben im Bereich Konzernplanung und Ergebniszusammenführung abbildet.

	Stammhauskonzern	Finanzholding
Führungsanspruch des Managements	Einfluss auf alle strategischen und operativen Managemententscheidungen	Einfluss auf strategische, finanziell-orientierte Entscheidungen
Resultierende Controlling-Aufgaben	■ Betriebswirtschaftliche Rahmenvorgabe ■ Gesellschaftsbetreuung ■ Konzernplanung ■ Ergebniszusammenführung ■ Informationsversorgung ■ …	■ Beteiligungs-Controlling ■ Strategische Planung ■ Bewertungsmethoden ■ …

Abb. 8.4: Aufgaben des Konzern-Controllings

Neben dem Steuerungsmodell und dem Führungsanspruch existieren weitere Einflussgrößen wie die Unternehmensgröße, die auf die Controllingorganisation wirken (**Abb. 8.5**).

Einflussfaktor	Wirkung
Unternehmensgröße	Zentralisierungsgrad des Controllings
Technologie der Leistungserstellung	Grad der Spezialisierung von Controllern
Rechtsform (z. B. Aktiengesellschaft)	Umfang zu berücksichtigender Vorschriften
Technologie der Informationsverarbeitung	Höhe des Automatisierungsgrads, Qualität des Forecasts
Kapitalmarkt, Beschaffungsmarkt etc. (z. B. Marktschwankungen)	Notwendigkeit vorzunehmender Risikobewertungen

Abb. 8.5: Einflussgrößen auf die Organisation des Controllings

Es ist im individuellen Fall zu überlegen, welche die kritischen Einflussfaktoren sind. Auf diese Einflussfaktoren hat sich der Controller zu fokussieren.

 Welche kritischen Erfolgsfaktoren lassen sich in Ihrem Unternehmen unterscheiden?

8.3.2 Verankerung des Controllings im Unternehmen

Die wesentlichen Gestaltungsfaktoren zur Verankerung der Controllingorganisation bilden die Ressortzuordnung und Führungsebene sowie die fachliche und disziplinarische Verankerung.

Hinsichtlich der Ressortzuordnung lassen sich die Zuordnung des Controllings zum Ressort des CFO (Chief Financial Officer) bzw. des kaufmännischen Geschäftsführers sowie die Zuordnung zum Bereich des CEO (Chief Executive Officer) unterscheiden. Wesentliche Vorteile ergeben sich durch die Zuordnung des Controllings zum CFO-Ressort durch die Bündelung kaufmännischer Ressourcen in einem Unternehmensbereich. So können kurze Kommunikations- und Entscheidungswege realisiert werden und Synergiepotenziale bspw. mit dem externen Rechnungswesen gehoben werden. Weiterer Nutzen liegt in einer einheitlichen Datenbasis sowie im Pooling von Know-how. Wird das Controlling hingegen dem CEO-Resort zugeordnet, können Konflikte zwischen dem Controlling und verschiedenen Finance-Funktionsbereichen die Folge sein. Der Grund dafür liegt darin, dass eine „Klammerfunktion", wie durch den CFO ausgefüllt, nicht greift.

Neben der Ressortzuordnung ist für die Wahrnehmung eines modernen Rollenverständnisses des Controllings als Business Partner und rechte Hand des Managements eine Einordnung des Controlling-Leiters auf entsprechend hoher Führungsebene erforderlich. Nur die Einordnung des Controllings auf einer hohen Führungsebene verleiht diesem das ausreichende Gewicht und die notwendige Autorität um auf gleicher Augenhöhe mit dem Management als dessen Sparring-Partner agieren zu können. Empfehlenswert ist daher eine Einordnung des Leiters des zentralen Controllings auf der ersten oder mindestens der zweiten Führungsebene.

Die Organisation der meisten Unternehmen ist zudem durch ein Nebeneinander von Stabsabteilungen und Linieninstanzen gekennzeichnet (**Abb. 8.6**). Bevor Controllerstellen eingerichtet werden können, muss grundsätzlich entschieden werden, ob der Aufgabenbereich des Controllings besser in einer Stabsfunktion oder einer Organisationseinheit mit Linienkompetenz erfüllt werden kann.

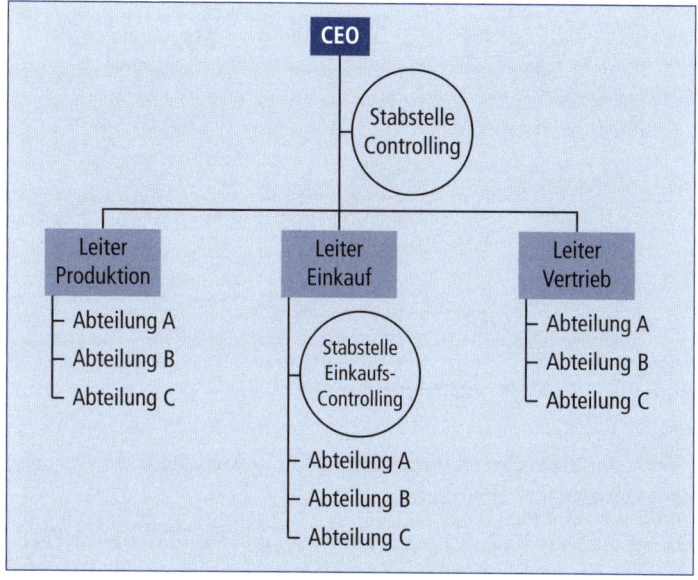

Abb. 8.6: Beispiel für eine Stab-/Linien-Organisation

Kennzeichnend für Linieninstanzen ist die klare Regelung der Weisungsbefugnis, d. h. untergeordnete Linieninstanzen sind den übergeordneten Stellen disziplinarisch unterstellt.

Stabsstellen besitzen keine Entscheidungs- oder Weisungsbefugnisse gegenüber Linienstellen. Sie dienen primär dazu, die Linieninstanz, der sie organisatorisch angegliedert sind, durch die Übernahme von Beratungs-, Entscheidungsvorbereitungs- und sonstigen Servicetätigkeiten zu entlasten. Typische Beispiele für Stabsstellen sind bspw. Rechtsabteilungen, Abteilungen für Öffentlichkeitsarbeit oder die Revision. Da man unter Controlling eine spezielle Art der Führungsunterstützung versteht, ist die Schaffung einer Controlling-Stabsstelle, die der obersten Führungsebene zugeordnet ist, häufig eine geeignete Lösung zur Verankerung einer ergebnisorientierten Denkweise in der Unternehmenshierarchie.

Die letzte Entscheidung hinsichtlich der Verankerung des Controllings betrifft die Unterscheidung zwischen einer dezentralen und

Funktional	**Divisional**	**Funktional**
Controlling ist auf Funktionsbereiche spezialisiert	Controlling ist auf Divisionen spezialisiert	Controlling ist auf Regionen spezialisiert
■ Beschaffung ■ Finanzen ■ Marketing ■ Vertrieb ■ …	■ Produkte ■ Kundengruppen ■ …	■ Kontinente ■ Länder ■ …

Abb. 8.7: Kategorien dezentraler Controller

einer zentralen Controllingorganisation sowie deren Mischform, der „Dotted Line Organisation".

Die starke Dezentralisierung der Entscheidungen in Großunternehmen führt zu einer entsprechenden Dezentralisierung des Controllings. Die Spezialisierung hat im Zuge dessen eine große Vielfalt erreicht. Hier ergeben sich vor allem drei Kategorien dezentraler Controller: Funktionalcontroller, Divisionalcontroller und Regionalcontroller (siehe **Abb. 8.7**).

Die dezentrale Controllingorganisation zeichnet sich durch die fachliche und disziplinarische Unterstellung des dezentralen Controllings unter die Geschäftsbereiche aus (vgl. **Abb. 8.8**). Das dezentrale Controlling ist somit unmittelbar in die jeweilige dezentrale Organisationseinheit eingebunden. Zwischen dem zentralen und dem dezentralen Controlling besteht lediglich eine informelle Beziehung. Die dezentrale Controllingorganisation fördert das Vertrauen und die gute Zusammenarbeit zwischen der Geschäftsbereichsleitung und dem dezentralen Controlling. Allerdings besteht die Gefahr, dass bei einem zu starken Grad der Dezentralisierung das Gesamt-Controlling-Konzept (einheitliche Systeme, Methoden, Instrumente) vernachlässigt wird, Partikularismus verstärkt wird und der dezentrale Controller seine notwendige Distanz zu den Linienaktivitäten verliert. Letztlich führt dies

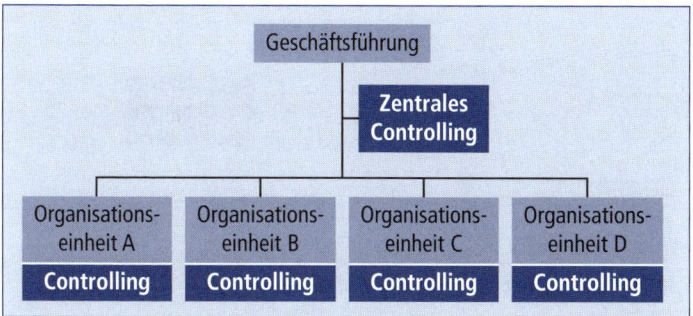

Abb. 8.8: Dezentrale Controllingorganisation

dazu, dass große Synergie- und Effizienzpotenziale ungenutzt bleiben.

Wird das Controlling zentral organisiert bedeutet dies, dass das Controlling der Geschäftsbereiche sowohl fachlich als auch disziplinarisch einem Zentralcontrolling unterstellt ist (vgl. **Abb. 8.9**). Die maximal räumliche Zuordnung des dezentralen Controllings zu den Geschäftsbereichen bei gleichzeitiger disziplinarischer Unabhängigkeit, ermöglicht dem Controlling einen sehr hohen Grad an Unabhängigkeit gegenüber den Geschäftsbereichsleitern. Darüber hinaus ermöglicht die zentrale Controllingorganisation die Bündelung der Controllingkompetenz und die Standardisierung von Controlling-

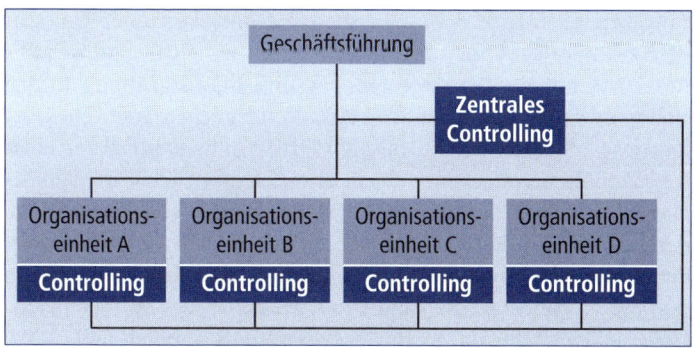

Abb. 8.9: Zentrale Controllingorganisation

295

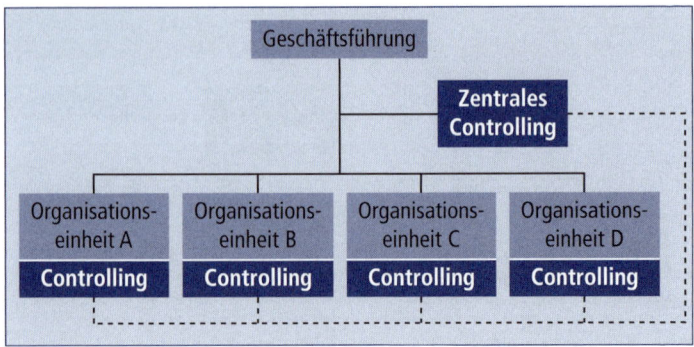

Abb. 8.10: „Dotted Line Organisation"

prozessen und -verfahren. Neue Controllingkonzepte können schneller implementiert werden und Informationen fließen konfliktfrei. Allerdings besteht die Gefahr der geringen Akzeptanz des Controllings in den einzelnen Geschäftsbereichen und einer „Informationsblockade" gegenüber dem Zentralcontrolling.

Eine Mischform der zentralen und dezentralen Controllingorganisation bildet die „Dotted Line Organisation" (vgl. **Abb. 8.10**). Dies soll am Beispiel eines Geschäftsbereichscontrollers illustriert werden. Einerseits ist der Geschäftsbereichscontroller dem Geschäftsbereichsleiter disziplinarisch unterstellt, d. h. er erhält von ihm Anweisungen, welche Aufgaben er im Einzelnen zu erfüllen hat. Für diese Aufgaben benötigt der Geschäftsbereichscontroller unter Umständen ein spezielles Instrumentarium (bspw. die Investitionsrechnung). Damit er das Verfahren der Investitionsrechnung formal richtig anwendet, ist er zusätzlich an die fachlichen Weisungen des Zentral-Controllers gebunden. Man spricht in diesem Fall von einer sogenannten „Dotted-line-Organisation" („Dotted-line" = „gestrichelte Linie"). Diese Organisationsform vereint viele Vorteile der dezentralen und zentralen Organisationsform. Allerdings unterliegt der dezentrale Controller häufig einem Interessenkonflikt, wenn sich die Vorgaben des Bereichsleiters mit denen des zentralen Controllers nicht in Einklang bringen lassen. In diesem Fall hilft häufig eine aufgabenspezifische Kompetenzregelung.

8.3.3 Aufgaben des Controllings

Bisher standen im Rahmen der Diskussion über die organisatorischen Gestaltungsmöglichkeiten des Controllings vor allem aufbauorganisatorische Fragestellungen im Mittelpunkt. Für die Effizienz des Controllings ist es allerdings entscheidend, wie die Controllingaufgaben zeitlich und logisch aufeinander und mit den anderen Abläufen im Unternehmen abgestimmt sind. Daher muss die Ablauforganisation indestens gleichrangig mit der Aufbauorganisation des Controllings gesehen werden. Der Ablauforientierung im Controlling wird durch die Festlegung von routinemäßig ablaufenden Controllingprozessen Rechnung getragen. Im Fokus stehen dabei vor allem jene Prozesse, die besonders ressourcenintensiv oder bedeutsam für die Unternehmenssteuerung sind, wie der Planungsprozess, die Betriebsabrechnung oder das Berichtswesen. Der Nutzen einer prozessorientierten Betrachtung von Controllingaufgaben liegt im Allgemeinen in der ablauflogischen Darstellung der Controllingaufgaben, der Verantwortlichkeiten, der benötigten Inputs für die Durchführung sowie in einer Effizienzsteigerung der Erfüllung der Controllingaufgaben. Diese Sicht verlangt, dass sich der Controllerbereich selbst nach Prozessen organisiert, die auf die „Kunden" des Controllings ausgerichtet sind.

8.3.3.1 Prozessorientierte Controllingorganisation

Heute haben sich verschiedene Standard Prozessmodelle durchgesetzt, die einen Rahmen für Performancemessung und Prozessoptimierungen für den Ablauf von Controllingaufgaben liefern. Ein in der Praxis häufig angewendetes und weit verbreitetes Prozessmodell ist das der IGC (vgl. **Abb. 8.7**).

Ausgehend vom Geschäftsprozess „Controlling" sind auf Prozessebene 2 zehn Hauptprozesse definiert, die in **Abb. 8.11** aufgelistet sind. Die sieben Hauptprozesse „Strategische Planung" bis „Risikomanagement" stellen die klassischen Controllingaufgaben bzw. -aktivitäten dar. Die drei Hauptprozesse „Funktionscontrolling", „Betriebswirtschaftliche Beratung und Führung" und „Weiterentwick-

Abb. 8.11: Prozessmodell der IGC (vgl. *IGC* 2011, S. 15)

lung der Organisation, Prozesse, Instrumente und Systeme" sind als „Querschnittsprozesse" zu verstehen.

Im „Funktionscontrolling" finden sich größtenteils die ersten sieben ablauforientierten Hauptprozesse funktionsspezifisch wieder. Die „Betriebswirtschaftliche Beratung und Führung" soll u. a. die Ergebnisse der anderen Hauptprozesse in das Unternehmen tragen. Die

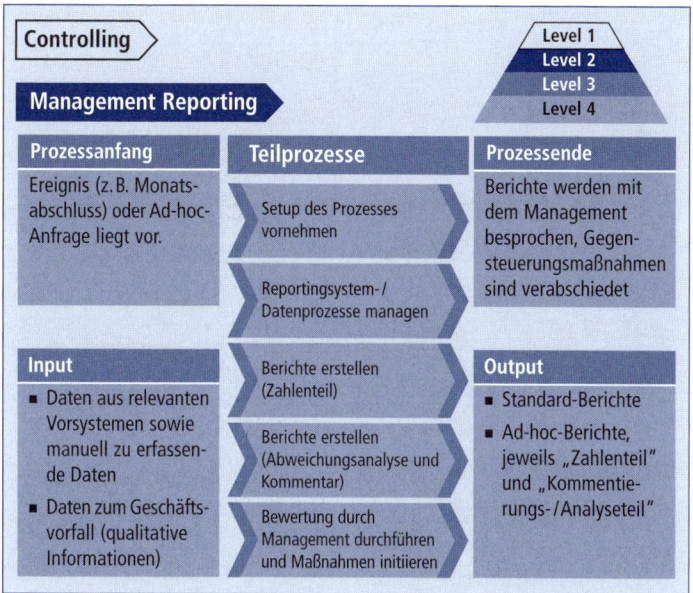

Abb. 8.12: Von Teilprozessen zum Hauptprozess „Management Reporting" (vgl. *IGC 2011*, S. 34)

„Weiterentwicklung der Organisation, Prozesse, Instrumente und Systeme" beschäftigt sich u. a. mit der Optimierung aller anderen Hauptprozesse.

Auf der Prozessebene 3 des Controlling-Prozessmodells werden zu jedem Hauptprozess die entsprechenden Teilprozesse definiert. In **Abb. 8.12** sind die Teilprozesse exemplarisch für den Hauptprozess „Management Reporting" dargestellt. Neben den zum Hauptprozess gehörenden Teilprozessen sind auch Informationen zum Prozessanfang und zum Prozessende sowie zum benötigten Input und dem erzeugten Output beschrieben.

Auf der Prozessebene 4 des Controlling-Prozessmodells werden je Teilprozess die relevanten Aktivitäten definiert. In **Abb. 8.13** sind die Aktivitäten exemplarisch für zwei Teilprozesse aus dem Hauptprozess „Management Reporting" dargestellt.

Controlling ⟩	Controlling ⟩
Management Reporting ⟩	**Management Reporting** ⟩
Berichte erstellen (Zahlenteil) ⟩	**Berichte erstellen (Abweichungsanalyse / Kommentar)** ⟩

Aktivitäten

- Berichte entsprechend Reporting-Kalender erstellen
- Daten sammeln (Daten aus Vorsystemen laden, Daten manuell einsammeln)
- Plausibilisierung durchführen (Daten auf Korrekheit, Vollständigkeit, Fehler / Unstimmigkeiten prüfen)
- Daten (automatisch / manuell) aufbereiten und Daten (in Form von Tabellen und Grafiken) aggregieren
- Zahlenteil freigeben und verteilen

Aktivitäten

- Abweichungsanalyse durchführen (Gegenüberstellung der Ist-Periode zu Vergleichsbasen – Vorjahr, Plan, Forecast, Soll, Zielwerte – und Darstellung / Ermittlung der Veränderungen und Abweichungen)
- Ursachenanalyse vornehmen (Abweichungen plausibilisieren und erklären)
- Berichte kommentieren: Entdeckte Abweichungen und deren Ursachen in Berichten schriftlich erklären
- Maßnahmevorschläge für bestimmte Sachverhalte erarbeiten
- Über Maßnahmefortschritt informieren

Abb. 8.13: Aktivitäten zu zwei Teilprozessen aus dem Hauptprozess „Management Reporting" (vgl. *IGC 2011*, S. 53)

 Welche Controlling-Aktivitäten sind in Ihrem Unternehmen schon prozessual organisiert?

Die Prozessorientierung hat wesentliche Auswirkungen auf Aufgaben, Organisation und Instrumente des Controllers:

- Aufgaben: Die scharfe Trennung zwischen Controller und Manager wird gemildert. Der Controller ist in die Prozessgestaltung involviert.

- Organisation: Der Controllerbereich wird selbst nach Prozessen strukturiert. „Kunden" und „Produkte" werden Schlüsselbegriffe des Controllings.

- Instrumente: Die Informationsversorgung konzentriert sich auf Steuerungsgrößen, die die Prozessbeteiligten unmittelbar verwenden können; d. h. neben Wertgrößen werden (kundenorientierte) Zeit-, Qualitäts- und Mengengrößen wichtig.

Da die prozessorientierte Controllingorganisation in den meisten Unternehmen erst geschaffen werden muss, ist der Controller vielfach deren Initiator und Unterstützer. Seine Aufgaben reichen in solchen Fällen in die Prozessmitgestaltung hinein (vgl. **Abb. 8.14**).

Verschiedene Umfeldentwicklungen sorgen dafür, dass Controlleraufgaben immer weiter automatisiert und standardisiert wurden (vgl. hierzu *Gleich, Grönke, Schmidt* 2014). Bspw. werden Tätigkeiten wie Datensammlung und -aufbereitung zunehmend durch integrierte Systeme automatisiert.

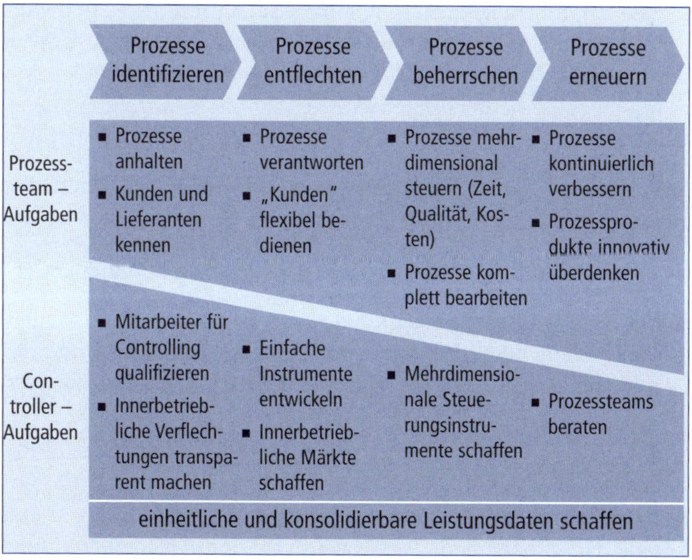

	Prozesse identifizieren	Prozesse entflechten	Prozesse beherrschen	Prozesse erneuern
Prozessteam – Aufgaben	■ Prozesse anhalten ■ Kunden und Lieferanten kennen	■ Prozesse verantworten ■ „Kunden" flexibel bedienen	■ Prozesse mehrdimensional steuern (Zeit, Qualität, Kosten) ■ Prozesse komplett bearbeiten	■ Prozesse kontinuierlich verbessern ■ Prozessprodukte innovativ überdenken
Controller – Aufgaben	■ Mitarbeiter für Controlling qualifizieren ■ Innerbetriebliche Verflechtungen transparent machen	■ Einfache Instrumente entwickeln ■ Innerbetriebliche Märkte schaffen	■ Mehrdimensionale Steuerungsinstrumente schaffen	■ Prozessteams beraten
einheitliche und konsolidierbare Leistungsdaten schaffen				

Abb. 8.14: Schritte zum prozessorientierten Controlling

Durch den zunehmenden Rückgang solcher Routineaufgaben werden den Controllern mehr und mehr anspruchsvolle Entscheidungsunterstützungsaktivitäten abverlangt. Gleichzeitig werden auch im Controllingbereich Fragen nach der Realisierung von Effektivitäts- („die richtigen Dinge tun") und Effizienzsteigerungen („die Dinge richtig tun") gestellt. Der Controllingbereich steht mittlerweile unter einem ähnlichen Kostendruck wie alle anderen Gemeinkostenbereiche eines Unternehmens.

Im Sinne eines effektiven Controllings sollten sämtliche Controllingaktivitäten ausschließlich solche umfassen, die zu einem konkreten Output führen, d. h. sowohl auf Controllingprodukte (z. B. Berichte) als auch auf den Transformationsprozess „Input zu Output" (z. B. Berichterstellung) gerichtet sind. Des Weiteren soll ein Schwerpunkt auf der Auswertung und Kommunikation des Outputs bzw. der Ergebnisse, d. h. der Beratung der internen Kunden und Unternehmensführung (z. B. Risiko-Analysen), liegen.

Aktivitäten und Prozesse (Mitwirken, Planen, Beraten, Erstellen, Berechnen, Konzipieren etc.) führen meist zu Ergebnissen und Outputs (Berichte, Analysen, Expertisen, Konzepte, Systeme etc.), die in ihrer Ausgestaltung und Qualität von den Leistungsempfängern, d. h. den (unternehmensinternen) Kunden des Controllings, beurteilt werden.

Dies erfordert seitens der Controller und insbesondere seitens der Führungskräfte der Controllerbereiche eine

- konsequente Definition der eigenen Prozesse und Produkte,

- der Schaffung von Ansatzpunkten für die Messung und Weiterentwicklung deren Produkt- bzw. Prozessperformance (und damit auch der Messung der eigenen Effizienz),

- die Kenntnis der internen Kunden (d. h. der Manager) und deren Wünsche sowie

- das Wissen um die benötigen Kompetenzen der Ressourcen und eine darauf basierende Personalauswahl und -weiterentwicklung (vgl. *Gleich, Lauber* 2013).

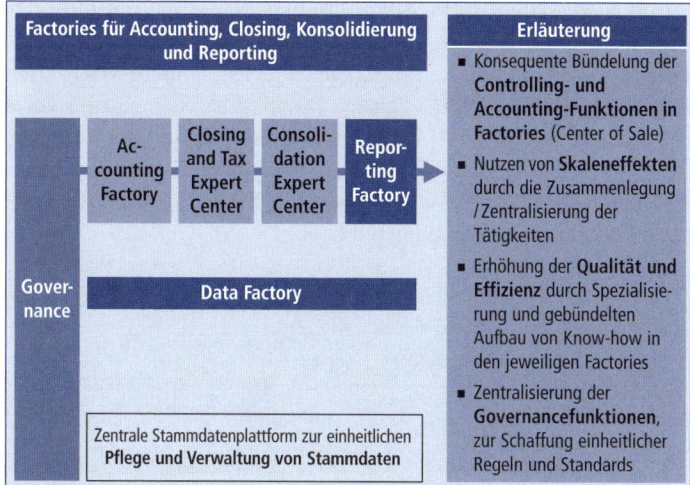

Abb. 8.15; Verlagerungen von ausgewählten Controlling-Prozessen

Den Diskussionen um die Steigerung der Effektivität und Effizienz kann das Controlling durch die Einrichtung von Shared Service Centern begegnen.

8.3.3.2 Controlling Shared Service Center

Bereits seit längerem finden unter der Überschrift „Controlling Shared Service Center" Verlagerungen von ausgewählten Controllingprozessen statt. So wird bspw. unter einer „Reporting Factory" die Standardisierung und Zentralisierung von Berichtsprozessen verstanden, die dann „auf Knopfdruck" routinemäßig einen exakt definierten Workflow (Verarbeitungsregel) im IT-System durchlaufen (vgl. **Abb. 8.15**).

Der Aufbau eines Controlling Shared Service Centers basiert auf der Analyse und anschließenden Klassifizierung der Controllingaufgaben in repetitive und nicht repetitive Controllingaufgaben (vgl. **Abb. 8.16**). In einem Controlling Shared Service Center werden die repetitiven Controllingtätigkeiten gebündelt. In Bezug auf den Reportingprozess umfasst dies Aufgaben wie das Einsammeln und

Strukturieren von Daten, die Berichtserzeugung, ggf. mit Qualitätscheck sowie die zeitgerechte Verteilung und Bereitstellung von Berichten an die jeweiligen Empfänger. Weitere typische Aktivitäten für ein Controlling Shared Service Center sind Planung und Forecasting. Nicht repetitive Tätigkeiten wie die Analyse und Kommentierung von Berichten sowie Ad-hoc-Reports obliegen dann einem Geschäfts-Controlling, das sich als echter Business Partner und Berater des Managements etablieren kann.

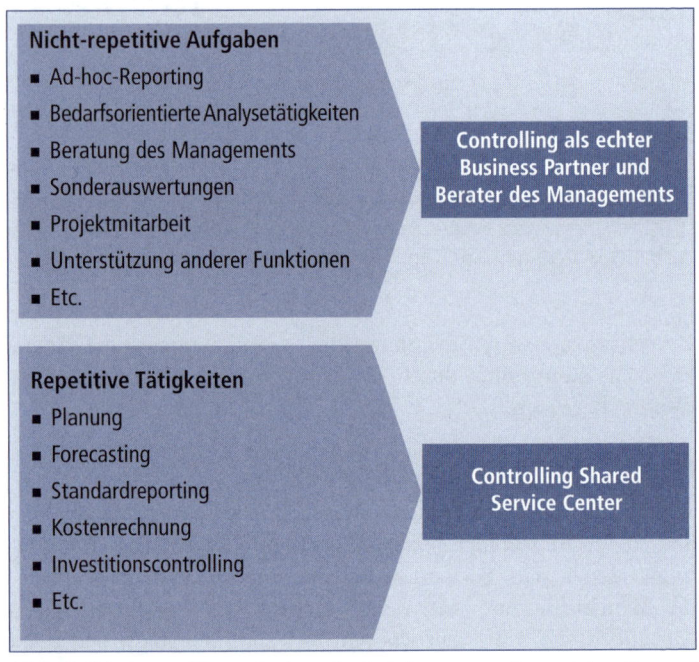

Abb. 8.16: Controllingaufgaben (in Anlehnung an *Burmeister, Temmel* 2007)

Im Gegensatz zu einer reinen Controlling-Zentralabteilung zeichnet sich ein Controlling Shared Service Center durch folgende Eigenschaften aus:

- Es existiert ein Leistungskatalog mit klar umrissenen Dienstleistungen.

- Es gibt klar definierte Kundenbeziehungen, welche Leistungsvereinbarungen und Verrechnungspreise enthalten.

- Unterschiedliche Service-Niveaus und deren Beanspruchungsmöglichkeiten werden in Form von Service Level Agreements (SLA) spezifiziert.

- Die Leistungsmessung erfolgt Transparent anhand definierter KPIs und/oder durch Leistungsvergleiche mit alternativen (externen) Anbietern.

- Teilweise besteht für die internen Kunden kein Kontrahierungszwang und damit liegt eine Wettbewerbssituation vor.

Unterschieden werden ein Controlling Center of Scale und ein Controlling Center of Excellence. Ein Controlling Center of Scale umfasst repetitive und standardisierbare Volumentätigkeiten mit Schwerpunkt auf Informationserzeugung und -aufbereitung. Ziel ist es, durch das Ausschöpfen von Synergien Skaleneffekte zu realisieren. Beispiele für Volumenaufgaben sind im Reporting z. B. die Meldung der Zahlen, das Erstellen von Standard-Reports sowie das Erstellen monatlicher Soll-Ist-Vergleiche. Ein Controlling Center of Excellence hingegen zielt eher auf die Realisierung von Spezialisierungsvorteilen. Das heißt, in dieser Art von Shared Service Centern werden Aufgaben gebündelt, die in unterschiedlichen Unternehmensbereichen benötigt werden, dort aber vergleichsweise selten anfallen und gleichzeitig tiefer gehendes Fach-Know-how erfordern. Beispiele für Excellence-Funktionen sind das Investitionscontrolling sowie die Bestimmung von Transferpreisen.

Das Vorgehen für die Selektion von Controllingaufgaben für Shared Service Center ist in der **Abb. 8.17** hinterlegt.

Das mögliche Zusammenspiel zwischen Controlling Shared Service Center und Geschäfts-Controlling illustriert **Abb. 8.18**.

Die Einrichtung von Controlling Shared Service Centern wird durch wirtschaftliche Vorteile begleitet. Durch die Bündelung repetitiver Tätigkeiten und die damit einher gehenden Lern- und Erfahrungskurveneffekte, werden die Kosten für die einzelnen Ausführungen eines Prozesses oder einer Aktivität geringer. Vorhandene Kapazitä-

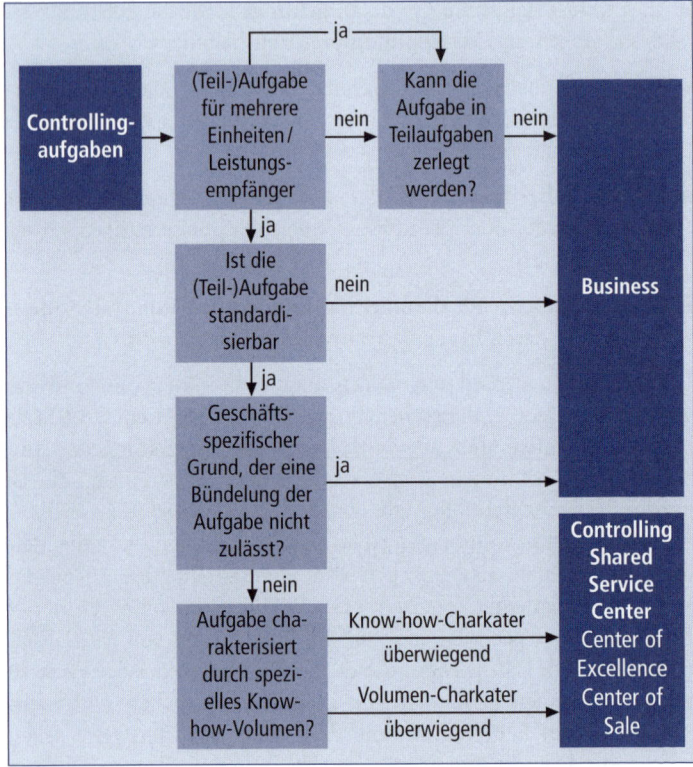

Abb. 8.17: Selektion von Controllingaufgaben für Shared Service Center

ten können besser ausgelastet werden, was einer Fix-Kosten-Degression gleichkommt.

Herausforderungen ergeben sich insbesondere durch die informationstechnologischen Voraussetzungen, die für ein Controlling Shared Service Center notwendigerweise erfüllt sein müssen. Dazu zählen u. a. eine unternehmensweit integrierte und einheitliche Controlling-Applikationen sowie eine zentrale Datenhaltung und einheitliche Datenverfügbarkeit.

	Controlling Shared Service Center	Geschäfts-Controlling
Operative Planung	▪ Erstellung und Versand Planungstemplates ▪ Erfassung Stammdaten ▪ Workflow-Steuerung in den Planungsläufen ▪ Technische Plankonsolidierung ▪ Dokumentation und Datenmanagement ▪ Betrieb der IT-Systeme für die Planung ▪ etc.	▪ Koordination des Planungsprozesses ▪ Teilnahme an der Planung für die Geschäftseinheiten und Funktionsbereiche ▪ Analyse und Zusammenfassung der Teilpläne ▪ Simulationen und Handlungsalternativen ▪ Ressourcenzuordnung zu den Top-Down-Zielen ▪ etc.
Kosten- und Leistungsrechnung	▪ Festlegung des Gesamtsystems der Kosten- und Leistungsrechnung ▪ Betrieb der Kosten- und Leistungsrechnung ▪ Erstellen der monatlichen Abschlüsse ▪ Betrieb der IT-Systeme für die Kosten- und Leistungsrechnung ▪ etc.	▪ Durchführung von Kostenanalysen ▪ Abweichungsgespräche mit Geschäftsverantwortlichen ▪ Durchführung von Kosten-Benchmarking ▪ Geschäftsspezifische Nutzung der Systeme, z.B. für die Produktkalkulation ▪ Gestaltung von Verrechnungspreisen ▪ etc.
Berichtswesen	▪ Umsetzung der Berichtsanforderungen seitens Geschäfts-Controlling ▪ Erfassen der Reportingdaten ▪ Erstellen der Standardberichte ▪ Erstellen von Sonderauswertungen auf Anfrage ▪ Betrieb der IT-Systesme für das Reporting ▪ etc.	▪ Definition der Berichtsanforderungen ▪ Management des Meldeprozesses ▪ Berichtsanalyse und -kommentierung für das Management ▪ Unterstützung bei der Eskalation von Entscheidungsbedarfen ▪ Einleitung und Verfolgung von gegenstuernden Maßnahmen ▪ etc.

Abb. 8.18: Zusammenspiel zwischen Controlling Shared Service Center und Geschäfts-Controlling

8.3.3.3 Spezialisierte Controllingaufgaben

In den vergangenen Jahren wurden standardmäßig auf rein finanzielle Sachverhalte ausgerichteten Controllingaufgaben und Instrumente auch auf nicht-finanzielle Sachverhalte übertragen. Aktuelle Beispiele für diese Controlling-Spezialisierungen bieten das Green Controlling, das Innovationscontrolling und das Marketingcontrolling.

Genau wie bei anderen Controllingkonzepten soll das Nachhaltigkeitscontrolling die Informationsversorgung der Manager sichern, wobei nur einige Instrumente des herkömmlichen Controllings genutzt werden können (vgl. *Schaltegger, Zvezdov* 2012, S. 67 sowie umfassend bei *Gleich, Bartels, Breisig* 2012).

> Eine **nachhaltige Unternehmensführung** erfordert es, gleichzeitig ökonomische, soziale und ökologische Herausforderungen zu berücksichtigen (vgl. *Epstein, Buhovac* **2014**). Das Nachhaltigkeitscontrolling unterstützt das Nachhaltigkeitsmanagement bei dieser Aufgabe.

Eine besondere Berücksichtigung im Rahmen der Nachhaltigkeitsinitiativen erhält in den letzten Jahren der ökologische Aspekt: „Unternehmen erkennen zunehmend, dass mit einer ökologischen Ausrichtung der Prozesse, Produkte und Leistungen einerseits Kosten reduziert und andererseits neue Umsatz- und Innovationspotenziale erschlossen werden können" (*Isensee, Michel* 2011, S. 436).

Für uns hat die Fokussierung auf die ökologische Ausrichtung des Nachhaltigkeitscontrollings – also das „Green Controlling" – in erster Linie praktische Gründe (*Horváth, Berlin* 2016), da alle Aspekte des potenziell sehr vielschichtigen Nachhaltigkeitscontrollings kaum gleichzeitig bearbeitet werden können.

Zu den Aufgaben eines Green Controllings gehören folgende sechs Punkte, die sich auf die Umweltwirkungen und -produkte beziehen (*ICV* 2014, S. 47):

■ Analyse der Relevanz und Schaffung von Transparenz,

- Identifikation von Chancen und Risiken,
- Unterstützung bei der Festlegung von Zielen und Strategien,
- Integration in Planungs- und Entscheidungsprozessen,
- kontinuierliche Messung und Zielsteuerung und
- Integration in Kontroll- und Reportingprozesse.

Daraus ergeben sich die Hauptaufgabenfelder des „grünen" Controllers" (zitiert nach *Isensee, Michel* 2011, S. 437):

- „Unterstützung der grünen Strategie- und Zielbildung durch den Ausweis von Erfolgsfaktoren und Durchführung von Benchmarks sowie grünen Markt- und Wettbewerbsanalysen,
- grünes Messen, Steuern und Bewerten durch die Entwicklung geeigneter Kennzahlen und Bewertungsmaßstäbe (z. B. Grüne KPIs und ökologische Investitionsbewertung) und
- grüne Beratung, Sensibilisierung und Support der Akteure im Unternehmen, z. B. durch das Aufzeigen und Hinterfragen von ökologisch-ökonomischen Zusammenhängen."

Neben dem Nachhaltigkeitscontrolling rückt das Controlling von Innovationen die letzten Jahre zunehmend in den Fokus der Innovationsexperten und Controller. Eine zunehmende Anzahl an Veröffentlichungen zeigt dies auf (z. B. *Möller, Menninger, Robers* 2011 und *Gleich, Schimank* 2015).

> „Im Gegensatz zu Messungen der F&E-Performance beschäftigt sich **Innovationscontrolling** mit einem integrierten Management von Innovationsaktivitäten zwischen verschiedenen Unternehmenseinheiten und dient dabei als Medium zur Managementunterstützung und Kommunikation" (*Gassmann, Perez-Freije* 2011, S. 394).

Immer wichtiger wird es, unternehmensweit Innovationsprojekte sowie Innovations- bzw. Forschung- und Entwicklungsaktivitäten strukturiert zu planen und zu steuern, Innovationsportfolios erfolgreich zu steuern oder Innovationsstrategien zu definieren und umzusetzen. Dies trifft sowohl für produzierende Unternehmen wie auch für Unternehmen der Dienstleistungsbranche zu. Immer mehr differenzieren sich Unternehmen durch die Fähigkeit schnell, effizient und erfolgreich zu innovieren. Innovationscontrolling als Teil des Innovationsmanagements wird demzufolge immer relevanter. Nachfolgend wird zunächst aufgezeigt, wie Innovationen gemanagt und gesteuert werden können und wie unternehmensinternes Innovationscontrolling aussehen kann.

Innovieren ermöglicht nachhaltiges Wachstum und ist damit Quelle wirtschaftlichen Erfolgs. Das Innovationsmanagement soll sicherstellen, dass eine Innovationsleistung kein zufälliges und einmaliges Unterfangen bleibt. Einerseits soll das Innovieren als Routineprozess gestaltet werden, indem Innovationstätigkeiten durch sequentielle Phasenabläufe standardisiert werden. Andererseits gilt es, alle relevanten Akteure des Unternehmens in diesen Prozess einzubinden. Innovationen sind aber durch einen hohen Neuigkeitscharakter geprägt, da bestimmte Eigenschaften aufgrund der Zukunftsbezogenheit vor Projektstart unbekannt sind. Somit sieht sich das Innovationsmanagement mit Risiken, Unsicherheiten und Komplexität sowie externen Einflussfaktoren wie steigender Ressourcenknappheit, Wettbewerbsintensität und wachsenden Kunden- bzw. Marktanforderungen konfrontiert. So ist es erforderlich, das Innovationsmanagement bei seiner Aufgabenerfüllung zu unterstützen. Das Innovationscontrolling nimmt diese Unterstützungsfunktion ein und verfolgt das Ziel, die Effektivität sowie die Effizienz des Innovationsmanagements zu steigern.

Da es sich um ein relativ junges Controllinggebiet handelt, besteht jedoch noch eine gewisse Unsicherheit im Hinblick auf die Ausgestaltung dieser Teildisziplin. Zum einen besteht Unklarheit über die Eigenschaften und Merkmale des Innovationscontrollings, zum anderen sind Unternehmen nicht in der Lage, eine präzise Aussage über die Güte ihres Innovationscontrollings zu treffen.

Nach allgemeinem Verständnis wird das Innovationscontrolling als Service- bzw. Dienstleistungsfunktion des Innovationsmanagements verstanden, das über keine Entscheidungskompetenz verfügt. Stattdessen muss es den Entscheidungsfindungsprozess erleichtern,

Handlungsempfehlungen liefern und getroffene Entscheidungen überprüfen.

Ziel des Innovationscontrollings ist somit die Steigerung von Effektivität und Effizienz der Innovationsaktivitäten. Ersteres gewährleistet, dass durch die „richtigen" Innovationsvorhaben die Unternehmensziele erreicht werden („Doing the right things"). Letzteres stellt sicher, dass die zur Zielerreichung bereitgestellten Mittel optimal eingesetzt werden („Doing the things right").

Das Innovationscontrolling nimmt verschiedene Aufgaben innerhalb der Innovationstätigkeiten wahr, um seiner Unterstützungsfunktion gerecht zu werden. Es lassen sich folgende drei zentrale Aufgabenbereiche identifizieren (vgl. **Abb. 8.19**):

- Die Planungsunterstützung trägt dafür Sorge, dass im Rahmen einer ergebnisorientierten Koordination die Entscheidungen so aufeinander abgestimmt werden, dass die Innovationsziele erreicht werden. Darüber hinaus soll diese sowohl Risiken identifizieren als auch Komplexität innerhalb der Innovationstätigkeiten reduzieren.

- Durch die Informationsunterstützung soll der Informationsbedarf des Innovationsmanagements gedeckt und der Entscheidungsfindungsprozess erleichtert werden. Dafür muss das Innovationscontrolling den Bedarf zunächst ermitteln, anschließend Daten und Informationen generieren, um diese dann so aufzubereiten, dass das Führungssystem zielführend unterstützt wird.

- Als Gegenstück zur Planung gilt es, die Kontrolle – den Abgleich von Soll- und Ist- Zustand – innerhalb der Innovationsaktivitäten zu gewährleisten. Neben quantitativen müssen auch qualitative Zielgrößen berücksichtigt werden. Somit geht das Innovationscontrolling als Performance Measurement über das traditionelle Verständnis einer finanziellen und ergebnisorientierten Kontrolle hinaus.

Letztlich bietet das Marketingcontrolling neben dem Nachhaltigkeits- und Innovationscontrolling eine weitere Spezialisierung des traditionellen Controllings.

Abb. 8.19: Aufgabenbereiche des Innovationscontrollings (nach *Munck, Chouliares, Gleich* 2014, S. 110)

Das **Marketingcontrolling** bezieht sich nicht nur auf typische Rechnungswesensaufgaben und –instrumente, sondern bezieht sich auch auf den Aufbau und die Beherrschung aller Planungs-, Entscheidungs- und Kontrollinstrumente, die den Prozess der Kundenorientierung unterstützen. Darunter fallen Beratungs- und Koordinationsaufgaben bei der strategischen und operativen Marketingplanung sowie rückblickende Erfolgsanalysen.

Abb. 8.20 zeigt den Prozess der Marketingplanung und -kontrolle für verschiedene Objekte differenziert nach einer strategischen Marketingplanung bzw. -planungsrechnung und einer operativen Marketingplanung bzw. -planungsrechnung. Im Kern erfolgt die

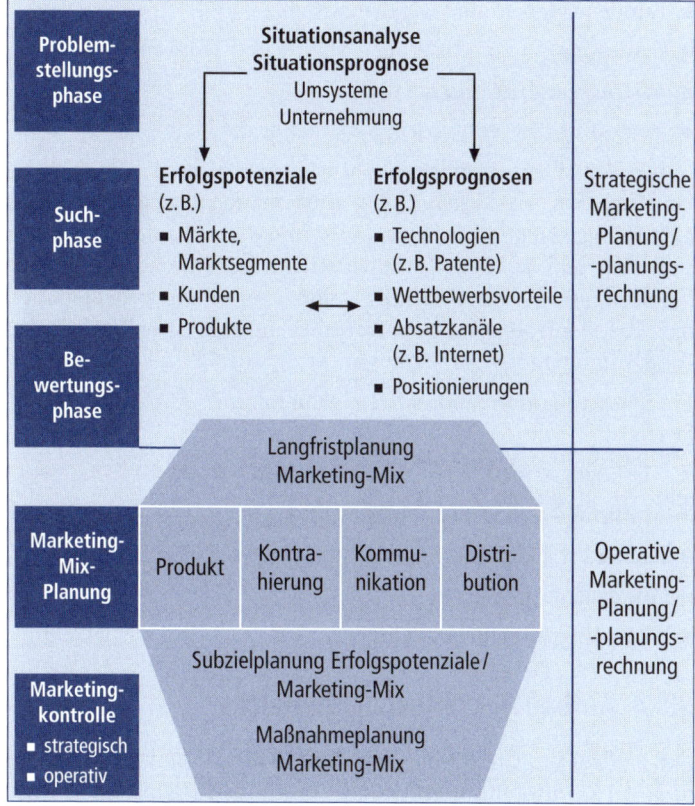

Abb. 8.20: Der Prozess der Marketingplanung und -kontrolle
(*Link, Weiser* 2011, S. 48)

Top-down erarbeitete Marketing-Mix-Planung, die sowohl langfristige und strategische Komponenten als auch in eine operative Maßnahmenplanung mündet.

Eine Mitarbeit des Controllings erfolgt bei der operativen Marketingplanung beispielsweise in Bezug auf die

■ Absatzprogrammplanung,

■ Preis- und Konditionenfestlegung,

- Kundengruppen- und Kundenauswahl,

- Festlegung der zu beliefernden Märkte und Teilmärkte,

- Vertriebswegbestimmung und

- Festlegung der verschiedenen Marketingaktivitäten

Neben dem Planungsmanagement widmet sich das Controlling im Unternehmen vorwiegend dem Informationsmanagement. Das Controlling bringt die Informationssysteme zum Laufen, entwickelt sie weiter und achtet auf ihre wirtschaftliche Anwendung. Für die Verbindung zwischen Marketing und Controlling bedeutet dies, dass das Controlling mitverantwortlich für die Datenbeschaffung, -bearbeitung und -verarbeitung ist.

Ein Marketinginformationssystem kann folgende Ausbaustufen umfassen:

- Marketingstatistik,

- Marketingkosten- und Erfolgsrechnung,

- Außendienst-Berichtswesen,

- Absatzplanung und ein

- Marketingforschungssystem.

8.3.4 Aufbau des Controllingbereichs

Der Aufbau des Controllingbereichs beschreibt die interne Verteilung der Controllingaufgaben auf Controllingstellen. Eine Gliederung der Controllingstellen kann dabei bspw. nach den Aufgabenfeldern des Controllings erfolgen, nach verschiedenen Geschäftsbereichen bzw. Regionen und Produkten sowie aus einer Synthese der verschiedenen Ansätze bspw. in Form einer Matrixorganisation bestehen.

Im Wesentlichen stellen sich für den Aufbau des Controllingbereichs dieselben Fragen hinsichtlich der fachlichen und disziplinarischen Zuordnung die sich auch bei der Verankerung des Controllings im Unternehmen ergeben (vgl. **Abb. 8.21**). Verwiesen wird daher auch auf Abschnitt 8.3.2.

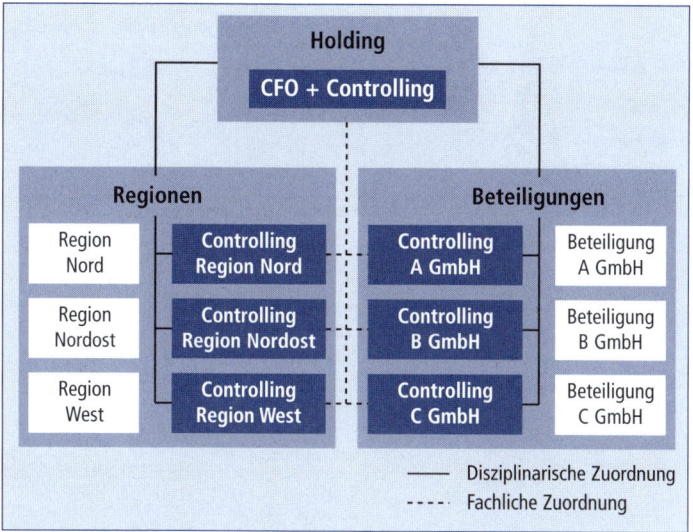

Abb. 8.21: Beispiel für den Aufbau des Controllingbereichs eines Dienstleistungskonzerns

Neben der eigentlichen Aufgabe den Aufbau des Controllingbereichs zu organisieren rückt zunehmend die Frage nach der Organisation des gesamten CFO-Bereichs in den Fokus. Unter den Überschriften „The CFO of the Future" sind unterschiedliche Anforderungen diskutiert und postuliert worden, die allesamt

- verstärkte Zukunftsorientierung,

- zunehmende Wertorientierung,

- zusätzliche Steuerung mit nicht-finanziellen Kennzahlen sowie

- Fokussierung auf das (Controlling-) Kerngeschäft beinhalten.

Das Selbstverständnis des Controllers wird neu definiert bzw. um die genannten Stoßrichtungen erweitert. Ausgehend von der Kritik, ausschließlich vergangenheitsorientierte, finanzielle Informationen bereitzustellen, die die Informationsbedürfnisse des Management nur teilweise befriedigen, sind verschiedene Controller-Typen definiert worden, die zugleich die Entwicklungsstadien des Controller-

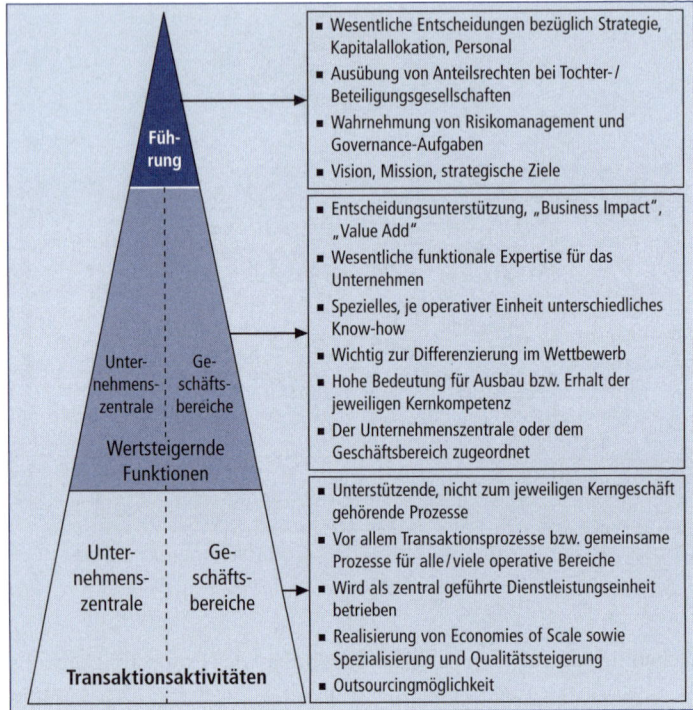

Wesentliche Entscheidungen bezüglich Strategie, Kapitalallokation, Personal

Ausübung von Anteilsrechten bei Tochter-/Beteiligungsgesellschaften

Wahrnehmung von Risikomanagement und Governance-Aufgaben

Vision, Mission, strategische Ziele

Führung

Entscheidungsunterstützung, „Business Impact", „Value Add"

Wesentliche funktionale Expertise für das Unternehmen

Spezielles, je operativer Einheit unterschiedliches Know-how

Wichtig zur Differenzierung im Wettbewerb

Hohe Bedeutung für Ausbau bzw. Erhalt der jeweiligen Kernkompetenz

Der Unternehmenszentrale oder dem Geschäftsbereich zugeordnet

Unternehmenszentrale | **Geschäftsbereiche**

Wertsteigernde Funktionen

Unterstützende, nicht zum jeweiligen Kerngeschäft gehörende Prozesse

Vor allem Transaktionsprozesse bzw. gemeinsame Prozesse für alle/viele operative Bereiche

Wird als zentral geführte Dienstleistungseinheit betrieben

Realisierung von Economies of Scale sowie Spezialisierung und Qualitätssteigerung

Outsourcingmöglichkeit

Unternehmenszentrale | **Geschäftsbereiche**

Transaktionsaktivitäten

Abb. 8.22: Rahmenkonzept für die Transformation des Finanzbereichs

Selbstverständnisses beschreiben. In seiner klassischen Form wird der Controller als Goalkeeper (Torwart) betrachtet, der weitgehend bewegungslos und defensiv auf der Linie steht und nur bei Angriffen reagiert. Im Gegensatz hierzu wird ein moderner und zukunftsorientierter Controller als Business-Partner beschrieben, der das Management proaktiv als gleichwertiger Partner mit zukunftsweisenden Informationen und Tools unterstützt und darüber hinaus Impulse und Ideen zur Steuerung des Geschäfts gibt.

Abb. 8.22 verdeutlicht das Rahmenkonzept mit drei verschiedenen Ebenen, welches die Basis für die Transformation des Finanzbereichs darstellt und die Handlungsoptionen hinsichtlich Effizienz- und Effektivitätssteigerung gruppiert.

Die Forderung nach der Fokussierung auf das (Controlling-) Kerngeschäft zielt auf Effizienz- und Effektivitätssteigerungen im Finanzbereich selbst, während bislang insbesondere der Controllingbereich die Aufgabe zu erfüllen hatte, die Unternehmensbereiche mit Steuerungsinformationen zu versorgen, die eben diese Rationalisierungen, z. B. in Beschaffung, Fertigung, Logistik und Vertrieb, bewerten und ermöglichen. Einen Ansatz dazu bieten, wie oben bereits dargestellt, bspw. Controlling Shared Service Center.

8.3.5 Controllingressourcen

Im Hinblick auf die Bereitstellung von Ressourcen für die Organisation des Controllings stellen sich Fragen nach der optimalen Anzahl von Controllern im Unternehmen sowie nach deren Qualifikationsprofil.

Verschiedene Erhebungen wie das Horváth & Partners CFO Panel zeigen, dass mit steigender Unternehmensgröße auch die Anzahl an Controllingmitarbeitern steigt (vgl. **Abb. 8.23**).

Empfehlungen für eine optimale Anzahl an Mitarbeitern im Controllingbereich werden idealerweise aus Best Practice-Vergleichen und Benchmarking-Studien abgeleitet. Wesentlich dabei ist es, die Vergleichbarkeit der Eingangsgrößen für die Controllingorganisation sicher zu stellen. Konkret betrifft dies neben der Unternehmensgröße auch die Vergleichbarkeit des Steuerungsmodells des Unternehmens sowie des Führungsanspruchs des Managements (vgl. Abschnitt 8.3.1).

Im Zusammenhang mit dem Aufbau des Controllings stellt sich auch die Frage welche Anforderungen an einen Controller in Abhängigkeit seiner Tätigkeiten gestellt werden und welche Kompetenzen Controller aufweisen müssen. Ausgehend von einem Kompetenzmodell für Controller ergeben sich vier Rollenbilder, an die unterschiedliche Anforderungen gestellt werden (siehe hierzu *Gleich und Lauber* 2013, vgl. **Abb. 24**):

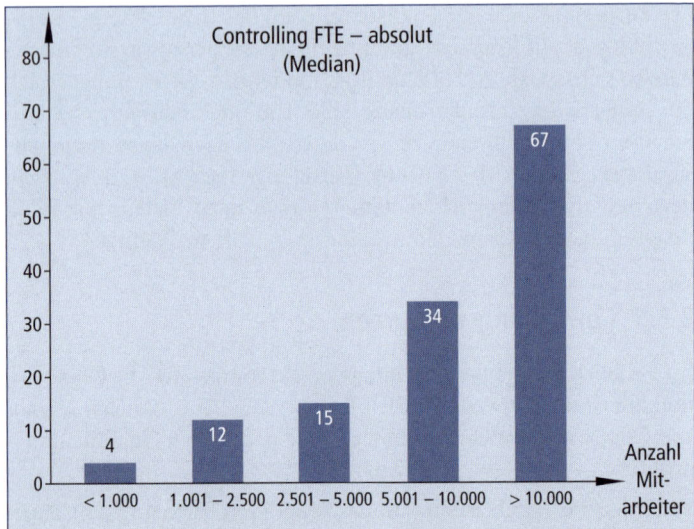

Abb. 8.23: Anzahl der Mitarbeiter im Controlling in Abhängigkeit von der Unternehmensgröße (Quelle: *Horváth & Partners,* CFO-Panel 2016)

- Der Controller als Analyst/Informationsspezialist, der Informationen auswertet und empfänger-, also führungskräfteorientiert aufbereitet
- Der Controller als Kontrolleur/kaufmännisches Gewissen, bei dem die operative Überwachung von Leistungsindikatoren im Vordergrund steht
- Der Controller als Business Partner/Berater der Führungskräfte, der auf Basis valider Informationen Führungskräfte aktiv im Entscheidungsprozess unterstützt
- Der Controller als Change Agent/Veränderungstreiber, der eigeninitiativ Veränderungsprozesse im Unternehmen anstößt

Abb. 8.25 gibt einen Überblick über die Kompetenzprofile der unterschiedlichen Rollenbilder eines Controllers.

Neben den Anforderungsprofilen an die vier Rollen zeigt das Kompetenzmodell einen Entwicklungsprozess auf, der sich vom Analyst

Abb. 8.24: Rollenbilder im Controlling

zum Kontrolleur und weiter über den Business Partner zum Change Agent vollzieht. Der Entwicklungsprozess stellt einen Anforderungsanstieg in allen relevanten Kompetenzfeldern dar. Lediglich das methodische Kompetenzfeld bildet eine Ausnahme, da es für den Business Partner und Change Agent eine ähnliche Bedeutung aufweist. Den höchsten Anforderungsanstieg beinhaltet die Entwicklung vom Kontrolleur zum Business Partner, welche mit erheblichen Anforderungen an die Ausbildung zusätzlicher Kompetenzen im sozialen und persönlichen Bereich verbunden sind.

Auf Basis des Kompetenzmodells können Unternehmen die Personalentwicklung von Controllern wirksamer gestalten, indem sie die erfolgskritischen Kompetenzen im Rahmen des Lebenszyklus von Mitarbeitern – von der Ansprache potenzieller Controlling-Mitarbeiter bis hin zur Nachfolgeplanung – konsequent verfolgen. Hierdurch wird sichergestellt, dass innerhalb eines Unternehmens ein einheitliches Verständnis zu Anforderungsprofilen entwickelt werden kann.

 Wie ist die organisatorische Einordnung des Controllerdienstes in Ihrem Unternehmen geregelt?

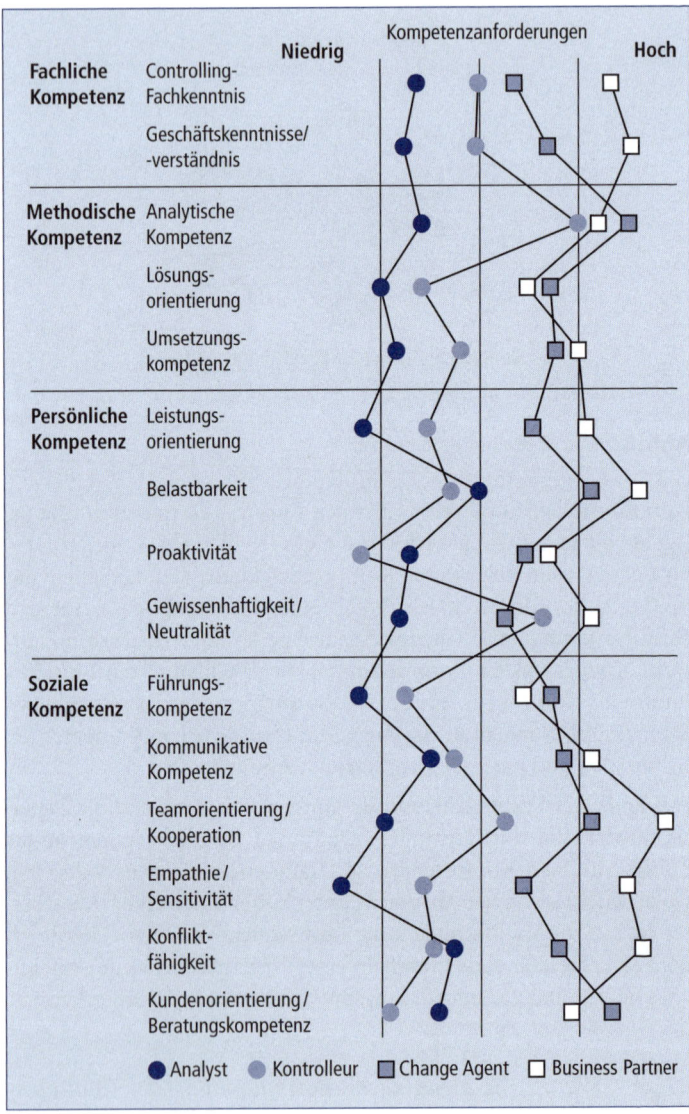

Abb. 8.25: Detaillierte Kompetenzprofile des Controllers (*Gleich und Lauber* 2013)

8.4 Praxisbeispiel

8.4.1 Die Travel SE

Bei dem Konzern handelt es sich um einen europaweit agierenden Reiseveranstalter mit mehreren stationären und online Vertriebsmarken für unterschiedliche Urlaubswünsche. Der Konzern verfügt zusätzlich über eigene Hotels und eine Airline. Im Ausgangszustand bestand der Konzern aus zwei funktional nahezu unabhängigen Finanzorganisationen mit unterschiedlichen Standortkulturen. Es zeigten sich teils deutliche Abweichungen in kaufmännischen Prozessen, unterschiedliche Systemlandschaften, abweichende Kompetenzanforderungen und -profile und lediglich ansatzweise gruppenweit übergreifende Standards. Ebenfalls war das Rollenverständnis des CFO-Bereichs als Berater des Managements nicht durchgängig ausgeprägt.

8.4.2 Projekt: Entwicklung einer standortübergreifenden CFO-Organisation

Nachfolgend soll gezeigt werden, wie die Finanzorganisation des Konzerns neu ausgerichtet worden ist, um dadurch eine effektive und effiziente Leistungserbringung im CFO-Bereich zu schaffen (vgl. **Abb. 8.26**). Das Controlling sollte am Geschäftsmodell ausgerichtet werden und somit in seiner Rolle als zukunftsorientierter Business Partner gestärkt werden. Zur Zielerreichung wurden die Funktionen Accounting, Controlling, Treasury und Finance Business Solutions detailliert konzipiert, wobei nur auf das Controlling spezifisch eingegangen wird.

Die Neuausrichtung der Organisation wurde anhand der Dimensionen CFO Agenda und Governance, Rollen und Verantwortlichkeiten, Führungsprinzipien und Steuerungsinstrumente, Organisationsstruktur und Prozesse sowie Mitarbeiter und Ressourcen erarbeitet (vgl. **Abb. 8.27**).

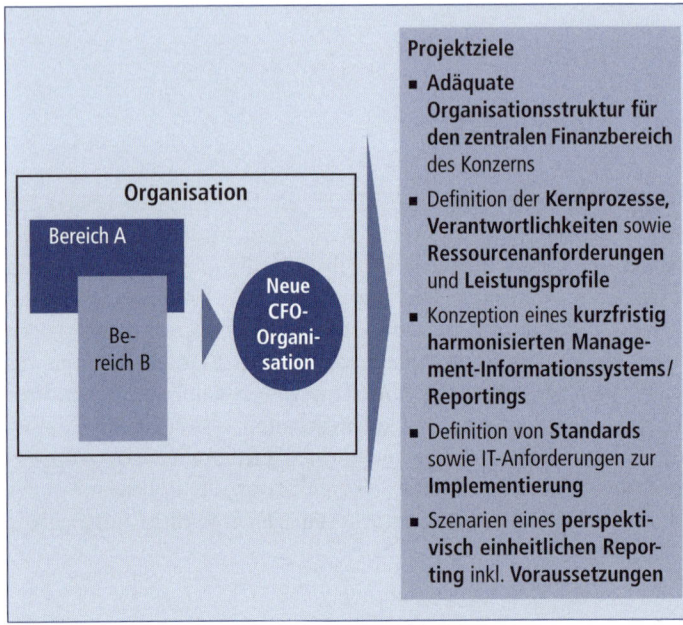

Organisation

Bereich A

Be-reich B

Neue CFO-Organi-sation

Projektziele

- Adäquate Organisationsstruktur für den zentralen Finanzbereich des Konzerns

- Definition der **Kernprozesse, Verantwortlichkeiten** sowie **Ressourcenanforderungen** und **Leistungsprofile**

- Konzeption eines **kurzfristig harmonisierten Management-Informationssystems/ Reportings**

- Definition von **Standards** sowie IT-Anforderungen zur **Implementierung**

- Szenarien eines **perspektivisch einheitlichen Reporting** inkl. **Voraussetzungen**

Abb. 8.26: Entwicklung einer effizienten und effektiven CFO-Organisation

Die Analyse der Dimension CFO Agenda und Governance zeigte auf, dass im Konzern keine durchgängige und einheitliche Governance bestand, sondern diese nur in Grundzügen dezentral verankert war. Optimierungspotentiale zeigten sich in der internen Kundenorientierung durch Fokussierung bzw. Bedarfsorientierung.

Die Dimension Rollen und Verantwortlichkeiten wies fehlende rollenspezifische Kompetenzen auf. Im Vergleich der Standorte zeigten sich unterschiedliche Wertschöpfungsbreiten und -tiefen der Funktionen. Das Leistungsportfolio innerhalb der Standorte wies eine mangelnde Trennschärfe auf.

Die Analyse der Dimension Führungsprinzipien und Steuerungsinstrumente zeigte, dass die Berichtslinien nicht der Aufbauorganisation folgten, die kaufmännische Führungsebenen teils operativ

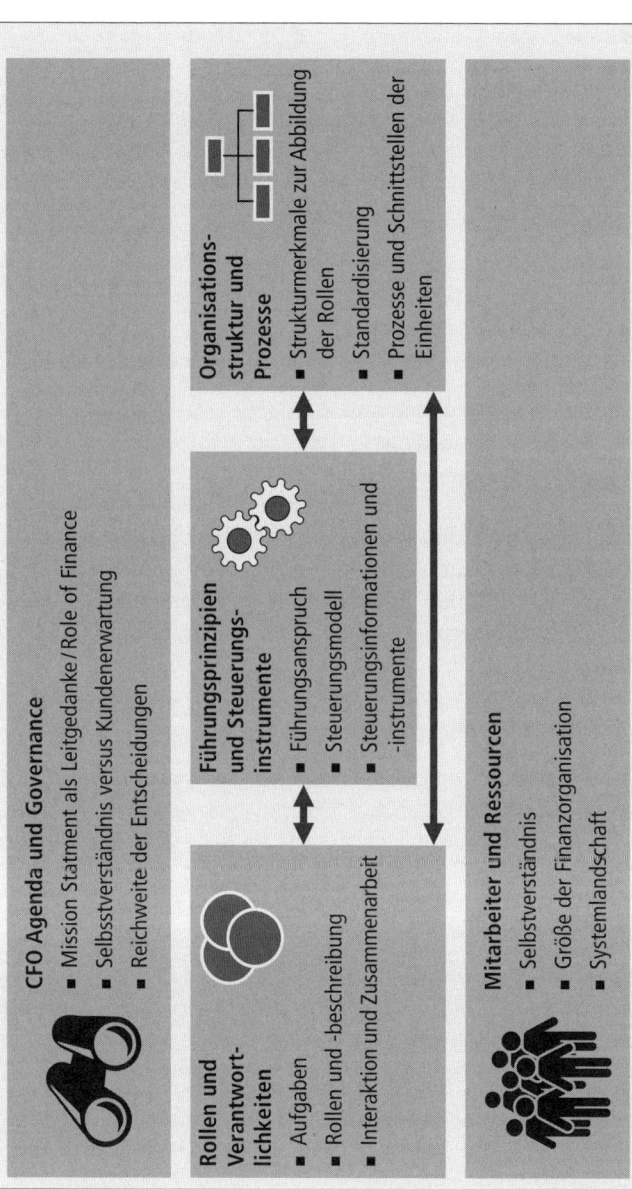

Abb. 8.27: Dimensionen für die Analyse und das Design von Controlling-Organisationen

eingebunden waren und Funktionen in Personalunion ausgeübt wurden.

Die Dimension Organisationsstruktur und Prozesse wies eine unterschiedliche Aufbauorganisation je nach Geschäftsmodell auf. Zusätzlich existierten keine geschäftsmodell-unabhängigen und standortübergreifend harmonisierten Prozesse.

Zuletzt wies die Dimension Mitarbeiter und Ressourcen Intransparenz in der Kompetenzansässigkeit und einen geringen Austausch zwischen den Standorten auf. Eine Heterogene Systemlandschaft mit Insellösungen führte zu Komplexität und Zusatzaufwand.

Bezüglich des Controllings, war die CFO-Organisation im Ausgangszustand kundenorientiert strukturiert. Es zeigte sich ein nur unzureichendes Business Partnering. Der Planungs- und Hochrechnungsprozess war mit hohem Aufwand verbunden (bottom-up) und erfolgte selten zukunftsorientiert. Das Berichtswesen war, bezüglich Aufbaustruktur und Kennzahlen, nicht standortübergreifend einheitlich definiert und es gab hohe Überleitungsaufwände zur Generierung einer einheitlichen und übergreifenden Sicht auf den Konzern. Ebenfalls nahmen repetitive Tätigkeiten einen signifikanten Teil der verfügbaren Zeit ein. Die Aufgabenverteilung bei internen Kunden erfolgte intransparent.

Aus der Analyse der Dimensionen ergaben sich klare Handlungsfelder für das weitere Vorgehen:

- **Integrierte Aufbauorganisation:** Ableitung einer standortübergreifend integrierten und harmonisierten Aufbauorganisation mit eindeutigen Führungs- und Berichtslinien.

- **Umsetzung Rollenmodell:** Bündelung von Rollen in einzelnen Bausteinen der Aufbauorganisation, Ableitung eines definierten und rollenbasierten Leistungsportfolios sowie Verankerung von Kundenorientierung in der Rolle des Business Partners.

- **Zentral verankerte Governance:** Organisatorische Verankerung der Policy Rolle zur Gewährleistung einer zentralen, einheitlichen Governance für den Konzern.

- **Harmonisierung und Standardisierung der Prozesse:** Harmonisierung und Standardisierung von Prozessen unter Berücksichtigung von Geschäftsmodellspezifika sowie Hebung von Effizienzpotenzialen durch Automatisierung.

- **Integrierte Systemlandschaft:** Schaffung einer weitestgehend einheitlichen Systemlandschaft als Grundlage für weiterführende Harmonisierung und Standardisierung.

- **Passgenaue Kompetenzprofile:** Transparente Definition von Anforderungsprofilen in Abhängigkeit einheitlicher und vergleichbarer Leistungsprofile und Entwicklung adäquater Personalentwicklungspfade.

Die neue CFO-Organisation wurde strukturiert entwickelt und dimensioniert (vgl. **Abb. 8.28**). Im ersten Schritt wurden hierzu Anforderungen für eine zielgerichtete Konzeption der Organisation erarbeitet. Folgend wurde im zweiten Schritt das Leistungsprofil je Organisationseinheit definiert sowie Rollen und Verantwortlichkeiten zugeordnet. Der dritte Schritt beinhaltete die szenarienbasierte Ableitung einer adäquaten Organisationsstruktur für den zentralen Finanzbereich. Ebenfalls wurden dezentrale Templates entwickelt. Als vierter Schritt erfolgte die Bestimmung der Ressourcenanforderungen und die Identifikation von Einsparpotentialen. Abschließend wurde im fünften Schritt Hebel zur Zielerreichung und Maßnahmen ausgearbeitet.

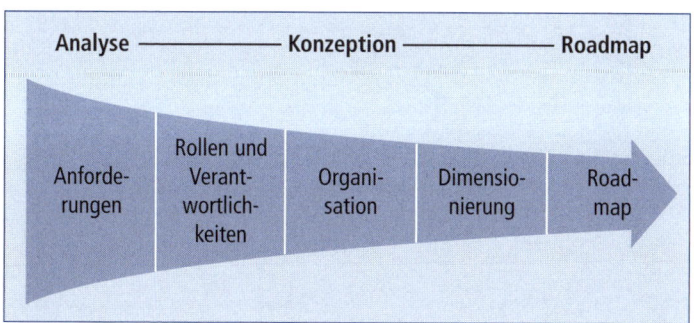

Abb. 8.28: Entwicklung einer neuen CFO-Organisation

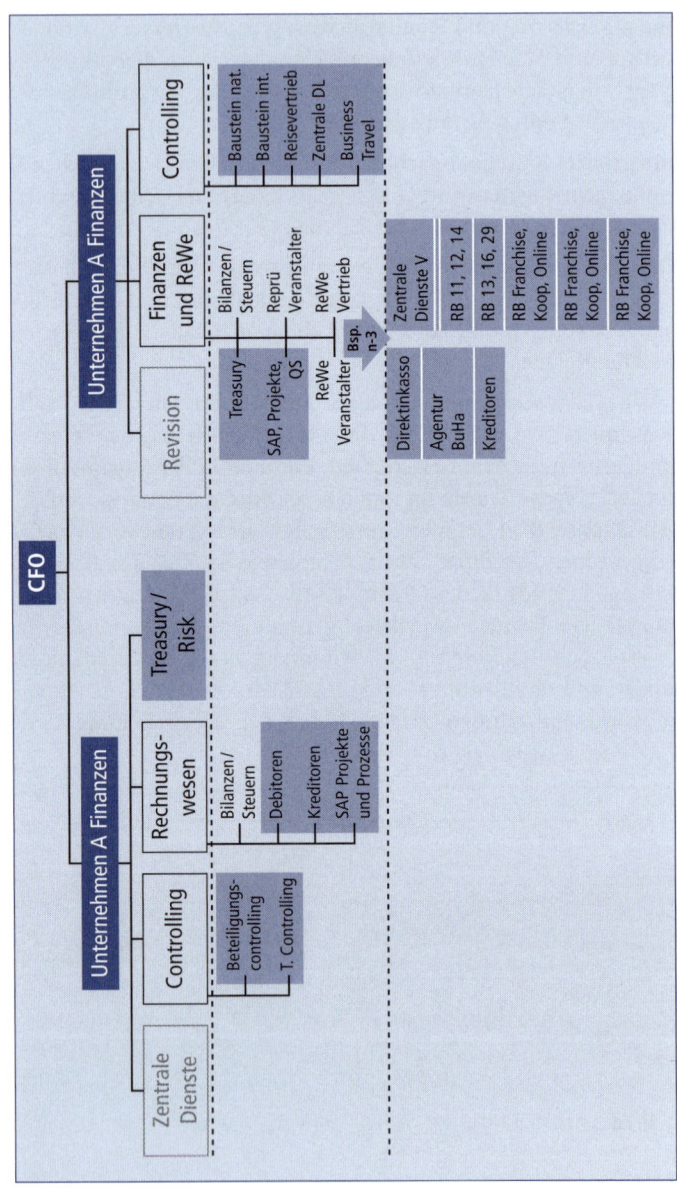

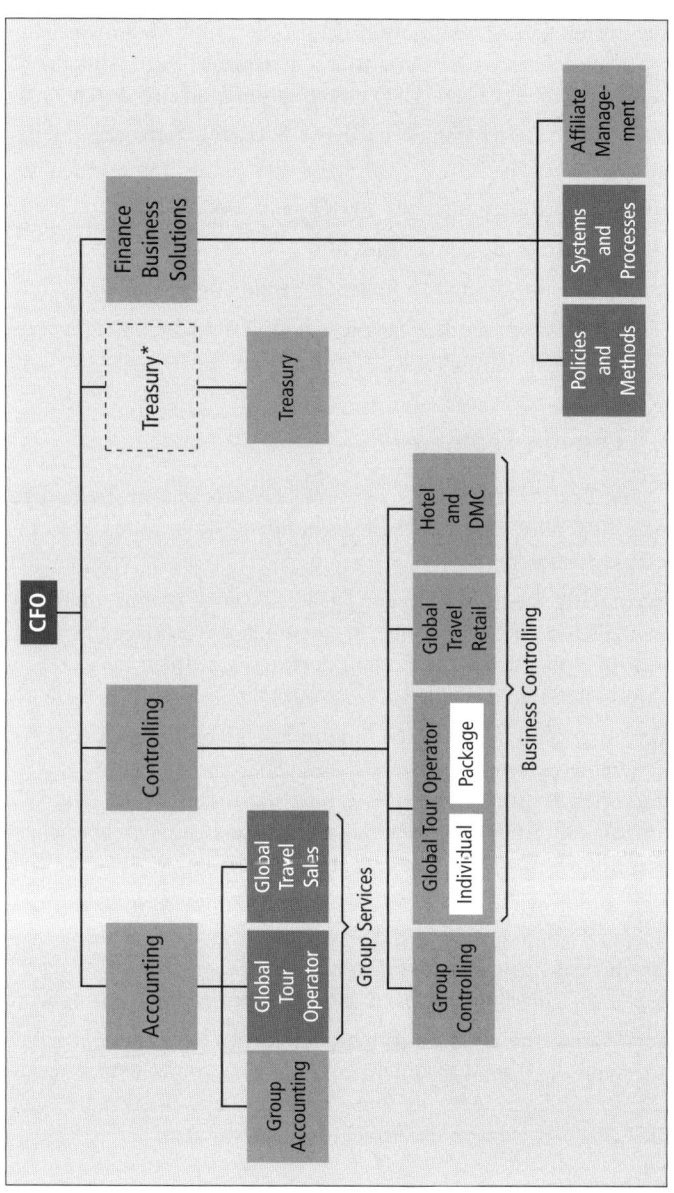

Abb. 8.29: Bisherige und neue CFO-Organisation

In der neuen CFO-Organisation sind Rollen und Verantwortlichkeiten klar definiert und Berichtslinien reduziert (vgl. **Abb. 8.29**). Die effiziente und effektive CFO Organisation zeigt sich durch

- vier direkte Berichtslinien an den CFO (zzgl. Stabstelle für die interne Revision),
- eine standortübergreifende CFO-Organisation,
- eine übergreifende Governance und
- eine klare Zuordnung von Rollen & Verantwortlichkeiten.

Im Zuge der Schaffung der Startorganisation wird die Basis für weitere Effizienzmaßnahmen gelegt.

8.4.3 Lessons Learned

Während des Projektverlaufs zeichnete sich ab, dass insbesondere die vier folgenden Faktoren Einfluss auf den erfolgreichen Projektabschluss ausübten:

- **Rechtzeitig kommunizieren:** Die rechtzeitige Kommunikation ermöglichte eine frühzeitige Erarbeitung von Lösungsalternativen im Projektteam. So konnte der Projektzeitplan zu jederzeit eingehalten und die Teilergebnisse pünktlich präsentiert werden.

- **Verfolgung Change-Ansatz:** Ein umfassender Change-Ansatz ermöglichte es, seit langem bestehende Strukturen zu hinterfragen und offen zu diskutieren. Der Ansatz war insbesondere wertvoll, um die Mitarbeiter in den Lösungsprozess mit einzubeziehen und innovative Lösungsansätze zu identifizieren.

- **Begründet argumentativ überzeugen:** Für die Umsetzung des Ansatzes waren gute Argumente der Schlüssel dazu die Mitarbeiter und das Projektteam von einer Gesamtlösung zu überzeugen. Nur dadurch war eine nahezu reibungsfreie Umsetzung möglich.

- **Top Management Commitment:** Bereits von Beginn des Projekts an, stand das Top Managment voll und ganz hinter dem Projekt. Dies ermöglichte zeitnahe Entscheidungen und überzeugte auch die Mitarbeiter davon das Projekt zu unterstützen.

8.5 Gestaltungscheckliste für Manager und Controller

> **!** *Legen Sie Ausgaben und Kompetenzen Ihrer Controllerdienste klar dokumentiert fest!*
>
> **!** *Stellen Sie sicher, dass Ihre Controller als „Business Partner" eine eindeutige organisatorische Zuordnung eingehen!*
>
> **!** *Organisieren Sie Ihr Controlling weitgehend prozessorientiert!*
>
> **!** *Stellen Sie sicher, dass die interne Organisation des Controllerdienstes klar strukturiert ist!*
>
> **!** *Entwickeln Sie ein „Road map" zur Automatisierung von Controlleraufgaben!*

Vertiefende Lektüre

Wenn Sie mehr über die Organisation des Controllings in der Praxis wissen möchten, lesen Sie

Gleich, R., Michel, U. (Hrsg., 2007), Organisation des Controlling – Grundlagen, Praxisbeispiele und Perspektiven, Freiburg 2007.

oder

Temmel, P. (2011), Organisation des Controllings als Managementfunktion – Gestaltungsfunktionen, Erfolgsdeterminanten und Nutzungsimplikationen, Wiesbaden 2011.

Wenn Sie mehr über das Prozessmodell der IGC wissen möchten, lesen Sie

IGC International Group of Controlling (2011), Controlling-Prozess-modell – Ein Leitfaden für die Beschreibung und Gestaltung von Controlling-Prozessen, Freiburg 2011.

9. Kapitel

Governance

9.1 Ziele des Kapitels

Abb. 9.1: Ziele des Kapitels

Kapitel 9 befasst sich mit dem Ordnungsrahmen des Controllings, der sich auf die rechtlichen, organisatorischen und informationellen Regelungen zur Überwachung des Unternehmensgeschehens, Einhaltung von Regelungen und Umgang mit Risiken erstreckt. Dieser ist Gegenstand des Governance-Systems. Ziel des Kapitels ist es, dem Leser das Interne Kontrollsystem, die Interne Revision und das Risikomanagement bzw. -controlling, als die drei zentralen controllingrelevanten Teilbereiche eines wirkungsvollen Governance-Systems, vorzustellen. Am Ende des Kapitels soll der Leser die Funktionen und Aufgaben der drei Teilbereiche sowie deren Verbindung zum Controlling verstehen. Zudem wird der Aufbau eines Risikomanagement- und Governance-Systems anhand eines Praxisbeispiels dargestellt.

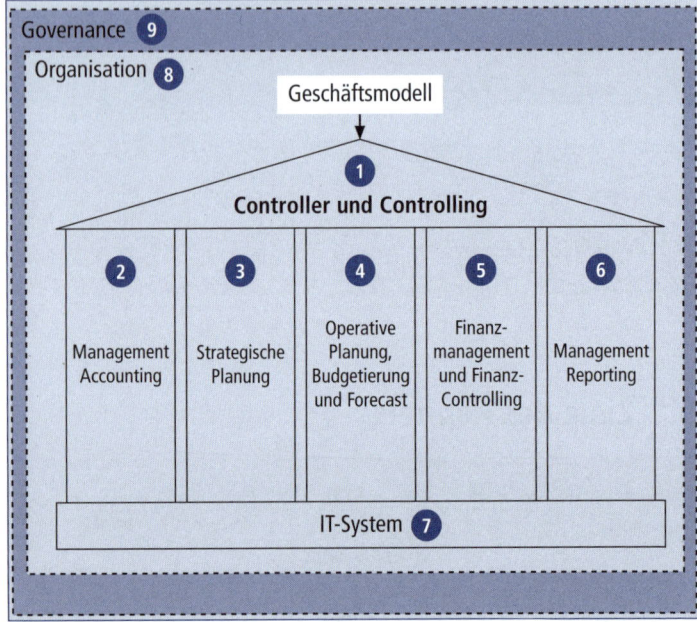

Abb. 9.2: Einordnung des Kapitels in das „House of Controlling"

9.2 Einführung

Ein Unternehmen benötigt zur Wahrnehmung von Leitung und Überwachung und Einhaltung aller relevanten Regelungen und Vorschriften einen geeigneten Ordnungsrahmen. Die Gestaltung dieses Ordnungsrahmens ist Gegenstand von Governance-Systemen. **Corporate Governance** befasst sich dabei aber nicht nur mit internen Strukturen, sondern regelt auch die Außenbeziehungen zu allen Stakeholdern des Unternehmens (z. B. Kunden, Lieferanten etc.).

Man kann zwei große Bereiche der Corporate Governance im umfassenden Sinne unterscheiden:

- Gestaltung der Leitungsstruktur im Sinne von „checks and balances" (z. B. Zusammenspiel von Vorstand und Aufsichtsrat)

- Überwachung aller Aktivitäten zur Wahrung des Unternehmensvermögens.

Für das Controlling sind die Überwachungsaspekte von großer Bedeutung. Es geht um Aufgabenabgrenzung und Koordination.

In Deutschland sind als Regelungen der Corporate Governance insbesondere das AktG, das GmbHG und das KonTraG und der Deutsche Corporate Governance Kodex (DCGK) zu nennen. Der Kodex enthält Empfehlungen und Anregungen und kann dadurch einfacher angewandt werden als die genannten Gesetze („Soft Law").

Das Thema „Corporate Governance" kann als Prinzipal-Agenten-Problem aufgefasst werden. Es entsteht daraus, dass Eigentümer („Shareholder") aber auch andere Interessensgruppen („Stakeholder") das Unternehmen nicht selbst führen. D. h. Shareholder und Stakeholder sind „Prinzipals", die Unternehmensführung fungiert als „Agent". Die Beziehungen zwischen den beiden Gruppen sind durch asymmetrische verteilte Informationen gekennzeichnet (die Unternehmensführung hat in der Regel mehr und früher relevante Informationen über das Unternehmensgeschehen als die Prinzipals). Governance-Systeme sind auf den Abbau von Informationsasymmetrien gerichtet und sollen dadurch einen Interessensausgleich zwischen den Interessensgruppen schaffen (vgl. *von Werder* 2009).

Die sehr allgemeinen Definitionen von Corporate Governance macht es schwer, die Überwachungsaspekte abzugrenzen und Teilgebiete zu benennen. Ein sehr anschauliches System der Governance stellt das mittlerweile vielfach eingesetzte „Three Lines of Defense"-Modell dar (vgl. *The Institute of Auditors* 2013 sowie **Abb. 9.3**):

- Die „First Line of Defense" umfasst die operativen, prozessnahen internen Kontrollen, für die das operative Management die Verantwortung trägt.

- Die „Second Line of Defense" beschreibt die prozessübergreifenden Systeme der Steuerung und Überwachung, wie Controlling, Risikomanagement, Qualitätssicherung etc., für die in der Regel eigene Organisationseinheiten verantwortlich sind.

- Die „Third Line of Defense" ist die Interne Revision, die prozessunabhängig die „Leistungsfähigkeit" der ersten beiden Verteidigungslinien prüft.

Abb. 9.3: „Three Lines of Defense"-Modell (The Institute of Internal Auditors 2013, S. 2)

Zu diesen drei Verteidigungslinien kommen noch externe Prüfer und Aufsichtsstellen. Es ist einsichtig, dass eine Koordination und Kommunikation zwischen den verschiedenen Funktionen erforderlich ist, damit redundante Arbeiten bzw. Sicherheitslücken vermieden werden (vgl. *Hampel, Bünis* 2013, S. 599 ff.).

Hervorzuheben ist, dass in kleineren und mittelständischen Unternehmen zur Wahrnehmung dieser Aufgaben keine Organisationseinheiten vorgesehen werden können. Wesentlich ist aber, dass die Aufgaben – wenn auch in vereinfachter Form – systematisch wahrgenommen werden.

Gibt es in Ihrem Unternehmen ein System der „Three Lines of Defense"?

Im Folgenden werden wir die Beziehungen zur Controllingfunktion bzw. zum Controllerbereich analysieren. Deshalb steht die Überwachungsfunktion eines Governance-Systems im Fokus.

9.3 Gestaltung eines wirkungsvollen Überwachungs-Systems

Unter Überwachung werden in der Governance-Literatur neben dem Controlling üblicherweise drei sich überlappende Themenbereiche subsumiert (vgl. **Abb. 9.4**):

- Internes Kontrollsystem,
- Interne Revision und
- Risikomanagement.

Diese drei Bereiche werden im weiteren Fortgang des Kapitels vorgestellt. Dabei werden die Beziehungen zum Controlling bzw. zum Controller herausgearbeitet. Den zu behandelnden drei Themenbereichen liegen jeweils eigenständige Konzepte zugrunde, die zum Teil auch Controllingelemente beinhalten.

9.3.1 Internes Kontrollsystem

9.3.1.1 Funktion des internen Kontrollsystems

Planungsbezogene Kontrollen sind Teil des Führungsprozesses. Kontrollen dienen dazu, die Umsetzung der Planung sicherzustellen. Dabei geht es um spezifische Kontrollarten in Gestalt von Vergleichen. Der Zweck dieser Vergleiche ist neben der Durchsetzung von Planungsvorgaben die Verbesserung künftiger Planungen.

Neben den planungsbezogenen Kontrollen als Teil des Führungsprozesses lassen sich noch Kontrollen unterscheiden, die als Teil von

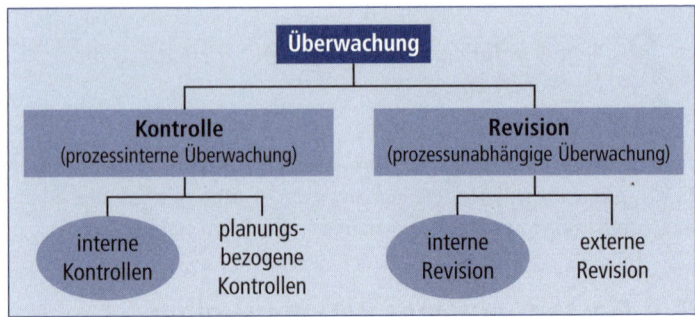

Abb. 9.4: Themenbereiche der Überwachung

Geschäftsprozessen eher überwachenden Charakter haben. Es geht vorrangig darum, Vorschriften einzuhalten und mögliche schädigende Handlungen zu verhindern. Hierfür haben sich die Bezeichnungen „Internal Control" oder „Internes Kontrollsystem" eingebürgert.

Ein umfassendes Konzept der internen Kontrolle stammt aus den USA. Dort werden alle unternehmensinternen Überwachungsaktivitäten unter der Bezeichnung „Internal Control" als Einheit gesehen.

In der deutschen Literatur wird hierfür meist die Bezeichnung „internes Kontrollsystem" (IKS) benutzt, allerdings geht das Internal Control-Konzept weit über herkömmliche Kontrollen hinaus.

Das Internal Control-Konzept ist aus praktischen Notwendigkeiten als Reaktion auf die großen Betrugs- und Unterschlagungsskandale in der amerikanischen Wirtschaft in den 1930er-Jahren entstanden. Internal Control formuliert vier Zielsetzungen:

- Sicherung des Vermögens,
- Maßnahmen zwecks Verlässlichkeit und Genauigkeit der Zahlen des Rechnungswesens,
- Förderung der betrieblichen Effizienz und
- Unterstützung der Einhaltung der Geschäftspolitik.

Träger, Prozess und Methoden zur Erreichung dieser Ziele sollen bestimmt und koordiniert werden.

Die Kontrollen sind mit der Arbeit des Controllers untrennbar verbunden. Die Gestaltung und laufende Koordination des Planungs- und Kontrollsystems beinhalten planungsbezogene Kontrollen per definitionen. Interne Kontrollen sind – soweit sie das Steuerungssystem betreffen – ebenfalls Teil des Controllings. Über sie sollen Informationsasymmetrien aus der Principal-Agent-Beziehung abgebaut werden und die Regeleinhaltung in der Unternehmenssteuerung gewährleistet werden. Vielfach lassen sich planungsbezogene Kontrollen und interne Kontrollen i. e. S. gar nicht voneinander trennen (z. B. bei der Sicherstellung der Informationsvollständigkeit und -richtigkeit). Sichergestellt werden muss, dass durch Kontrollen in allen Prozessen Vermögensschutz, Datenschutz und -sicherheit gewährleistet werden.

 Sind in Ihrem Unternehmen in allen Geschäftsprozessen ausreichend interne Kontrollen integriert?

9.3.1.2 Das COSO-Konzept

Das Konzept der „Internal Control" wurde in den 1980er-Jahren in den USA grundlegend weiterentwickelt. 1992 wurde „Internal Control – Integrated Framework" vom Committee of Sponsoring Organisations of the Treadway Commission (COSO) veröffentlicht („COSO Framework"). 2013 wurde eine weiterentwickelte Version vorgelegt. (vgl. **Abb. 9.5**). Das Konzept soll als Leitlinie zum Aufbau und zur Beurteilung von Internen Kontrollsystemen dienen. Es gehört inzwischen zu den weltweiten Standards der Wirtschaftsprüfung.

Für Aufbau und „Betrieb" des internen Kontrollsystems lässt sich keine spezifische Methodik benennen. Es gelten zunächst die allgemeinen Regeln der Organisations- und Prozessgestaltung. Die COSO-Dokumente können eine gute Hilfe zur systematischen Vorgehensweise liefern. Aus Controllersicht ist die Kosten-Nutzen-Analyse im Hinblick auf Wirksamkeit, Risiken und Kosten der Kontrollen wesentlich.

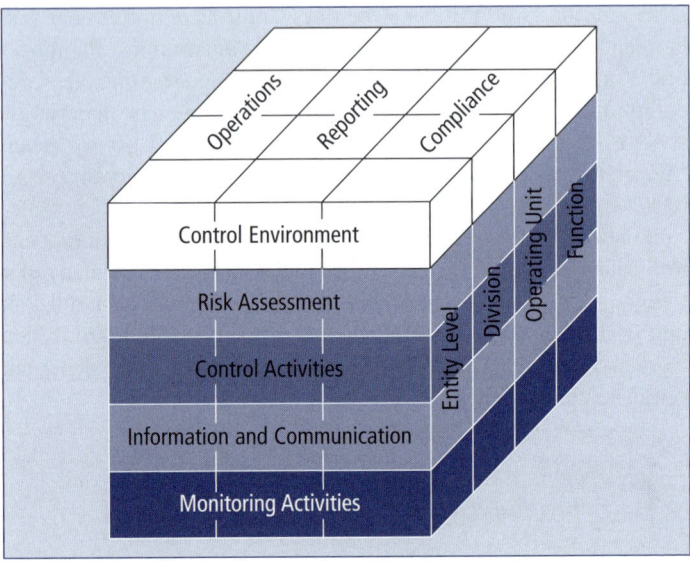

Abb. 9.5: Kontrollen und Revision (*COSO* 2013, S. 6)

Das COSO-Konzept unterscheidet drei Dimensionen:

■ Dimension I beinhaltet die drei Ebenen „Gewährleistung der Wirksamkeit und Effizienz aller Abläufe" („Operations"), „Verlässlichkeit der Berichte" („Reporting") und die „Sicherstellung der Einhaltung aller einschlägiger Gesetze und Vorschriften" („Compliance"),

■ Dimension II enthält die fünf Ebenen der Steuerungsaktivitäten. Das Steuerungsumfeld („Control Environment") beeinflusst das Verhalten aller Organisationsmitglieder. Die Risikobeurteilung („Risk Assessment") unterstützt die Führung bei der Beurteilung von Risiken. Die Steuerungs- und Kontrollaktivitäten („Control Activities") stellen die Zielausrichtung sicher. Information und Kommunikation („Information & Communication") gewährleisten die adäquate Informationsversorgung. Die Überwachung („Monitoring Activities") sorgt für die permanente Überprüfung aller relevanten Prozesse und

- Dimension III beschreibt die Kontrollobjekte vom Gesamtunternehmen bis hin zu einzelnen Funktionen.

Die COSO-Dokumente beinhalten eine ausführliche Beschreibung aller Dimensionen und Ebenen, der Prinzipien der Gestaltung und der Vorgehensweise bei der Überprüfung.

Der COSO-Würfel lässt sich hervorragend zur Beurteilung des Controllingsystems unter Kontroll- und Compliance-Gesichtspunkten einsetzen. „Controlling" und „Internal Control" sind zwei Seiten einer Medaille. „Controlling" ist im Wesentlichen planerisch und damit zukunftsorientiert, „Internal Control" stellt dagegen die Kontroll- und Überwachungsaspekte in den Mittelpunkt.

Für den Controller liefert das Konzept des Internal Control somit ein wichtiges Instrumentarium, um das Controllingsystem im Hinblick auf ausreichende Überwachung und Einhaltung von Ordnungsmäßigkeit und Compliance zu überprüfen.

9.3.2 Die Interne Revision

9.3.2.1 Funktion der Internen Revision

Die **Interne Revision** (IR) ist organisatorisch unabhängiges Überwachungsorgan, das der Unternehmensführung zugeordnet ist und in deren Auftrag handelt. In kleineren Unternehmen wird man die Revision durch die Unternehmensführung selbst wahrnehmen, u. U. mit Einschaltung externer Prüfer.

Der Begriff „Revision" wird in der Literatur mit „Prüfung" gleichgesetzt, im Englischen ist der Begriff „Auditing" gebräuchlich. Aufgabe der Internen Revision ist es, prozessunabhängig Soll-Ist-Vergleiche durchzuführen.

In **Abb. 9.6** wird eine Abgrenzung von Interner Revision und Controlling vorgenommen. Besonders bedeutend sind hier zwei Punkte:

- Der Controller ist eher planerisch orientiert, der Interne Revisor hat eher die Einhaltung von Regelungen im Fokus und

- der Controller ist kontinuierlich in den Steuerungsprozess eingebunden, der Interne Revisor befasst sich dagegen von Fall zu Fall
  mit allen Abläufen.

Kriterium	Kriterium	Kriterium
Bezug zu Unternehmens-zielen	unmittelbar auf Unterneh-mensziele	unmittelbar auf Unterneh-mensziele (früher: mittelbar über Risikominderung)
Aufgaben	Informationsversorgung, Koordination der Führungs-teilsysteme, Rationalitäts-sicherung	unabhängige und objektive Prüfungs- und Beratungsleis-tungen
Zeitbezug	zukunftsbezogen	assurance Services eher ver-gangenheitsbezogen; Internal Consulting eher zukunftsbe-zogen
Zeitpunkt des Tätigwer-dens	kontinuierlich	fall- und turnusweise
Beziehung zu überwach-ten Prozessen	prozessabhängig	prozessunabhängig
Bezug zu vorgelegten Daten	geht von Datenrichtigkeit aus	prüft Datenrichtigkeit
Instrumente	Aufgabenunabhängiger Instrumente-Mix mit teilweisen Überschneidungen	

Abb. 9.6: Interne Revision und Controlling (*Berens, Wöhrmann* 2011, S. 612)

Hinsichtlich der Revisionshandlungen („Assurance Services") ist die
Abgrenzung klar, bei Beratungsleistungen gibt es Überschneidungen
mit dem Controlling.

9.3.2.2 Methodik der Internen Revision

Die Interne Revision hat sich im Laufe der Jahre weiterentwickelt:

- Ursprünglich war die Interne Revision ausschließlich finanz-
  orientiert („financial auditing"). Mit zunehmender Komplexität
  des Unternehmensgeschehens werden heute alle Bereiche der
  betrieblichen Tätigkeit Gegenstand ihrer Arbeit („operational
  auditing").

- Die Interne Revision hat sich früher ausschließlich mit operativen Tätigkeiten und Funktionen auseinandergesetzt. Heute ist auch die Führungsfunktion Objekt der Revision („management auditing")

- Früher befasste sich die Interne Revision überwiegend mit der Richtigkeit einzelner Informationen („Einzelfallprüfung"). Die Entwicklung führte zur umfassenden Überprüfung von Systemen („Systemprüfung") mit dem Ziel der Systemverbesserung.

- Früher war das Ziel der Internen Revision ausschließlich die Sicherstellung der Ordnungsmäßigkeit und Sicherheit. Heute ist auch die Wirtschaftlichkeit Gegenstand der Betrachtung.

- Die Interne Revision versteht sich heute als eine Art interne Beratung.

Es wird heute erkannt, dass sich eine wirkungsvolle Interne Revision nicht nur auf bestimmte Teilsysteme der Unternehmen konzentrieren darf, sondern auch das Zusammenwirken von allen betrieblichen Teilsystemen zum Gegenstand ihrer Arbeit machen muss.

Um die wichtigsten Ansätze der Internen Revision in einheitliche Definitionen fassen zu können, hat der amerikanische Verband eine groß angelegte Untersuchung durchgeführt. Die Ergebnisse sind u. a. die folgenden auch heute gültigen Definitionen (*The Institute of Internal Auditors* 1975, S. 51 f.):

- **Financial Auditing:** Eine finanzorientierte Interne Revision ist eine vergangenheitsorientierte, unabhängige Prüfung, die durch einen externen Prüfer durchgeführt wird. Ziel der Prüfung ist die Bestätigung der Ordnungsmäßigkeit, Richtigkeit und Zuverlässigkeit der Finanzdaten um die Vermögenswerte zu schützen und die Eignung und Aufgabenerfüllung des Systems zu prüfen (Interne Kontrolle).

- **Operational Auditing:** Das Operational Auditing ist eine zukunftsorientierte, unabhängige und systematische Prüfung, die durch einen internen Prüfer für die Steuerung der Unternehmensaktivitäten durchgeführt wird und durch das obere, mittlere und untere Management kontrolliert wird. Ziel der Prüfung ist es, die Unternehmensprofitabilität zu verbessern und weitere

Unternehmensziele wie Agendaziele, soziale Ziele und die Entwicklung der Mitarbeiter zu erreichen.

- **Management Auditing:** Das Management Auditing ist eine zukunftsorientierte, unabhängige und systematische Prüfung der Aktivitäten aller Managementstufen, welche durch einen internen Prüfer durchgeführt wird. Ziel der Prüfung ist die Verbesserung der Unternehmensprofitabilität und die Erfüllung weiterer Unternehmensziele durch Verbesserungen der Managementfunktion. Dies umfasst das Erreichen von Agendazielen, sozialen Zielen sowie die Entwicklung der Mitarbeiter.

In der Vorgehensweise der Internen Revision lassen sich zwei Ansätze unterscheiden: Die Einzelfallprüfung und die Systemprüfung.

Gegenstand der Einzelfallprüfung sind die einzelnen Ergebnisse von Informationsverarbeitungsvorgängen. Der Schwerpunkt liegt hier insbesondere auf den Zahlen des Management Accountings. Der Ausdruck „financial auditing" kann daher in etwa mit der Einzelfallprüfung gleichgesetzt werden.

Die Objekte der Einzelfallprüfung beschreiben die gesetzlichen Vorschriften und die Grundsätze ordnungsmäßiger Buchführung und Bilanzierung. Diese werden auch durch interne Richtlinien und Vorschriften ergänzt.

Bei der Durchführung von Einzelfallprüfungen müssen einige wichtige Entscheidungen hinsichtlich der Prüfungsmethoden getroffen werden (vgl. *Institut der Wirtschaftsprüfer* 2012):

- **Formelle und materielle Prüfung:** Die formelle Prüfung hat die äußere Ordnungsmäßigkeit zum Gegenstand. Sie prüft z. B. ob Geschäftsvorfälle im Sinne der GoB vollständig erfasst, richtig verarbeitet und den richtigen Konten zugewiesen wurden. Materielle Prüfungen untersuchen die inhaltliche Richtigkeit und Wirtschaftlichkeit von Vorgängen.

- **Lückenlose und stichprobenweise Prüfung:** Bei lückenloser Prüfung werden alle Geschäftsvorfälle und Vorgänge in einem zu definierenden Zeitraum und/oder Bereich geprüft. Eine lückenlose Prüfung ist jedoch der Ausnahmefall. Aufgrund des Umfangs und der Komplexität von Arbeitsgebieten und Bereichen erfolgt deshalb in aller Regel eine stichprobenweise Prüfung. Für die Auswahl der zu prüfenden Stichprobe stehen verschiedene Auswahlverfahren zur Verfügung.

- **Progressive und retrograde Prüfung:** Bei progressiver Prüfung wird die Ordnungsmäßigkeit der Zahlen vom Urbeleg über alle Rechnungsstufen bis zur aggregierten Rechnung (z. B. Jahresbilanz) geprüft. Die retrograde Prüfung geht genau andersherum von der aggregierten Rechnung bis zum Einzelvorgang vor.

- **Direkte und indirekte Prüfung:** Die direkte Prüfung befasst sich direkt mit dem einzelnen Vorgang bzw. Geschäftsvorfall. Sie steht bei den meisten Prüfungen im Vordergrund. Bei der indirekten Prüfung gewinnt der Prüfer durch die Gegenüberstellung bestimmter Zahlen aus deren Relationen Informationen über bestimmte Sachverhalte (z. B. Ausschussquote). Diese Methode ist eine Plausibilitätsprüfung.

Einzelfallprüfungen werden heute oft automatisiert vorgenommen. Es gibt inzwischen eine Vielzahl von entsprechenden Softwarelösungen. Es kommt hier nicht nur Software in Frage, die eigens für Prüfzwecke entwickelt wurde, auch für andere Zielsetzungen konzipierte Software (z. B. Dienstprogramme) kann für bestimmte Prüfungshandlungen eingesetzt werden.

Systemprüfungen befassen sich im Gegensatz zur Einzelfallprüfung nicht nur mit der Richtigkeit einzelner Informationen, sondern mit umfassenden Überprüfungen von Systemen mit dem Ziel der Systemverbesserung. Der Begriff „operational auditing" kann in etwa als Synonym für „Systemprüfung" verstanden werden. Unter „management auditing" kann darüber hinaus eine auf die Leistungen der Führung bezogene Systemprüfung verstanden werden.

Die zunehmende Komplexität der Unternehmen erfordern Prüfungen, die über das Management Accounting hinausgehen und auch über die Funktionsfähigkeit von Systemen informieren. Einzelfallorientierte Prüfungen stoßen hier an ihre Grenzen. Prüfungen im Bereich der IT-gestützten Informationsverarbeitung sind bspw. ohne Systemprüfungen nicht sinnvoll möglich. Systemprüfungen erstrecken sich auf alle wesentlichen Prozesse der Unternehmen.

Als Einstieg zur „Systemverbesserung" überprüft der Prüfer in der Regel zunächst das System der interner Kontrollen und Steuerungsmechanismen. Der Prüfer muss also die einzelnen Kontrolleinrichtungen identifizieren und beschreiben sowie die Wirksamkeit des Kontrollsystems beurteilen.

Die Prüfungen durch die Interne Revision erfordern eine sorgfältige Planung und Kontrolle. Den Ausgangspunkt bilden dabei die Abgrenzung der Prüfobjekte und die Bildung eines realisierbaren Revisionsprogrammes. Dem steht die Planung der personellen und der sachlichen Ressourcen gegenüber. Die Planung und Durchführung eines Revisionsauftrages erfolgt in der Regel im Rahmen folgender Phasen:

- Prüfungsplanung
- Prüfungsdurchführung
- Berichterstattung
- Nachschauprüfung („Follow-up")

Eine wirkungsvolle Interne Revision muss organisatorisch unabhängig sein. Dies stellt sicher, dass die Interne Revision unabhängig und objektiv Prüfungs- und Beratungsleistungen erbringen kann. Daraus ergibt sich die unmittelbare organisatorische Zuordnung zur Unternehmensführung (Vorstand) als Ganzes.

Darüber hinaus soll die Interne Revision organisatorisch in die Nähe des Bereichs angesiedelt werden, zu dem die stärksten fachlich-funktionalen Verbindungen bestehen. Dies ist zweifellos der Finanzbereich, vertreten durch den Finanzvorstand (CFO), an den in der Regel auch der Controller berichtet.

 In welcher organisatorischen Form wird in Ihrem Unternehmen die Interne Revision wahrgenommen?

9.3.3 Risikomanagement

9.3.3.1 Funktion des Risikomanagements

Die Definition und das Verständnis des Begriffs des Risikos bildet den Ausgangspunkt für das Risikomanagement und das Risikocontrolling (vgl. *Diederichs* 2012, S. 8).

In der Betriebswirtschaft wird unter Risiko im weiteren Sinne, die Abweichung zukünftiger Entwicklungen von den erwarteten Entwicklungen bzw. vom Zielwert verstanden. Dies umfasst sowohl negative Abweichungen im Sinne ungewisser Verlustgefahren (down-side Risiko) als auch positive Abweichungen im Sinne nicht vorhergesehener Gewinnpotenziale (up-side Risiko). Unter **Risiko im engeren Sinne** werden Verlustgefahren verstanden (siehe **Abb. 9.7**).

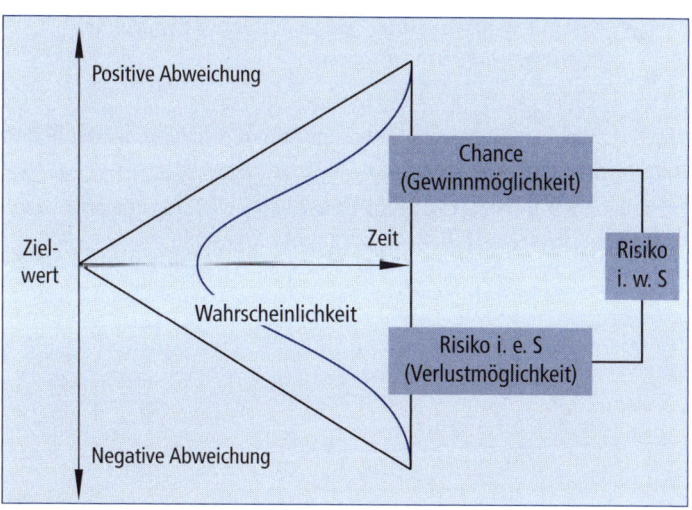

Abb. 9.7: Begriff des Risikos (*Diederichs* 2012, S. 9)

Aufgrund der Tatsache, dass sich Risiken auf alle Entscheidungen eines Unternehmens erstrecken, ist Management generell immer auch Risiko- (und Chancen-)Management. Risikomanagement ist somit sowohl Teil des Planungs- und Kontrollsystems, als auch des Informationsversorgungssystems.

Das Controlling nimmt in allen Phasen des Risikomanagements eine Unterstützungsfunktion ein. Es geht insgesamt darum, das Controllingsystem um Risikoaspekte zu ergänzen. Planung und Kontrolle sowie Informationsversorgung sind nicht allein an Chancen auszurichten, sondern auch an Risiken.

Der Prozess eines wirkungsvollen Risikomanagements besteht funktional aus drei Phasen, die in den Controllingprozess zu integrieren sind:

- Risikoanalyse,
- Risikoplanung und -steuerung und
- Risikoüberwachung.

 Gibt es in Ihrem Unternehmen einen systematischen Risikomanagement-Prozess?

Einen Überblick über diese Phasen und die jeweils wesentlichen Instrumente gibt **Abb. 9.8**.

Im Folgenden werden die drei Phasen eines wirkungsvollen Risikomanagementsystems kurz und prägnant dargestellt.

Abb. 9.8: Phasen eines wirkungsvollen Risikomanagements (*Horváth, Gleich* 2000, S. 110)

 Welche Instrumente des Risikomanagements nutzen Sie in den einzelnen Phasen der Risikomanagement-Prozesse?

9.3.3.2 Rlslkoanalyse

Ausgangspunkt der Risikoanalyse ist die Identifikation der Risiken. Hierzu eignet sich sowohl eine durch das Management initiierte Top-down-orientierte als auch eine durch die Mitarbeiter initiierte Bottom-up-orientierte Vorgehensweise. Empfehlenswert (wenngleich auch aufwendig) ist eine Kombination beider Verfahren im Sinne eines Gegenstromverfahrens.

Bei der Gestaltung eines wirkungsvollen Risikomanagementsystems hat sich eine durch gezielte Bottom-up-Analysen unterstützte Top-down-Identifikation und Bewertung der Risiken als sinnvoll und nützlich erwiesen. Eine solche Vorgehensweise unterstützt auch die ganzheitliche Sichtweise von Einzelrisiken.

Sinnvoll ist jeweils der Einsatz unterstützender Checklisten und Tools. Eingesetzt werden besonders Checklisten zur Erfassung aller unternehmensrelevanten Risikoarten. Hierzu gibt es bereits viele Standardinstrumente.

Ziel der Analysen ist zunächst die Feststellung und Bewertung von Risiken mit einem wesentlichen Einfluss auf die Vermögens-, Finanz- und Ertragslage des Unternehmens. Die identifizierten Risiken müssen jedoch weiter unterschieden werden. So sollte zwischen strategischen und operativen Risiken unterschieden werden. Zu beachten ist hierbei, dass letztgenannte einfacher zu identifizieren sind, da strategische Risiken häufig stark zukunftsbezogen sind.

Wichtige Impulse können, vor dem Hintergrund des starken Zukunftsbezugs, von Instrumenten des strategischen Controllings ausgehen. Denkbar ist beispielsweise der Einsatz der Szenario-Technik, von Ursache-Wirkungs-Analysen und auch Monitoring-Teams zur systematischen Identifikation strategischer Risiken.

Die anschließende monetäre Bewertung der identifizierten Risiken erfordert die Kenntnis des Risikoausmaßes und der erwarteten Eintrittswahrscheinlichkeit des Risikos. Zur Einordnung der Risiken (sowie auch zu deren späterer Steuerung) eignet sich der Einsatz einer Risk Map. Eine solche ist in **Abb. 9.9** dargestellt.

Das Spektrum der die Phase der Risikoanalyse unterstützenden Instrumente ist insgesamt betrachtet ein sehr großes und reicht von einfachen Schätzungen bis Barwertberechnungen.

Ist das Volumen der Einzelrisiken bekannt und sind diese monetär bewertet, sind diese Informationen unternehmensweit bzw. in den gewünschten Verdichtungsstufen zu aggregieren und gebündelt darzustellen. Die Verdichtung der Risikopositionen ist eine sehr anspruchsvolle Aufgabe, die erfahrener Controller bedarf. Hilfreich sind auch hierbei einige Instrumente für die Darstellung der verdichteten Risikoinformationen. So zeigt sich der Einsatz von Risikokennzahlen (z. B. Value at Risk und Return on Risk Adjusted Capital) als geeignet.

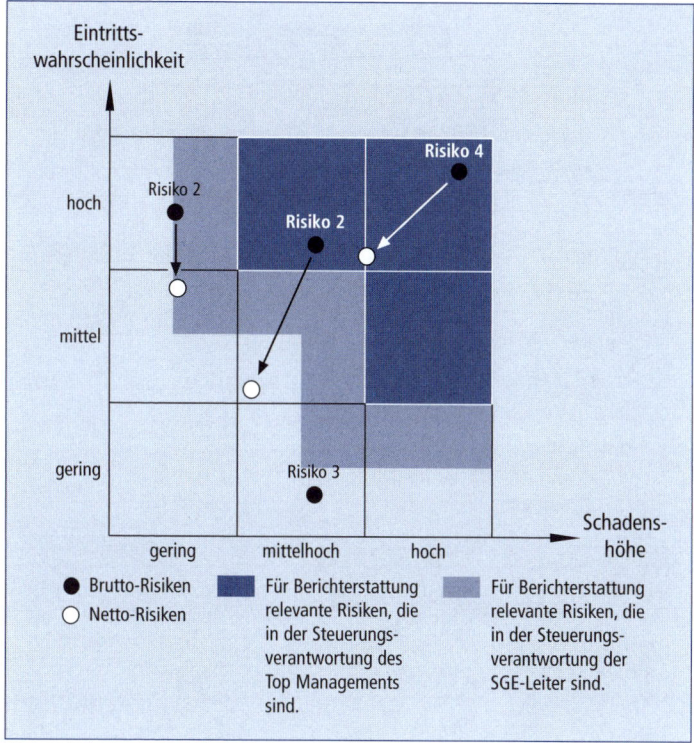

Abb. 9.9: Beispiel einer Risk Map (*Horváth, Gleich* 2000, S. 112)

9.3.3.3 Risikoplanung und -steuerung

Basis für die Risikoplanung und -steuerung ist eine Risikostrategie, die in Einklang mit der Unternehmens- oder Geschäftsfeldstrategie steht. Hierzu sind zunächst risikobezogene Zielfestlegungen durch-zuführen.

Strategiebezogen gibt es die Möglichkeiten der impliziten Berück-sichtigung sowie der expliziten Berücksichtigung von Risikoaspek-ten in den Strategien (vgl. **Abb. 9.10**).

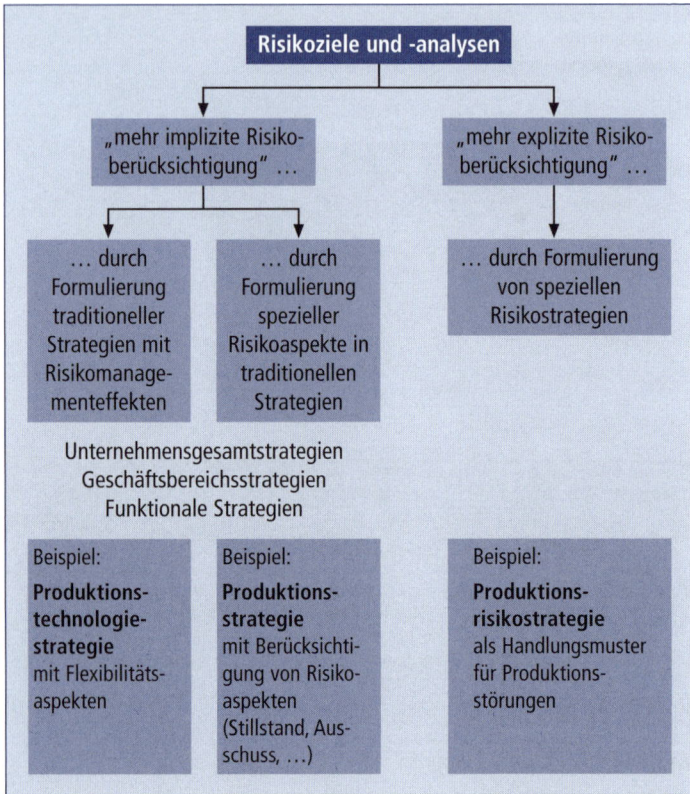

Abb. 9.10: Möglichkeiten zur Berücksichtigung von Risikoaspekten in der Strategieformulierung (*Horváth, Gleich* 2000, S. 113)

Die implizite Berücksichtigung kann zum einen durch Formulierung traditioneller Strategien mit Risikoeffekten oder die Integration von Risikoaspekten in die Strategie erfolgen. Eine explizite Risikoberücksichtigung mündet schließlich in die Formulierung einer speziellen Risikostrategie z. B. auf Unternehmens- oder Abteilungsebene.

Im Rahmen der Planung wird festgelegt, welches Risikoausmaß in welchen Geschäftsfeldern bzw. bezogen auf das gesamte Unternehmen getragen, d. h. akzeptiert wird. Hiervon ausgehend, sind die Einzelrisiken mithilfe der notwendigen und verfügbaren internen und externen Früherkennungsinformationen zu planen und in den strategischen Planungsprozess einzubringen. Für die Risikoplanung können unterstützend auch Simulationen aufgebaut werden, die alternative Risikoszenarien berechnen. Die Überleitung der Ergebnisse in eine Planbilanz ist der nächste Schritt. Die Überleitung zur Budgetierung ist strategisch über den erweiterten Einsatz der Balanced Scorecard realisierbar. Diese kann das Bindeglied zur allgemeinen strategischen Planung sein und die speziellen Planungen der Chancen und Risiken eines Geschäftsfelds unterstützen.

Sowie die Budgetierung der Maßnahmen zur Erreichung der strategischen Ziele erfolgt, können auch die Risiken je Perspektive identifiziert und das Risikospektrum je Perspektive in der Budgetierung berücksichtigt werden. Für die Berücksichtigung der Risiken im operativen Steuerungssystem ist z. B. die Einführung einer oder mehrerer spezieller Kostenarten „Kalkulatorische Risiko- bzw. Wagniskosten" denkbar.

Auf die Risikosteuerung selbst hat das Controlling keinen direkten Einfluss, da dies Aufgabe des Managements ist. Dieses bekommt risikobezogene Soll-Ist-Vergleiche oder ergänzende Informationen vom Controlling oder dem jeweils verantwortlichen Risikomanager zur Verfügung gestellt. Die Reaktion auf mögliche Abweichungen sowie die Einleitung von entsprechenden Maßnahmen zur Reduzierung von Risiken ist Aufgabe des Managements. Dem Management stehen dabei folgende grundsätzliche Reaktionsmechanismen bzw. Möglichkeiten für den Umgang mit Risiken zur Verfügung (siehe **Abb. 9.11**).

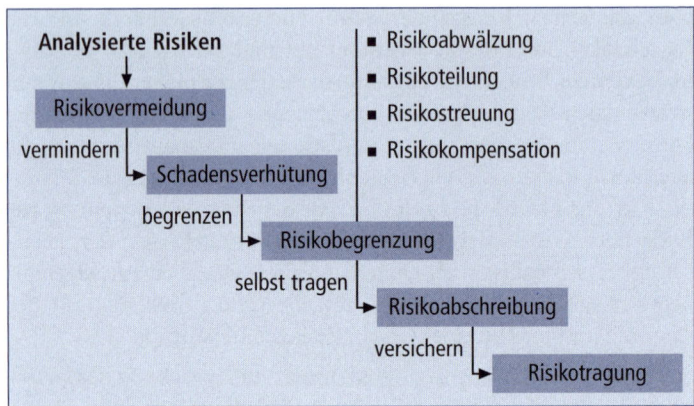

Abb. 9.11: Möglichkeiten zur Risikosteuerung

9.3.3.4 Risikoüberwachung und -dokumentation

Eng gekoppelt an die Risikoplanung und -steuerung ist deren Überwachung und Dokumentation. Ein regelmäßiges, strukturiertes und empfängerorientiertes Risikoreporting hilft bei der systematischen Überwachung der Risiken. Letztendlich mündet das Reporting der Risiken in die u. a. im KonTraG geforderte Darstellung der Risiken der zukünftigen Entwicklung im Lagebericht.

Zunächst ist zu klären, wie umfangreich das Reporting sowie der Empfängerkreis sein sollten. Hierbei ist festzustellen, wer im Unternehmen Risiken zu tragen hat und demzufolge auch über Risiken und Risikoausmaß informiert werden sollte. Dies werden in aller Regel die einzelnen Führungskräfte im Unternehmen sein.

Diese Führungskräfte sollten über die definierten Risiken in ihrem Verantwortungsumfeld regelmäßig informiert werden. Hierzu eignen sich regelmäßige Standardberichte. Ausnahmeberichte sind dann zu erstellen, wenn risikobezogene Planwerte innerhalb eines Verantwortungsbereichs wesentlich überschritten werden oder neu identifizierte, beträchtliche Risiken auftreten.

Ferner sind Schwellenwerte zu definieren, ab wann die übergeordneten Verantwortungsträger (z. B. Vorstände oder Geschäftsführer) über die Ausmaße der Risiken zu informieren sind.

Der Controller hat in seiner Risikomanagementfunktion dafür Sorge zu tragen, dass bei relevanten Abweichungen dokumentiert wird, in welcher Art und Weise das Management reagiert hat. Die Funktionsfähigkeit der Maßnahmen wird dabei nicht vom Controller überwacht, da diese Aufgabe der Internen Revision zufällt.

9.4 Praxisbeispiel

9.4.1 Die Medizintechnik AG

In diesem Praxisbeispiel wird ein europäischer Industriekonzern aus dem Bereich der Medizintechnik beschrieben, der rund 12.000 Mitarbeiter an rund 60 Produktionsstandorten, überwiegend in Europa, Nordamerika und Asien, beschäftigt. Der Konzern erreichte im Geschäftsjahr 2014 einen Umsatz von rund EUR 2,0 Mrd. Hiervon wurden rund zwei Drittel der Umsätze in Europa generiert, während sich das restliche Drittel auf die Regionen Nordamerika, Asien sowie den mittleren Osten und Afrika verteilte. Die Unternehmensstruktur zeichnet sich durch eine zentralisierte Steuerung und vier wesentlichen Divisionen aus.

9.4.2 Projekt: Aufbau eines systematischen Risikomanagements

Sowohl der Aufsichtsrat als auch der Vorstand waren sich zwar über die Bedeutung einer verantwortungsvollen und transparenten Unternehmensführung sowie -kontrolle bewusst und sorgten bereits vor Jahren für die Verankerung eines Großteils der im nationalen Kodex definierten Grundsätze, dennoch war auffällig, dass viele der im vorherigen Kapitel beschriebenen Governance Strukturen nicht angemessen strukturell ausgestaltet und überwacht wurden.

Auffällig war zudem, dass das Risikomanagement bis zu diesem Zeitpunkt eine geringe Bedeutung im Unternehmen hatte und daher kein systematischer Ansatz verfolgt wurde. Vor allem aufgrund seiner globalen Präsenz ist der Konzern auf internationaler Ebene jedoch stetig zahlreichen Risiken ausgesetzt. Zudem zeichnet sich der Markt der Medizintechnik vor allem durch einen stetig anhaltenden Preis- und Kostendruck, hohe regulatorische Anforderungen sowie einem stark ausgeprägten Innovationsdruck aus. Um diesen Risiken entgegenzuwirken sollte ein systematisches Risikomanagement als wesentlicher Bestandteil der Geschäftstätigkeit etabliert werden und entsprechend eine zentrale Bedeutung innerhalb des konzernweiten Governance-Systems einnehmen.

Neben der Identifikation dieser Schwachstellen wurde als Zielsetzung der Beratungsleistung die Etablierung eines integrierten Enterprise Risk Management-Systems mit gleichzeitiger Integration der Forecasting- und Planungsprozesse definiert. Dieses Praxisbeispiel eignet sich somit, um wesentliche Aspekte der Neugestaltung sowie Implementierung eines effektiven Risikomanagement- und Governance-Systems praxisbezogen zu veranschaulichen.

Zu Beginn des Projektes zeichnete sich das Risikomanagement des Industriekonzerns durch ein vollkommen isoliertes, nicht in organisatorische Prozesse integriertes Modell aus. Ein initiales Risiko-Assessment anhand gezielter Gespräche mit den Fachbereichen offenbarte einen unstrukturierten, unregelmäßigen und sehr heterogenen Top-Down-Ansatz bei der Erfassung, Beurteilung und Quantifizierung von Risiken. Diese wurden meist lokal betrachtet, jedoch nicht zentral zusammengeführt. Es stellte sich zudem heraus das Prozesseigentümer häufig Schwierigkeiten bei der korrekten Beurteilung entsprechender Risiken hatten, da notwendige Informationen häufig nur unzulänglich oder lediglich auf sehr operativer Ebene, das heißt innerhalb der einzelnen Produktionsstandorte, zur Verfügung standen. Zudem kam hinzu, dass keine einheitlich kommunizierte sowie gelebte Risikokultur etabliert war und das Thema Chancenmanagement im gegenwärtigen Modell nicht berücksichtigt wurden. Dies spiegelte sich letztendlich in einer fehlenden Verknüpfung zur Unternehmenssteuerung wieder, sodass wertvolle Risikoinformationen nicht bei der Entscheidungsfindung herangezogen werden konnten.

Im Projekt sollte ein Risikomanagement entwickelt und implementiert werden, bei welchem der Fokus auf einer kontrollierten und bewussten Steuerung aller Risiken und Chancen liegen sollte. Zudem sollte es – durch die Integration in alle relevanten Unternehmensbereiche – die Grundlage für risiko-adjustierte Forecasting- und Planungsprozesse darstellen. Nachfolgend wird praxisbezogen erläutert, wie solch ein wirksames Enterprise Risk Management System gestaltet wurde und welche wesentlichen Funktionen, Aufgaben sowie Verbindungen zum Forecasting und der Planung hierbei von großer Bedeutung sind.

Das neu entwickelte Risikomanagement-Framework baut auf einem unternehmensweiten, organisatorisch verankerten Risikomanagement-Prozess auf. Hierbei sind die einzelnen Risiko-Lifecycle-Phasen (A-D) des Risikomanagements (siehe **Abb. 9.12**) in die übergeordnete Unternehmensrisikostrategie sowie -kultur also auch in interne und externe, industriespezifischen Anforderungen eingebettet. Bedingt durch seine Geschäftstätigkeit unterlag der Industriekonzern vor allem im Hinblick auf die Marktzugangsvoraussetzung seiner Produkte zahlreichen externen Regularien. Für die internen Anforderungen wurden entsprechende Stakeholder- Analysen durchgeführt, um bestmöglich auf die unterschiedlichen Vorstellungen beim Design des neuen Frameworks eingehen zu können. Ein begleitendes Change Management wurde von Beginn des Projektes an als organisatorischer „Enabler" verstanden, ohne welches eine erfolgreiche Integration des neuen Framework nicht möglich gewesen wäre. Im Rahmen dieses Praxisbeispiels wird die Umsetzung des Change Managements jedoch nicht weiter ausgeführt.

Wie in **Abb. 9.12** und **Abb. 9.13** ersichtlich ist, wird die Corporate Risk Governance als übergeordneter Ordnungsrahmen zur rechtlichen, organisatorischen sowie informationellen Überwachung verstanden, welche in einem auf den Konzern zugeschnittenem Regelwerk festgehalten und ausgeführt wurde.

Das Management Board wird generell als oberste Instanz und vor allem als Informationsempfänger sowie Entscheidungsträger unternehmerischer sowie risikobezogener Entscheidungen gesehen. Um die verschiedenen Teilbereiche der neuen Corporate Risk Governance als auch des Risikomanagement-Frameworks optimal abzugrenzen und zu benennen, entschied man sich für den typischen

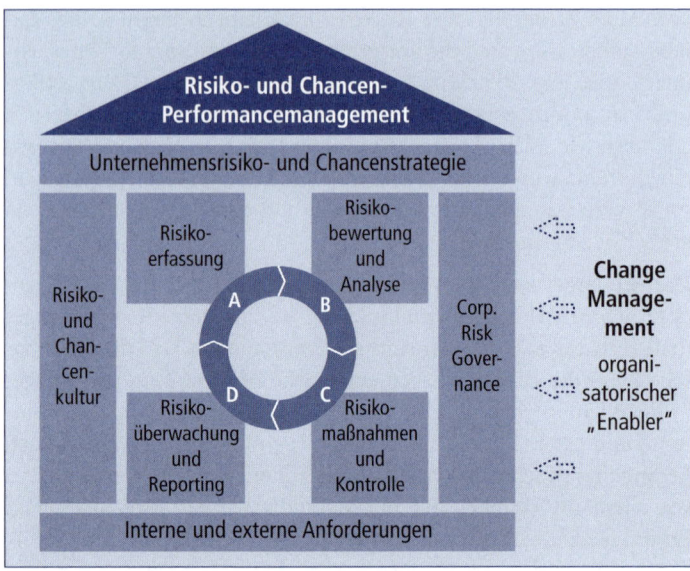

Abb. 9.12: Risikomanagement-Framework

Ansatz der „Three Lines of Defense" (Drei Verteidigungslinien). Durch diese konnten Schlüsselfunktionen des Risikomanagement-Prozesses, entsprechende Verantwortlichkeiten sowie Tools strukturiert aufgezeigt und definiert werden.

Die erste „Line of Defense" beschreibt das operative, prozessnahe Risikomanagement und liegt somit direkt in der Linie beim operativen Management. Hierbei sind die im tatsächlichen Betrieb ansässigen Risikoeigentümer für die Erfassung sowie initiale Dokumentation aller Einzelrisiken in speziellen Risikoregistern zuständig. Im Rahmen des Projektes wurde eine Risikomanagement-Software implementiert, welche es den Risikoeigentümern erlaubt, ihre Risiken in standardisierter Form und mit geringem Zeitaufwand zu erfassen und initial zu bewerten. Spezielle Risikokomitees, die sich auf Bereichsebene aus den Risikoeigentümern zusammensetzen, besprechen die erfassten Risiken, und sind für die Aktualisierung sowie Aggregation der Risikoregister verantwortlich. Auch diese Aufgaben werden durch die Risikomanagement-Software entsprechend unterstützt.

Die zweite Linie vertritt das prozessübergreifende und somit zentrale Risikomanagement. Die verantwortlichen Risikokoordinatoren sind im Wesentlichen für die Steuerung des gesamten Risikomanagement-Prozesses zuständig. Aufgrund ihrer besonderen Funktion und Bedeutung sind die Risikokoordinatoren in einer Stabstelle unmittelbar unter der Geschäftsleitung angesiedelt. Wichtig ist, dass die vier Phasen des standardisierten und harmonisierten Risiko-Lifecycles interaktiv zwischen der ersten und zweiten „Line of Defense" durchgeführt werden (siehe **Abb. 9.13**).

Das Interne Kontrollsystem (IKS) sowie die Interne Revision (Konzernrevision) sind hierbei sehr eng mit dem Risikomanagement verknüpft, sodass keine trennscharfe Betrachtung mehr möglich ist. Zum einen ist die Konzernrevision durch die unabhängige Prüfung und gleichzeitiger Unterstützung des Managements in der Steuerung von Chancen und Risiken Teil des internen Überwachungssystems. Zum anderen wurde ein internes Kontrollsystem schrittweise aufgebaut, um eine bessere Unterstützung bei der Früherkennung, Überwachung und vorbeugenden Vermeidung von Risiken zu gewährleisten. Dabei basiert das System auf den Maßstäben des international bewährten Regelwerks COSO I für interne Kontrollsysteme (COSO – Internal-Control-Integrated Framework des Committee of Sponsoring Organizations of the Treadway Commission). Bei der konzeptionellen Ausarbeitung wurde vor allem auf den Dreiklang von Risiko, Gegenmaßnahme und entsprechenden Managementkontrollen geachtet, da eine Gegenmaßnahme nur durch festgelegte Kontrollen sichergestellt werden kann. Für alle aus Konzernsicht als wesentlich definierten Gegenmaßnahmen und Managementkontrollen wurden zudem Wirksamkeitsnachweise festgelegt.

Grundlegend gewährleistet der „Three Lines of Defense"-Ansatz, durch seine genau definierten und zugeteilten Rollen und Verantwortlichkeiten, die Verankerung des Risikomanagement-Prozesses auf unterschiedlichen organisatorischen Ebenen. Risiken werden dezentral erfasst, gleichzeitig aber zentral koordiniert. Somit konnte

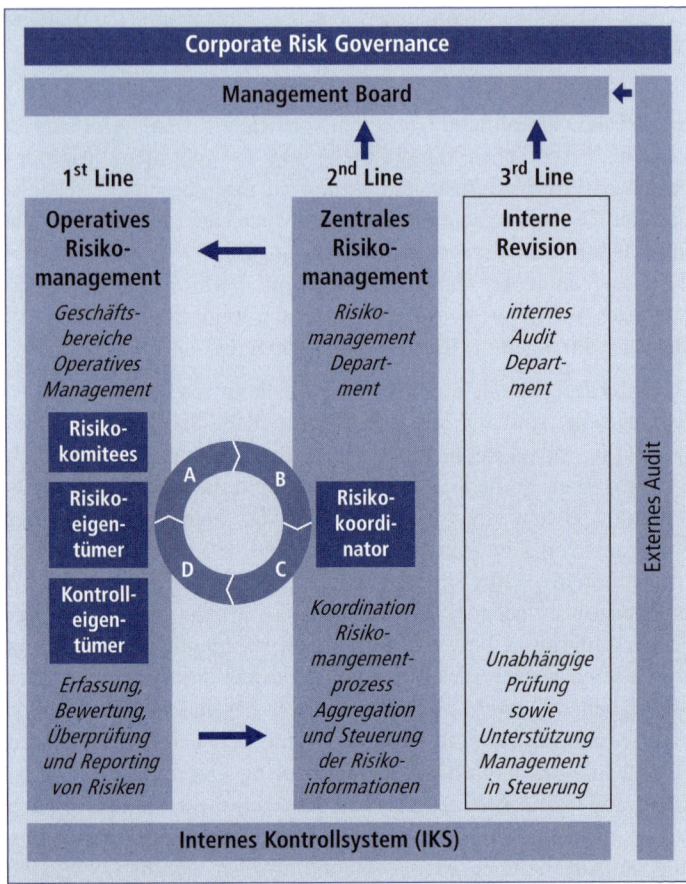

Abb. 9.13: Corporate Risk Governance

eine übergreifende, einheitliche und kontrollierte Koordination und Behandlung aller bedeutenden Risiken sichergestellt werden.

Nachfolgend werden die einzelnen Phasen des Risiko-Lifecycles hinsichtlich ihrer Bedeutung bei der Integration wichtiger Risikoinformationen in den Unternehmenssteuerungsprozess beleuchtet. Bei der Konzeption der einzelnen Phasen wurde beachtet, dass Aspekte eines angemessenen Informationsversorgungssystems sowie die eines Planungs- und Kontrollsystems berücksichtigt wurden.

Als erster Schritt in Richtung einer „echten" risiko-adjustierten Unternehmenssteuerung sollten die in den ersten beiden Phasen A und B identifizierten und bewerteten Risiken in Form von Ereignissen innerhalb des Planungsprozesses berücksichtigt werden. Hierzu wurde gemeinsam mit dem Industriekonzern ein Set an Kernrisiken ausgewählt, welches in den Planungsprozess eingebunden werden sollte. Die Risiken wurden detailliert beschrieben und hinsichtlich ihrer Eintrittswahrscheinlichkeit, Ausmaße und Korrelationen quantifiziert, sodass konkrete Faktoren abgeleitet werden konnten, welche den Forecast positiv als auch negativ beeinflussen könnten. Um eine manuelle und automatische Datenintegration zu ermöglichen, musste eine Datenschnittstelle festgelegt werden. Die aggregierten Risikodaten wurden daneben auch dazu genutzt, um das existierende Risiko-Reporting zu verbessern. Hierfür wurden entsprechende Reporting-Prozesse definiert, die als integraler Teil des unternehmensweiten Reporting-Systems implementiert wurden und somit die Performancemessung nachhaltig unterstützen.

9.4.3 Lessons Learned

Das neu entwickelte und implementierte Risikomanagementsystem generierte für den Konzern einen nachhaltigen Nutzen. Im Hinblick auf die stetigen Konjunkturschwankungen sowie den anhaltenden Kosten- und Preisdruck der Branche konnte der Konzern durch strukturierte Risikoinformationen und optimierte Planung, Stabilität im Hinblick auf seine Finanzierungsaktivitäten erreichen. Zudem konnte durch frühzeitige Erkennung sowie Berücksichtigung aufkommender Chancen ein effektives Chancenmanagement etabliert werden, sodass Innovationen gefördert und geschaffen werden konnten. Die Etablierung eines grundlegenden in die Planung integrierten Enterprise Risk Management Systems hat somit die Grundlage für einen nachhaltigen Wettbewerbsvorteil geschaffen, welcher vor allem bei dem in der Medizintechnik vorherrschenden starken Druck von großer Bedeutung ist. Wesentliche dabei waren die folgenden Erfolgsfaktoren:

- Strukturierung und Dokumentation der Vorgehensweise, um Risiken sowie Chancen zukünftig optimal in die unternehmensweiten Steuerungsprozesse zu integrieren mittels des Risikomanagement-Frameworks.

- Die Berücksichtigung kritischer Ereignisse sowie neuer Chancen innerhalb des Forecastings- und Planungsprozesses bieten eine Vielzahl von Vorteilen. Neben einer konsolidierten und umfassenden Sicht auf ein unternehmensweites Risikoportfolio werden signifikante Risiken erfasst sowie Chancen identifiziert. Die Abhängigkeit ihrer Auswirkung und Eintrittswahrscheinlichkeiten konnten so bei der Planung einkalkuliert werden.

- Durch die mögliche Integration identifizierter Risiken und Chancen in weitere Steuerungsprozesse sind Firmen in der Lage, gewonnene Erkenntnisse in zukünftige Entscheidungen einzubeziehen, um besser reagieren zu können und betroffene Prozesse optimal zu steuern. Ein performanceorientiertes sowie integriertes Risiko- und Chancenmanagement kann somit eine verbesserte Entscheidungsfindung ermöglichen und den Unternehmenswert langfristig und nachhaltig steigern.

9.5 Gestaltungscheckliste für Manager und Controller

! *Prüfen Sie den Ausbaustand Ihres Governance-Systems anhand des COSO-Würfels!*

! *Dokumentieren Sie Interne Kontrollen sowie sämtliche Verantwortlichkeiten im Leistungserstellungsprozess vollständig und lückenlos!*

! *Praktizieren und dokumentieren Sie das Vier-Augen-Prinzip in allen Führungsprozessen durchgängig!*

! *Legen Sie wirksame Grundsätze für die Zusammenarbeit zwischen Controlling und Interner Revision fest!*

! *Begegnen Sie sämtlichen Risiken systematisch durch Risikoanalyse, -planung und -überwachung!*

! *Differenzieren Sie zwischen Interner Kontrolle und Interner Revision!*

! *Passen Sie die Risikoinstrumente den unterschiedlichen Phasen des Risikomanagements-Prozesses an!*

Vertiefende Lektüre

Wenn Sie mehr über das Gesamtgebiet des Corporate Governance wissen möchten, lesen Sie

Hommelhoff, P., Hopt, K. J., Werder, A. v. (2009), Handbuch Corporate Governance, 2. Aufl., Stuttgart 2009.

Wenn Sie mehr zum Internen Kontrollsystem und insbesondere zum COSO-Konzept wissen möchten, lesen Sie

COSO – Committee of Sponsoring Organizations of the Treadway Commission (2013), Internal Control – Integrated Framework – Executive Summary, Durham 2013.

Wenn Sie mehr zur Internen Revision wissen möchten, lesen Sie

Peemöller, V. (2011), Entwicklungsformen und Entwicklungsstand der Internen Revision, in: *Freidank, C.-C., Peemöller, V. H. (Hrsg.)*, Kompendium der Internen Revision, Berlin 2011, S. 69–92.

10. Kapitel

Trends

Die Funktion des Controllers im heutigen Sinne kann inzwischen auf eine über einhundertjährige Geschichte zurückblicken. Immer ging es dabei um die Unterstützung der Unternehmensführung und des Managements zur effektiven, zielorientierten Steuerung einer Organisation.

Die unterstützende Rolle des Controllers erfuhr im Laufe der Jahre eine Aufwertung – und dies gilt auch im individuellen Unternehmen beim Aufbau des Controllings:

- In den Anfängen der Entwicklung war der Controller eher historisch-buchhaltungsorientiert („Registration").

- Als nächste Entwicklungsstufe lässt sich die Planungsorientierung mit Unterstützung eines führungsorientierten Rechnungswesens unterscheiden („Navigation").

- Heute ist der Controller meist für das gesamte Steuerungssystem inklusive strategischer Fragestellungen zuständig („Business Partner").

Der Controller koordiniert Planung, Steuerung und Kontrolle. Vielfach wird er – zurecht – als „wirtschaftliches Gewissen" des Unternehmens bezeichnet.

Die weitere Entwicklung der Controlleraufgabe wird unseres Erachtens von zwei komplexen Faktoren entscheidend beeinflusst und gestaltet:

- Die Digitalisierung verändert die Wertschöpfung und das Geschäftsmodell aller Organisationen grundlegend.

- Das Streben nach Nachhaltigkeit stellt das Zielsystem aller Organisationen auf den Prüfstand.

Die Digitalisierung ermöglicht weitgehend die automatisierte Abwicklung aller operativen Steuerungsprozesse und schafft über die Analyse bisher noch nicht zugänglicher Informationen („Big Data") eine erweiterte Steuerungsunterstützung.

Die Nutzung der nun mit Hilfe von mathematisch-statistischen Verfahren („Business Analytics") zur Verfügung stehenden Informationen stellt den Controller vor neue Herausforderungen hinsichtlich Wissen und Instrumentarium. Die Analysemethoden und -instrumente des Controllings lieferten im Zeitverlauf auf der einen Seite immer detailliertere Erkenntnisse, wurden auf der anderen Seite aber auch immer komplexer in ihrer Anwendung (vgl. **Abb. 10.2**). So wurden die Grundrechenarten im Laufe der Entwicklung durch die Methode der Zinseszinsrechnung als „Tool", und nun durch Mathematik anhand Business Analytics ergänzt.

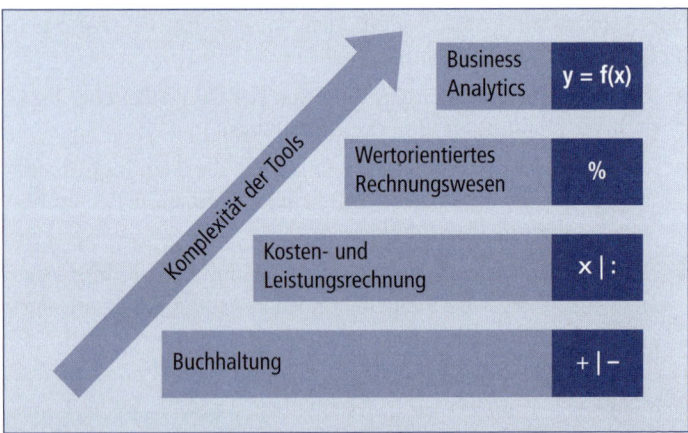

Abb. 10.1: Entwicklung der unterstützenden Rolle des Controllings (ICV 2016, S. 57)

Die Konzeption des nachhaltigen Wirtschaftens erfordert die Befassung mit Zielkategorien, die bisher noch nicht Objekt der Steuerung waren. Themen des Umweltschutzes und der gesellschaftlichen Verpflichtung bekommen in der Zukunft ein entscheidendes Gewicht. Hier müssen in den meisten Unternehmen Zielgrößen und Leistungsindikatoren entwickelt werden.

Für den Controller eröffnen sich also auf der einen Seite neue herausfordernde Aufgaben, auf der anderen Seite wird seine Funktion durch andere Aufgabenträger strittig gemacht:

- Für Business Analytics hat sich in größeren Unternehmen vielfach der Data Scientist mit IT- und Mathematik-Wissensprofil etabliert.

- Die Automatisierung von operativen Planungs-, Steuerung-, Reporting- und Kontrollprozessen ermöglicht dem Manager mehr „Selbstcontrolling" (vgl. **Abb. 10.2**).

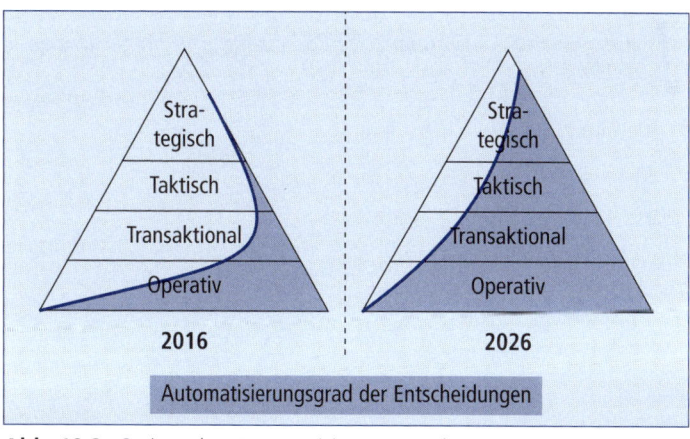

Abb. 10.2: Steigender Automatisierungsgrad von Prozessen (*Vocelka* 2016, S. 27)

Dennoch: Der Controller wird auch in der Zukunft dringend benötigt:

- Er muss das „wirtschaftliche Gewissen" in der Führung bleiben.

- Er hat die Qualität und Einheitlichkeit der Informationen sicherzustellen („Single Source Of Truth").

- Er ist der Gestalter und Koordinator des Steuerungssystems.

Also, es kommen spannende, herausfordernde Zeiten auf den Controller zu!

Überprüfen Sie regelmäßig Ihr Geschäftsmodell!

Prüfen Sie laufend, welche neuen Informationen für Ihre Entscheidungen zusätzlichen Nutzen stiften können!

Machen Sie sich mit Business Analytics vertraut!

Integrieren Sie nichtfinanzielle Zielsetzungen in Ihr Steuerungssystem!

Literaturverzeichnis

Adam, D. (2000), Investitionscontrolling, 3. Aufl., München 2000.

Bahlinghorst, A., Sasse, A. (2005), Steigerung des Unternehmenswertes durch strategieorientierte Investitionsplanung, in: Buchführung, Bilanzierung und Kostenrechnung (BBK), 2005, 3, Fach 26, S. 1135–1144.

Bange, C., Marr, B., Dahnken, O., Narr, J. (2004), Balanced Scorecard – 20 Werkzeuge für das Performance Management, Würzburg 2004.

Baars, H., Kemper, H.-G. (2015), Integration von Big-Data-Komponenten in die Business Intelligence, in: Controlling 27 (2015) 4, S. 222–228.

Buchner, H., Kraus, S., Weigand, A. (2000), Anforderungen an die Planung in turbulenten Zeiten, in: Horváth & Partners (Hrsg.), Früherkennung in der Unternehmenssteuerung, Stuttgart 2000, S. 127–142.

Bunce, P., Hope, J., Fraser, R. (2002), Beyond Budgeting White Paper, www.bbrt.org, 2002.

Coenenberg, A. G., Fischer, T. M., Günther, T. (2012), Kostenrechnung und Kostenanalyse, Stuttgart 2012.

Coenenberg, A. G., Salfeld, R. (2003), Wertorientierte Unternehmensführung – vom Strategieentwurf zur Implementierung, Stuttgart 2003 (aktualisierte Auflage: *Coenenberg, A. G., Salfeld, R., Schultze, W. (2015)*, Wertorientierte Unternehmensfuhrung – Vom Strategieentwurf zur Implementierung, 3. Aufl., Stuttgart 2015).

Currle, M. (2001), Wertmanagement und Performance-Measurement. Konzepte, Kritik und Weiterentwicklungen, in: Bilanz & Buchhaltung 47 (2001) 6, S. 229–233.

Currle, M., Witzemann, T. (2004), Bonusbanken: Unternehmenswertsteigerung und Managementvergütung langfristig verbinden, in: Controlling 16 (2004) 11, S. 631–638.

Dahnken, O., Banges, C. (2002), Standards ausgereift und Plattformen flexibel, in: IS-Report 6 (2002) 7, S. 20–24.

Davenport, T. H. (2014), Big Data at Work: Dispelling the Myths, Uncovering the Opportunities, Boston 2014, S. 73 ff.

Diederichs, M. (2012), Risikomanagement und Risikocontrolling, München 2012.

Eilenberger, G. (2003), Betriebliche Finanzwirtschaft: Einführung in Investition und Finanzierung, Finanzpolitik und Finanzmanagement von Unternehmungen, 7. Aufl., München 2003, S. 69.

Epstein, M., Buhovac, A. (2014), Making Sustainability Work: Best Practices in Managing and Measuring Corporate Social, Environmental, and Economic Impacts, 2. Aufl., Sheffield/San Francisco 2014.

Franke, G., Hax, H. (2009), Finanzwirtschaft des Unternehmens und Kapitalmarkt, 6. Aufl., Berlin/Heidelberg 2009, S. 124 f.

Friedl, G., Hilz, C., Pedell, B. (2012), Controlling mit SAP®, 6. Aufl., Wiesbaden 2012.

Gaiser, B., Greiner, O. (2003), Strategiegerechte Planung mit Hilfe der BSC, in: Horváth, P., Gleich, R. (Hrsg., 2003), Neugestaltung der Unternehmensplanung, Stuttgart 2003, S. 269–295.

Gaiser, B., Wunder, T. (2004), Strategy Maps und Strategieprozess – Einsatzmöglichkeiten, Nutzen, Erfahrungen, in: Controlling 16 (2004) 8/9, S. 457–463.

Gassmann, O., Csik, M., Frankenberger, K. (2013), Geschäftsmodelle entwickeln: 55 innovative Konzepte mit dem St. Galler Business Model Navigator, München 2013, S. 6.

Gassmann, O., Perez-Freije, J. (2011), Eingangs-, Prozess- und Ausgangskennzahlen im Innovationscontrolling, in: Controlling & Management 55 (2011) 6, S. 394–396.

Gladen, W. (2011), Performance Measurement – Controlling mit Kennzahlen, Heidelberg 2011.

Gleich, R. (2001), Prozessorientiertes Performance Measurement – Konzeptidee und Anwendungserfahrungen, in: Der Controlling-Berater (2001) 2, S. 25–46.

Gleich, R., Bartels, P., Breisig, V. (2012), Nachhaltigkeitscontrolling: Konzepte, Instrumente und Fallbeispiele für die Umsetzung, Freiburg 2012.

Gleich, R., Grönke, K., Schmidt, H. (2014), Prozesse des Controllerbereichs kontinuierlich weiterentwickeln: Konzeptionelle Überlegungen und Praxislösungen am Beispiel des Hauptprozesses „Management Reporting", in: Controlling 26 (2014) 7, S. 364–372.

Gleich, R., Horváth, P., Michel, U. (2011), Finanz-Controlling – Strategische und operative Steuerung der Liquidität, Freiburg im Breisgau 2011.

Gleich, R., Kopp, J. (2001), Ansätze zur Neugestaltung der Planung und Budgetierung, in: Controlling 13 (2001) 8/9, S. 429–436.

Gleich, R., Lauber, A. (2013), Ein aktuelles Kompetenzmodell für Contoller, in: Controlling 25 (2013) 10, S. 512–514.

Gleich, R., Schimank, C. (2015), Innovationscontrolling: Innovationen effektiv steuern und effizient umsetzen, München 2015.

Götze, U. (2008), Investitionsrechnung. 6., durchges. und aktual. Aufl., Berlin/Heidelberg 2008.

Greiner, O. (2004), Strategiegerechte Budgetierung, München 2004.

Grothe, U., Himmelmann, N., Renner, A., Sasse, A. (2003), Modifizierte Folgekostenrechnung, in: Der Nahverkehr 21 (2003) 4, S. 60–65.

Hahn, D. (2003), Grenzen der Unternehmensplanung, in: Horváth, P., Gleich, R. (Hrsg.), Neugestaltung der Unternehmensplanung, Stuttgart 2003, S. 89–101

Hampel, V., Bünis, M. (2013), Zusammenwirken von Controlling und Interner Revision im Three Lines of Defense-Modell der Unternehmensüberwachung, in: Zeitschrift für Controlling 25 (2013) 11, S. 596–601.

Hofmann, N., Müller, M., Sasse, A. (2004), Umsatzkostenverfahren nach IFRS: Vorteile aus unternehmensexterner und -interner Sicht, in: Der Controlling-Berater (2004) 3, S. 193–210.

Hofmann, N., Sasse, A., Hauser, M., Blatzer, B. (2007), Investitions-, Finanz- und Working Capital Management als Stellhebel zur Steigerung der Kapitaleffizienz – Stand und neuere Entwicklungen, in: Controlling (2007) 3, S. 153–163.

Horváth & Partners (Hrsg., 2005b), Studie „Best Practice Anreizsysteme 2004", Stuttgart 2005.

Horváth & Partners (Hrsg., 2005c), Studie „100x Balanced Scorecard 2005", Stuttgart 2005.

Horváth & Partners (Hrsg., 2007), Balanced Scorecard umsetzen, 4. Aufl., Stuttgart 2007.

Horváth & Partners (2016), CFO-Panel – Top Performance im CFO-Bereich, Stuttgart 2016.

Horváth, P. (2009), Controlling, 11. Aufl., München 2009.

Horváth, P., Berlin, S. (2016), Green-Controlling-Roadmap – Ansätze in der Unternehmenspraxis, Stuttgart 2016.

Horváth, P., Gleich, R., Seiter, M. (2015), Controlling, 13. Aufl., München 2015.

Horváth, P., Reichmann, T. (Hrsg., 2003), Vahlens Großes Controllinglexikon, 2. Aufl., München 2003.

IGC International Group of Controlling (2013), Controller-Leitbild, https://www.igc-controlling.org/fileadmin/pdf/controller-de-2013.pdf, 08.06.2013.

IGC International Group of Controlling (Hrsg., 2011), Controlling-Prozessmodell: ein Leitfaden für die Beschreibung und Gestaltung von Controlling-Prozessen, Freiburg/Berlin/München 2011, S. 15.

Internationaler Controller Verein (Hrsg., 2014), Green Controlling. ICV-Leitfaden: Leitfaden für die erfolgreiche Integration ökologischer Zielsetzung in Unternehmensplanung und -steuerung, Freiburg 2014, S. 47.

Isensee, J., Michel, U. (2011), Green Controlling – Die Rolle des Controllers und aktuelle Entwicklungen in der Praxis, in: Controlling 23 (2011) 8/9, S. 436–442.

Kaplan, R. S., Norton, D. P. (2004), Strategy Maps, Stuttgart 2004.

Kemper, H.-G., Mehanna, W., Unger, C. (2004), Business Intelligence – Grundlagen und praktische Anwendungen, Wiesbaden 2004, S. 7.

Kramer, D., Keilus, M. (2006), Rechnungswesen und Controlling im regionalen Umfeld, http://www.fh-trier.de/index.php?id=5389, aktualisierter Stand 5.11.2007.

Kruschwitz, L. (2009), Investitionsrechnung.12., aktual. Aufl., München 2009.

Laudon, K. C., Laudon, J. P., Schoder, D. (2012), Wirtschaftsinformatik. Eine Einführung, München 2010.

Link, J., Weiser, C. (2011), Marketing-Controlling, München 2011.

Männel, W. (2000), Rentabilitätsorientiertes Investitionscontrolling nach der Methode des internen Zinssatzes, in: Kostenrechnungspraxis (krp) 44 (2000) 6, S. 325–341.

Matzer, M. (2013), Kein Hexenwerk: das moderne Orakel. Prognosen für Tests von Szenarien, in: BI-Spektrum (2013) 1, S. 18–21.

Mayer, R. (1991), Prozeßkostenrechnung und Prozeßkostenmanagement, in: IFUA Horváth & Partner (Hrsg., 1991), Prozeßkostenmanagement, München 1991, S. 73–100.

Meier, M., Sinzig, W., Mertens, P. (2002), SAP strategic enterprise management business analytics – Integration von strategischer und operativer Unternehmensführung, Berlin/Heidelberg 2002 (aktualisierte Auflage: *Meier, M., Sinzig, W., Mertens, P. (2004),* SAP strategic enterprise management business analytics – Integration von strategischer und operativer Unternehmensführung, 2., verb. und erw. Aufl., Berlin/Heidelberg 2004).

Mensch, G. (2008), Finanz-Controlling: Finanzplanung und -kontrolle, 2. Aufl., München 2008.

Mertens, P. (2013), Integrierte Informationsverarbeitung 1: Operative Systeme in der Industrie, 18. Aufl., Wiesbaden 2013.

Meyer, M., Birl, H., Knollmann, R. (2007), Tätigkeitsfeld und Verbesserungspotenziale des zentralen Investitionscontrolling, in: Controlling (2007) 11, S. 633–640.

Mertens, P., Bissantz, N., Hagedorn, J. (1995), Top-Down Navigation and Knowledge Discovery in SAP Operating Results Data: The BETREX System, in: Managing Information & Communication in a Changing Global Environment, Proceedings of the 1995 Information Resources Management Association International Conference, May 21st-24th, Atlanta, Georgia, USA.

Mertens, P., Bodendorf, F., König, W., Schumann, M., Hess, Th., Picot, A. (2012), Grundzüge der Wirtschaftsinformatik, 11. Aufl. Berlin/Heidelberg 2012.

Mertens, P., Meier, M. (2009), Integrierte Informationsverarbeitung 2: Planungs- und Kontrollsysteme in der Industrie, Wiesbaden 2009, S. 197.

Möller, K., Menninger, J., Robers, D. (2011), Innovationscontrolling. Erfolgreiche Steuerung und Bewertung von Innovationen, Stuttgart 2011.

Müller-Stewens, G., Lechner, C. (2001), Strategisches Management: Wie strategische Initiativen zu Wandel führen, Stuttgart 2001 (aktualisierte Auflage: *Müller-Stewens, G., Lechner, C. (2005),*

Strategisches Management: Wie strategische Initiativen zu Wandel führen, 3., aktual. Aufl., Stuttgart 2005).

Munck, J. C., Chouliaras, E., Gleich, R. (2014), Innovationscontrolling-Audit – Entwicklung und Verprobung eines Konzeptes zur Messung und Bewertung des unternehmensinternen Innovationscontrolling, in: Controlling 26 (2014) 2, S. 109–115.

Neely, A. (2013), Big Data an Business Model Innovation: The New Wave of Analytics, Stuttgarter Controller Forum, Stuttgart 2013.

Perridon, L., Steiner, M., Rathgeber, A. (2009), Finanzwirtschaft der Unternehmung, 15. Aufl., München 2009, S.145 f.

Porter, M. E., Heppelmann, J. E. (2014), How Smart, Connected Products are Transforming Competition, in: Harvard Business Review 11 (2014).

Redman, T. C. (2013), Data Credibility Problem. Management – not technology – is the solution, in: Harvard Business Review 10 (2013), S. 84–88.

Sasse, A. (2003), Investitionsentscheidung, Einsatz der Kapitalwertmethode unter Berücksichtigung von Ertragssteuern, in: Der Controlling-Berater (2003) 2, S. 119–134.

Ulrich, H., Hill, W., Kunz, B. (1994), Brevier des Rechnungswesens, 8. Aufl., Bern/Stuttgart 1994.

Voggenreiter, D., Jochen, M. (2002), Der kombinierte Einsatz von Wertmanagement und Balanced Scorecard, in: Controlling 14 (2002) 11, S. 615–621.

Weber, J., Kaufmann, L., Schneider, Y. (2005), Controlling von Intangibles: Nicht-monetäre Unternehmenswerte aktiv steuern, Reihe Advanced Controlling, Bd. 48, Weinheim 2005.

Weber, J., Schaler, S., Strangfeld, D. (2005), Berichte für das Top Management, Schriftenreihe Advanced Controlling, Band 43, Weinheim 2005.

Zacher, M. (2012), White Paper: Big Data Analytics in Deutschland 2012, IDC Manufacturing Insights (Hrsg.), http://www.sas.com/content/dam/SAS/bp_de/doc/whitepaper1/ba-wp-idc-big-data-analytics-2012-1925633.pdf, Januar 2012, S. 2.

Zvezdov, D., Schaltegger, S. (2012), Nachhaltigkeitscontrolling: mehr als nur ein Konzept?, in: Controlling & Management 56 (2012) 4, S. 2–4.

Sachverzeichnis